TÉCNICAS DE FABRICACIÓN

TÉCNICAS DE FABRICACIÓN

Jordi Sancho Ródenas

Técnico en Mantenimiento Electromecánico

Paraninfo

Paraninfo

Técnicas de fabricación

© Jordi Sancho Ródenas

Gerente Editorial
María José López Raso

Equipo Técnico Editorial
Paola Paz Otero
Sofía Durán Tamayo

Editora de Adquisiciones
Carmen Lara Carmona

Producción
Nacho Cabal Ramos

Diseño de cubierta
Ediciones Nobel

Preimpresión
Montytexto

1.ª edición, 2022

C/ Sierra de Guadarrama 35. Naves 2, 3, 4 y 5
Polígono Industrial San Fernando II
28830 San Fernando de Henares
Teléfono: 914 463 350
clientes@paraninfo.es / www.paraninfo.es

ISBN: 978-84-1367-922-8
Depósito legal: M-8238-2022

(24.002)

Impreso en España /*Printed in Spain*

Lavel Industria Gráfica
(Humanes de Madrid, Madrid)

La editorial recomienda que el alumnado realice las actividades sobre el cuaderno y no sobre el libro.

Presentación

Este libro desarrolla los contenidos del módulo profesional de **Técnicas de fabricación,** del Ciclo Formativo de grado medio en Mantenimiento Electromecánico, perteneciente a la familia profesional de Instalación y Mantenimiento.

Las unidades del libro se acompañan de multitud de **recursos didácticos** que ayudarán al futuro técnico a comprender la materia y acercarlo a su inminente realidad laboral:

- Gran cantidad de casos prácticos resueltos y propuestos.
- Actividades:
  - Propuestas.
  - De comprobación tipo test.
  - De aplicación.
  - De ampliación.
- Recuadros de texto con información relevante.
- Más de 260 ilustraciones, fotografías y tablas con alto nivel de detalle.
- Mapas conceptuales al final de cada unidad para repasar.
- Legislación y normativa.
- Enlaces web de interés.

Este libro dispone de los siguientes **materiales y recursos** disponibles en línea para el **profesorado** que confirme su adopción como libro de texto para impartir la materia:

- **Programación didáctica.**
- **Solucionario.**
- **Presentación en PowerPoint.**
- **Examina.**
- **LDP (Libro Digital Proyectable).**

Agradecimientos

Mi primer agradecimiento quiero dirigirlo a mi familia y muy en especial a mi esposa que es quien me alienta, da estabilidad y sufre mis ausencias por mi dedicación. Ella es quien me enseñó a luchar por los sueños y que si luchas por ellos sin tregua ni abandonarlos terminas por conseguirlos, y como un ejemplo este libro ¡muchas gracias Favy!

Agradecer a todos los profesionales y clientes exigentes que se han cruzado en mi vida profesional. Gracias a sus enseñanzas y metas que podían parecer inalcanzables soy quien soy a nivel profesional. Gracias a ellos aprendí a explotar al máximo mi imaginación para superar las dificultades.

A la editorial Paraninfo por su confianza y en especial a mi editora Carmen Lara, con quien he aprendido muchísimo de cómo plasmar mi experiencia en un libro que transmita conocimiento profesional.

No quiero olvidarme de mis alumnos. Sus ganas de aprender, sus inquietudes, su dedicación y su progresión profesional son para mí un grandísimo regalo.

Índice

3. Identificación de tolerancias de dimensiones y formas 53

4. Realización de croquis de utillajes y herramientas 91

5. Selección de materiales de mecanizado 113

Tecnologías para la fabricación de piezas

1

Si se observa alrededor se podrán ver multitud de piezas de distintos materiales, y no únicamente de distintos materiales, sino fabricadas por distintos procesos.

En la industria existe una gran diversidad de tecnologías de fabricación de piezas. Cada una de las distintas tecnologías lleva implícitas unas características particulares que afectan al material, la geometría, los tamaños de lote, la precisión, los tipos de defectos, el precio, etcétera.

Sin duda alguna hay que conocer las diversas formas de producir piezas mecánicas para determinar las posibilidades que puede ofrecer cada una de ellas.

Contenidos

Objetivos

- Conocer las principales tecnologías de fabricación de piezas mecánicas.
- Entender las características asociadas a una tecnología de fabricación para valorar qué se puede esperar de cada una de ellas.
- Estudiar las ventajas e inconvenientes de las diferentes tecnologías como herramienta de valoración de cada una de ellas para una aplicación concreta.
- Profundizar en el modo en el que las distintas tecnologías ayudan en la obtención de piezas individuales.

1.1. Fundición

Aunque por fundición se pueden obtener piezas de distintos materiales, siempre se entiende por fundición la obtención de piezas metálicas, y más concretamente en este apartado se hablará de piezas de hierro o acero, la llamada **fundición gris.**

☐ Proceso

El metal fundido o colada se vierte en un molde que tiene el negativo de la forma de la pieza a conseguir. El molde se rellena del metal por la propia gravedad sin intervención de presión adicional ninguna.

Figura 1.1. Vertido de hierro o acero fundido en moldes.

El molde se compone habitualmente de dos partes, normalmente cerámicas; una vez solidificado el metal que se ha introducido fundido se separan para liberar la pieza. Este molde siempre es de un tamaño algo mayor que la pieza a conseguir ya que el metal al enfriarse se contrae en la proporción de su coeficiente de dilatación.

Hay que destacar que en principio no se pueden realizar piezas totalmente huecas (tipo botella) ya que la pieza no podría salir del molde o desmoldarse al tener un elemento sólido perteneciente al molde en su interior; por ese motivo, lo más habitual es que para conseguir piezas huecas se realicen dos mitades, es decir, dos piezas diferentes que al juntarse forman el conjunto hueco. Esto es así en todos los procesos que requieren de un molde. La fundición de hierro o acero es un proceso de pocas unidades e incluso en ocasiones de una única pieza; por esta razón, en ocasiones se realizan punzones en arena especial prensada que pueden materializar piezas huecas. Una vez extraída la pieza del molde se deshace el punzón manualmente o por ultrasonidos y se desaloja por cavidades que se dejan a tal efecto en la pieza.

Vocabulario técnico

Colada. Material fundido que se introduce en un molde para producir piezas o figuras en general.

Punzón o corredera. Parte de un molde que además de las mitades principales ayuda a formar la cavidad de la pieza.

□ Características

Las piezas de fundición de hierro o acero son piezas muy resistentes que pueden soportar grandes esfuerzos, por lo que son usadas habitualmente en máquinas, o partes de ellas, que requieran de este tipo de necesidad.

La obtención de piezas por fundición de hierro o acero es una producción de bajo volumen, es decir, de muy pocas piezas por unidad de tiempo. Es un tipo de industria catalogado como de riesgo para la salud por las altas temperaturas con las que se trabaja, pero sobre todo porque los gases que se despiden durante la manipulación están considerados por la OMS (Organización Mundial de la Salud) como cancerígenos, por lo que los trabajadores deben ir adecuadamente equipados. El riesgo está en los gases que se despiden durante la manipulación del hierro o acero fundido y no en el material en sí, ya que este es inofensivo.

Las piezas de fundición de hierro o acero suelen ser piezas base para un proceso de mecanizado posterior, para de este modo combinar las ventajas de ambos procesos, como la alta resistencia de las piezas de fundición junto con la elevada precisión dimensional de los procesos de mecanizado.

□ Ventajas

- Alta resistencia a roturas y deformaciones.
- Durabilidad en el tiempo.
- Fácil manipulación para el mecanizado.
- Fácil soldadura frente a posibles roturas.
- Bajo coste en relación con volúmenes de producción bajos.

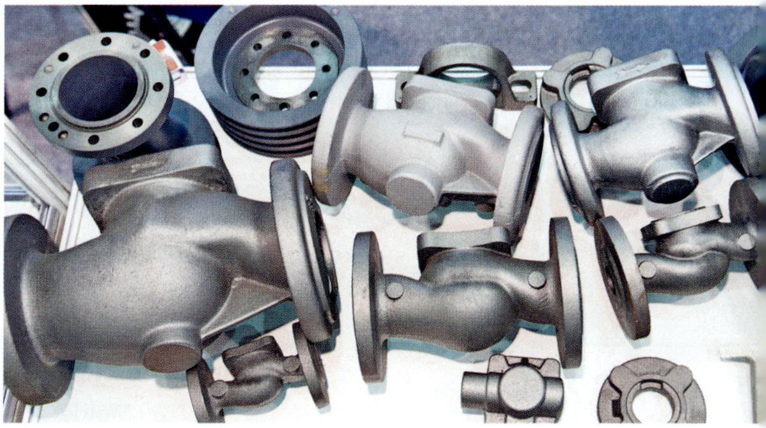

Figura 1.2. Distintas piezas obtenidas por fundición de hierro o acero.

□ Inconvenientes

- Baja producción en relación con la unidad de tiempo.
- Peso elevado.
- Normalmente se requiere volver a trabajar las piezas: eliminación de rebabas, mecanizados, etcétera.
- Tolerancias dimensionales relativamente poco estables (aproximadamente ±0,5 mm en piezas de hasta 200 mm).
- Industria contaminante.

1.2. Moldeo de plástico

El moldeo de plástico abarca distintas tecnologías a través de las cuales se pueden conseguir innumerables tipos de piezas. La gran variedad existente de termoplásticos con características mecánicas y cosméticas diferentes, unido a un relativo bajo coste, hace que estén presentes prácticamente en la totalidad de los campos industriales y en la vida cotidiana.

El moldeo de plástico abarca diferentes modalidades, aunque todas ellas parten de un elemento común: el molde. Este tendrá mayor o menor complejidad dependiendo de la tecnología en concreto.

□ Características

Por medio del moldeo plástico se obtienen desde piezas geométricamente muy simples hasta piezas de gran complejidad y de precisiones relativamente altas. Igualmente, a través de la gran variedad de termoplásticos disponibles en el mercado, el moldeo plástico puede ofrecer soluciones a innumerables aspectos con gran diversidad de características mecánicas y cosméticas, y que además pueden verse mejoradas por medio de aditivos (minerales, ignífugos, contra UV, etc.). Los termoplásticos utilizados son reciclables en proporciones controladas, pero por su baja degradación en el tiempo sus residuos deben ser controlados para evitar la contaminación.

1.2.1. Inyección de plástico

En las últimas décadas la obtención de piezas por moldeo plástico inyectado ha adquirido un peso importantísimo en la industria. Prácticamente en cualquier ámbito y máquina por compleja o sencilla que esta sea se pueden observar piezas obtenidas por medio de estas tecnologías, ya que ofrecen una gran versatilidad tanto en geometrías que se pueden elaborar como en la composición y en las características del material en sí.

□ Proceso

Como su propio nombre indica, esta tecnología se basa en aplicar presión al material plástico precalentado para introducirlo en un molde que conformará la pieza.

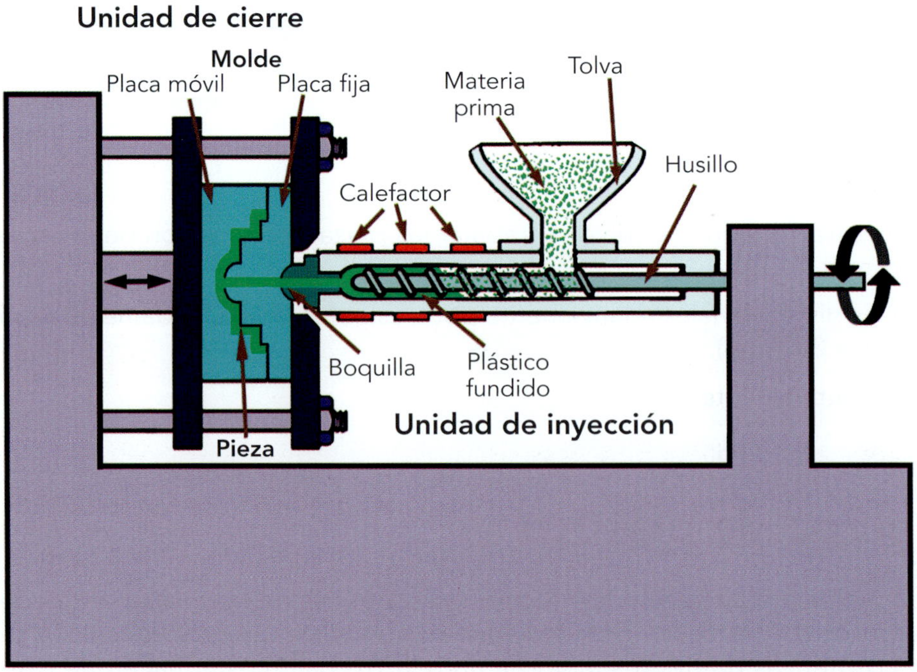

Figura 1.3. Esquema de una máquina de inyección de plástico.

Como se puede observar en la Figura 1.3, la materia prima depositada en el recipiente denominado tolva entra hasta el husillo, cuyo giro imprime presión a la materia hacia la boquilla. Esta presión ya precalienta la materia prima que al pasar por la unidad calefactora se funde y es introducida a través de la boquilla en el molde cerrado. Una vez llena la cavidad del molde, la placa móvil de este se desplazará liberando la pieza.

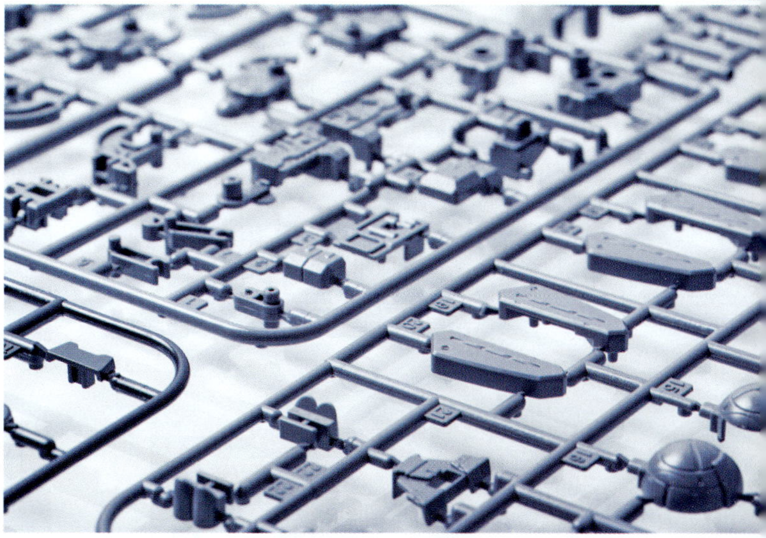

Figura 1.4. Piezas de un mismo molde unidas por la colada.

El molde tiene dos partes principales denominadas **placas,** una fija y la otra móvil, pero además puede tener partes móviles denominadas **correderas** que materializan geometrías que podrían denominarse laterales de la pieza. En realidad, el molde de una pieza técnica sería como un puzle en el que para liberar la pieza se desplaza tanto la placa móvil como las distintas correderas que pueda llegar a tener.

El caso del plástico inyectado es un proceso de producción de alto volumen por unidad de tiempo. Esto se debe a que todas las operaciones están totalmente automatizadas, llegándose incluso a automatizar tanto la entrada de la materia prima en múltiples máquinas inyectoras, como la extracción y manipulación de las piezas obtenidas.

Otra consideración importante es que en piezas de tamaños pequeños los moldes suelen ser de múltiples cavidades de piezas idénticas, con lo que se multiplica la producción en cada inyectada. También es habitual que existan moldes que producen las distintas piezas de un mismo conjunto, recurso muy utilizado en piezas de no muy elevada precisión (Figura 1.4).

De un modo muy esquemático un molde de inyección tendría las siguientes partes principales (Figura 1.5):

a) **Placa fija:** parte que se fija a la máquina inyectadora y da robustez al conjunto.

b) **Placa móvil:** después del llenado de la figura se separa para liberar la pieza.

c) **Punzón interior:** materializa el interior de la pieza y se retrae para su liberación.

d) **Punzón exterior:** materializa la cara exterior de la pieza y se retrae con la placa móvil.

e) **Correderas:** materializan los laterales de la pieza y se retraen lateralmente.

f) **Expulsores:** son «varillas» que empujan la pieza para su expulsión de la cavidad.

g) **Entrada colada:** entrada del material a la cavidad de la pieza.

h) **Cavidad de la pieza:** cavidad que una vez llena de material, y cuando este se enfría, conforma la pieza.

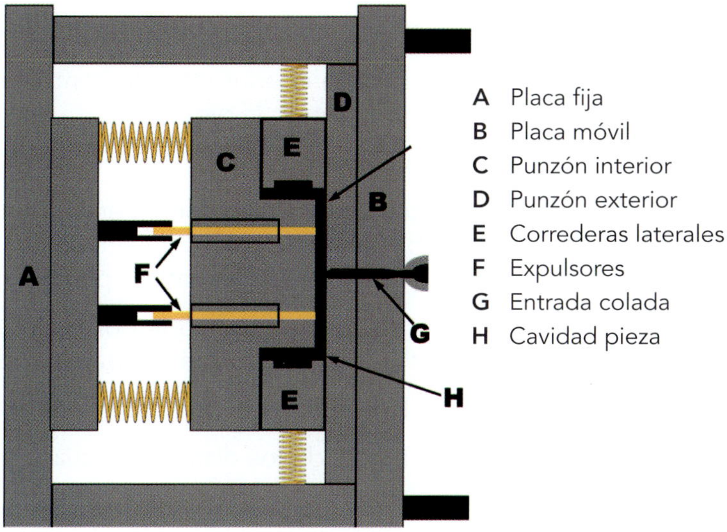

Figura 1.5. Esquema de las partes de un molde.

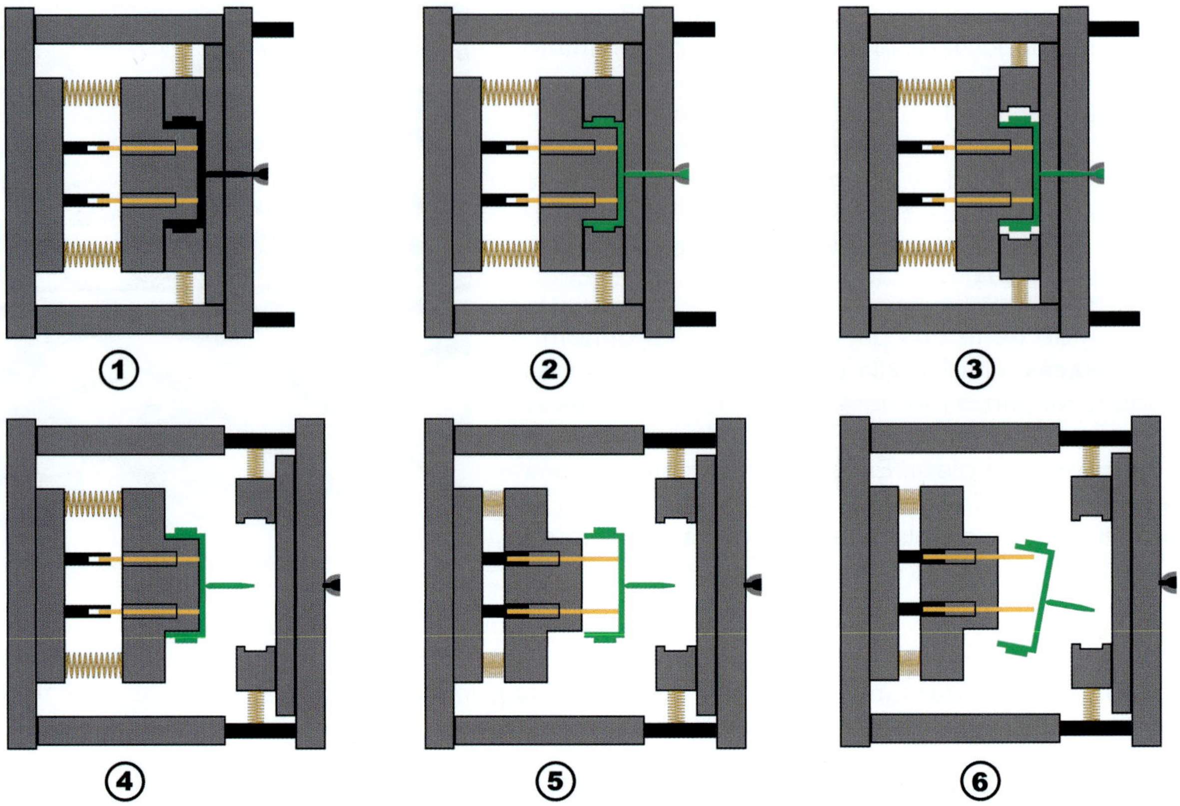

Figura 1.6. Modo de funcionamiento del molde.

En la Figura 1.6 se puede ver el modo de funcionamiento por tiempos de un molde de inyección:

1. Totalmente cerrado y vacío de material.
2. Molde con la cavidad de la pieza llena de material. Permanecerá así unos segundos para que el material se enfríe.
3. Apertura de las correderas o postizos laterales para que la placa móvil pueda desplazarse sin arrastrar a la pieza ya que pueden existir correderas en cualquier dirección.
4. Placa móvil retraída junto con el punzón exterior en posición de apertura.
5. Punzón interior retraído contra la placa fija haciendo que los expulsores actúen empujando y liberando la pieza.
6. Caída de la pieza.

Este modo de funcionamiento y las partes de un molde se repetirán para todos los procesos de fabricación de piezas de alto volumen de producción en los que intervenga un molde, aunque las piezas no sean de materia plástica, un aspecto que se verá con posterioridad.

En una pieza producida por moldeo (con un molde) se pueden ver las marcas que dejan las distintas partes que componen la cavidad de la pieza:

- Líneas de partición del molde entre las partes móviles y fija del molde.
- Líneas de los distintos postizos y correderas.
- Círculos de los expulsores.
- Punto o puntos de inyección (entrada del material), que puede ser una línea.

Siempre se buscan zonas de la pieza en las que estas marcas puedan quedar disimuladas y que no afecten a su funcionamiento. Mientras mejor ajustado esté el molde, menos marcas existirán.

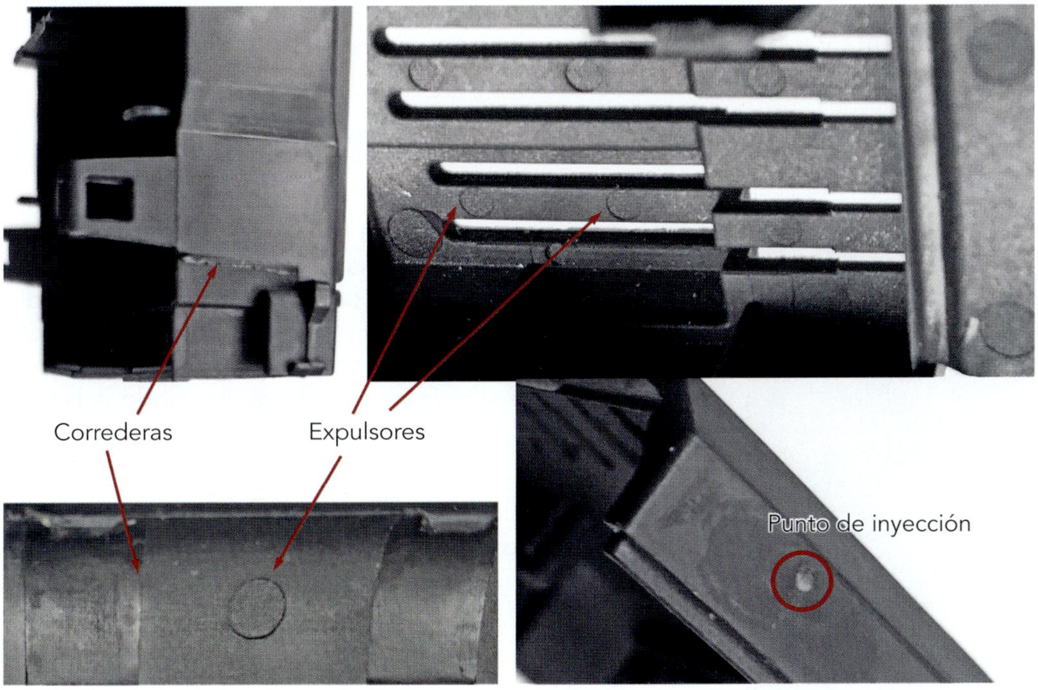

Figura 1.7. Marcas en la pieza de las partes de un molde.

☐ Ventajas

- Gran diversidad de composiciones plásticas con diversas características mecánicas.
- Piezas de gran calidad.
- Tolerancias dimensionales muy buenas en función del material.
- Proceso altamente repetible y automatizable.
- Geometrías complejas.
- Gran variedad cosmética: colores, transparencia, texturizados, etcétera.
- Gran calidad de acabados: poco o ningún retrabajo.
- Altos volúmenes de producción.
- Bajo coste en volúmenes de producción altos.

☐ Inconvenientes

- Elevado coste de inicio de producción. El molde es de gran precisión para evitar al máximo marcas y rebabas; por tanto, su coste es elevado.
- Poca estabilidad frente a mecanizados.
- Fragilidad relativa en la manipulación.
- Piezas normalmente deformables.
- Alta especialización para el diseño de las piezas y del molde, y en los procesos.

1.2.2. Soplado

La obtención de piezas mediante el soplado se puede decir que es un proceso muy similar al de inyección, pero aplicando además aire. Normalmente se parte de una preforma obtenida por inyección que se calienta y a la que se introduce aire para que se adapte al molde.

Figura 1.8. Proceso de soplado plástico.

☐ Proceso

En la Figura 1.8 se puede ver una preforma obtenida por inyección que ya tiene la forma de la rosca del tapón de la botella totalmente terminado, más un pequeño recipiente similar a una probeta que se precalienta para introducirlo en su molde. Este se cerrará y se proyecta aire en su interior haciendo que la parte en forma de probeta se infle y se adapte al molde, que al enfriarse se abrirá liberando la botella.

Se trata de un proceso totalmente automatizado por el cual se obtienen principalmente todo tipo de recipientes, aunque no únicamente, ya que cualquier tipo de pieza o producto plástico hueco puede ser obtenido por este procedimiento.

☐ Ventajas

- Piezas totalmente acabadas sin necesidad de retrabajar.
- Procesos totalmente automatizados.
- Gran variedad cosmética: colores, transparencia, texturizados, etcétera.
- Muy altos volúmenes de producción.
- Muy bajo coste.

☐ Inconvenientes

- Inversión inicial elevada, maquinaria de alto coste.
- Tolerancias dimensionales relativamente poco estables.
- Proceso no válido para piezas técnicas.

1.2.3. Termoconformado

El termoconformado plástico consiste en calentar una lámina de plástico de espesor uniforme que se depositará sobre un molde abierto. El conformado final puede producirse por la aplicación del vacío a esta lámina ya caliente, o por la acción del cierre de una contraforma (macho) sobre el molde, consiguiéndose en ambos casos que la lámina plástica se adapte al molde.

La aplicación principal de este proceso es la obtención de piezas de grandes tamaños con espesores uniformes, como pueden ser paneles interiores de vehículos, recipientes domésticos, etc. En alimentación está muy extendido su uso para los recipientes de cualquier tipo, como vasos, tarrinas, cajas o recipientes de envase en general.

☐ Proceso

Como puede verse en la Figura 1.9 una lámina de material que se proporciona en rollo es calentada para que adquiera una consistencia maleable y luego pasa a depositarse sobre el molde. Una vez sobre este (paso 1), bien por la acción de un contramolde macho o por la aplicación de vacío, la lámina plástica adquiere la forma del molde (paso 2). En esta segunda operación también es cortada la pieza.

Los materiales plásticos que se pueden utilizar para este proceso suelen estar limitados a materiales con bajo índice de calor específico. Esto es así porque son los que se pueden moldear a bajas temperaturas a la vez que enfrían y, por tanto, endurecen rápidamente.

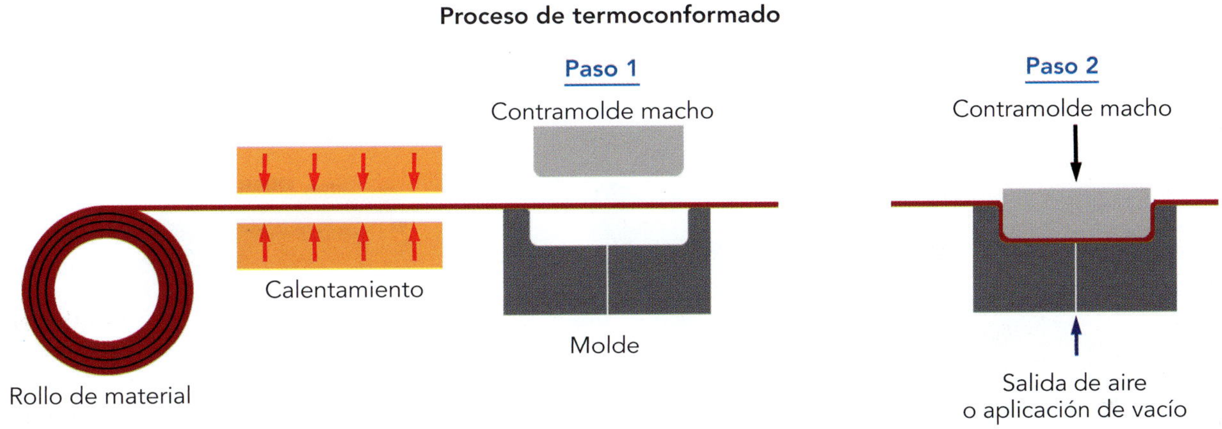

Figura 1.9. Proceso de termoconformado plástico.

☐ Ventajas

- Procesos totalmente automatizados.
- Gran variedad cosmética: colores, transparencia, texturizados, etcétera.
- Muy altos volúmenes de producción.
- Muy bajo coste.
- Inversión inicial baja.

☐ Inconvenientes

- Piezas de geometrías simples.
- Tolerancias dimensionales poco estables.
- Es habitual tener que eliminar rebabas en piezas de gran tamaño.
- Piezas fácilmente deformables.
- Proceso no válido para piezas técnicas.

1.3. Inyección de aluminio, aleaciones y magnesio

La inyección de aluminio, de aleaciones o, en los últimos tiempos, magnesio se ha convertido en una tecnología de obtención de piezas de primera magnitud que ha adquirido una importancia fundamental en la industria actual. Esto es debido a la diversidad de geometrías que se pueden obtener por este sistema que, además, se une a la precisión de este tipo de piezas.

□ Características

La tecnología de fabricación de piezas por inyección de aluminio, sus aleaciones o de magnesio ofrece un tipo de pieza de alta resistencia, geométricamente compleja y de bajo peso, a la vez que de una elevada precisión. Las piezas obtenidas por este sistema posibilitan, asimismo, una alta estabilidad para su mecanización, proceso que se verá en el Apartado 1.6. Con esto se logrará en caso de necesitarlo aún una mayor precisión en geometrías o zonas que así lo requieran. Todo lo mencionado en su conjunto convierte a esta tecnología en una alternativa muy valorada en la industria de pieza técnica de precisión, en especial en todo lo relacionado con las máquinas en movimiento (automoción, aeroespacial, etcétera).

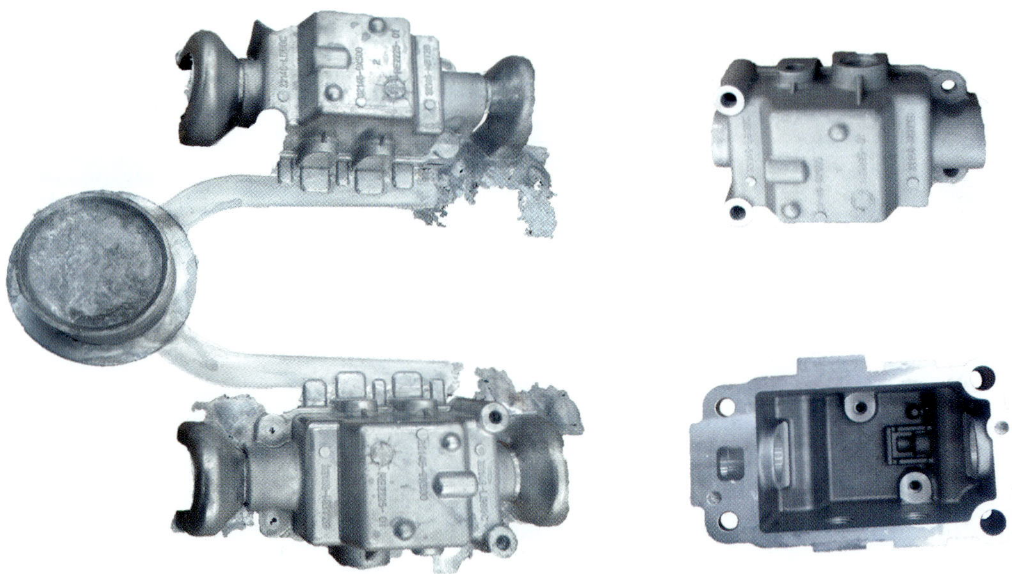

Figura 1.10. Piezas obtenidas por inyección de aluminio con colada (izquierda) y terminada mecanizada (derecha).

Es interesante diferenciar los tres materiales genéricos: aluminio, zamak y magnesio. Los tres ofrecen muy buenas características mecánicas, precisión, geometrías complejas y resistencia a las inclemencias del tiempo con su consiguiente durabilidad con unos pesos muy bajos. Es por este motivo que han adquirido una importancia de primera línea en la fabricación de motores y piezas en toda clase de ingeniería de medios de transporte.

El zamak es en realidad una aleación de aluminio, magnesio y cobre, que ayuda a mantener e incluso mejorar las características mecánicas del aluminio disminuyendo de forma ostensible su peso.

Tanto el aluminio como el zamak pueden ser mecanizados sin problemas, con lo que se obtienen precisiones realmente elevadas, inferiores a 0,01 mm.

El magnesio, además, es mucho más ligero; por tanto, es muy apreciado para el tipo de piezas descritas, pero tiene un problema en la mecanización. El polvo de magnesio es altamente inflamable, por lo que su mecanización requiere de mucha especialización y equipos especialmente adaptados. Aun así, también se mecaniza pudiéndose conseguir igualmente las precisiones mencionadas inferiores a 0,01 mm.

Únicamente observando en el motor de cualquier vehículo se pueden distinguir piezas elaboradas por esta tecnología, pero para distinguir entre los materiales se han de tener sueltas. Simplemente sopesándolas manualmente se podrían distinguir unas de otras.

☐ Proceso

El proceso en sí de la inyección de aluminio, de sus aleaciones y de magnesio es muy similar al ya descrito en el Apartado 1.2.1, dedicado a la inyección de plástico, con la casi única variación del material a inyectar. Una diferencia sería que en este caso el material es fundido previamente a la introducción real en el proceso, ya que su punto de fusión es elevado.

☐ Ventajas

- Excelentes características mecánicas (dureza, rigidez, resistencia a la corrosión, etcétera).
- Alta conductividad eléctrica.
- Excelente conductividad térmica.
- Bajo peso.
- Tolerancias dimensionales muy buenas.
- Proceso altamente repetible.
- Geometrías complejas.
- Buenos acabados.
- Alta estabilidad para la mecanización. Con el magnesio deben tomarse ciertas precauciones, como se ha mencionado anteriormente.
- Altos volúmenes de producción.
- Buena proporción del coste en relación con las características en altos volúmenes de producción.

☐ Inconvenientes

- Elevado coste de inicio de producción. El molde es de gran precisión para evitar al máximo las marcas y las rebabas; por tanto, su coste es elevado.
- Alta especialización para el diseño de piezas, molde y procesos.

Actividad propuesta 1.1

a) En las piezas obtenidas por medio de un molde sin aportación de aire, ¿se pueden extraer piezas huecas de forma directa? ¿Qué posibilidades se tienen para conseguir algo hueco?

b) ¿En qué proceso de moldeo plástico donde interviene un molde se consiguen piezas huecas? ¿En qué consiste?

1.4. Estampación metálica

La estampación metálica se basa en dar forma y cortar una lámina metálica normalmente de acero, pero también de metales como el latón, el aluminio y otros metales dúctiles, inclusive plata y oro. El espesor de esta lámina puede variar desde unas pocas décimas de milímetro a varios milímetros (normalmente, un máximo de 6 a 8 mm). Salvando todas las diferencias, en una primera aproximación se podría asemejar al proceso de termoconformado plástico descrito en el Apartado 1.2.3, aunque como se verá es mucho más complejo y de mayor precisión.

Su aplicación es muy extensa y abarca desde la realización de carcasas y sus refuerzos, así como piezas de seguridad en cualquier ámbito industrial como paragolpes de cualquier tipo o carrocerías, hasta piezas técnicas de precisión, tanto visibles o pintadas como cubiertas por otro tipo de piezas embellecedoras de otros materiales. Un ejemplo muy claro es la industria del automóvil.

Son piezas que se consiguen con útiles de fabricación denominados **matrices.** El concepto de estas es muy similar al de los moldes ya vistos en apartados anteriores. Las matrices son introducidas en prensas; las presiones (denominadas comúnmente golpes) ejercidas por estas irán conformando las piezas.

□ Características

Se distinguen dos modalidades:

- **Estampación en frío:** suele producir piezas de espesores de chapa relativamente pequeños. Se trabaja con temperaturas que están por debajo de la recristalización del material, por lo que al no alterarse su estructura química se pueden conseguir precisiones bastante buenas en piezas de pesos no muy elevados.
- **Estampación en caliente:** se aplica a espesores normalmente altos calentando el material por encima de la temperatura de recristalización. De esta forma se pueden conseguir deformaciones más profundas y una pieza final de gran robustez, pero de precisiones menores que en frío.

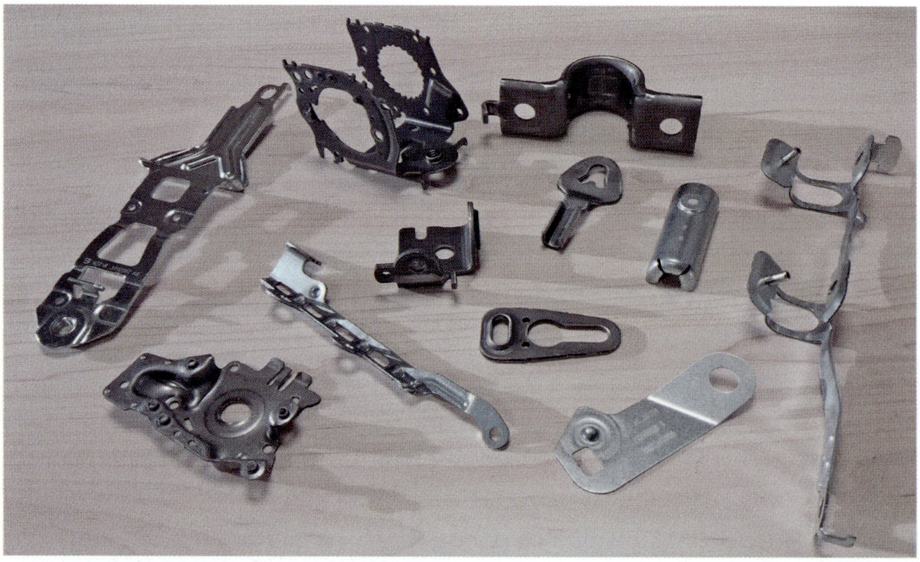

Figura 1.11. Piezas producidas mediante estampación metálica.

Con las dos técnicas se obtienen piezas de una complejidad geométrica media que en ocasiones también podrán ser mecanizadas para darles un mayor grado de precisión.

□ Proceso

Dentro de la tecnología de estampación metálica cabe destacar tres conceptos fundamentales: troquelado, embutición y plegado.

- **Troquelado:** es la acción consistente en cortar la chapa metálica, es decir, el corte de todas las geometrías que conformarán la pieza en desarrollo plano (Figura 1.12).
- **Embutición:** es la acción de deformar la chapa metálica para la creación de cavidades huecas (Figura 1.13).
- **Plegado:** es la acción de doblar la chapa metálica (Figura 1.14).

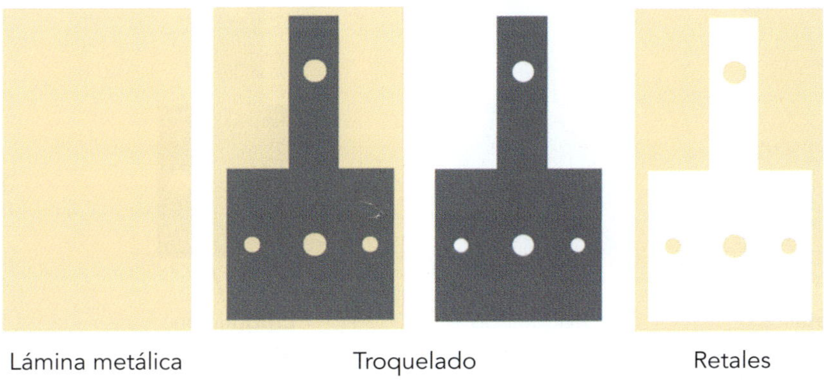

Figura 1.12. Proceso de troquelado.

Figura 1.13. Proceso de embutición.

Figura 1.14. Proceso de plegado.

En los procesos de producción de piezas por estampación metálica se suelen combinar las tres acciones descritas para la obtención de piezas con geometrías medianamente complejas. Hay que destacar que estas acciones se realizan en pasos distintos, denominándose entonces progresivos; incluso cada uno de estos pasos puede repetirse para de este modo lograr una mayor precisión. No será lo mismo la obtención de una pieza aplicando todo el troquelado en un único golpe de prensa que dividiendo el corte en varios. Esto mismo pasará con cada uno de los conceptos descritos y, sobre todo, cuando es habitual que en una misma pieza se den los tres conceptos.

Si una matriz está ideada para la obtención de una pieza en distintos pasos o golpes se denomina **matriz progresiva.**

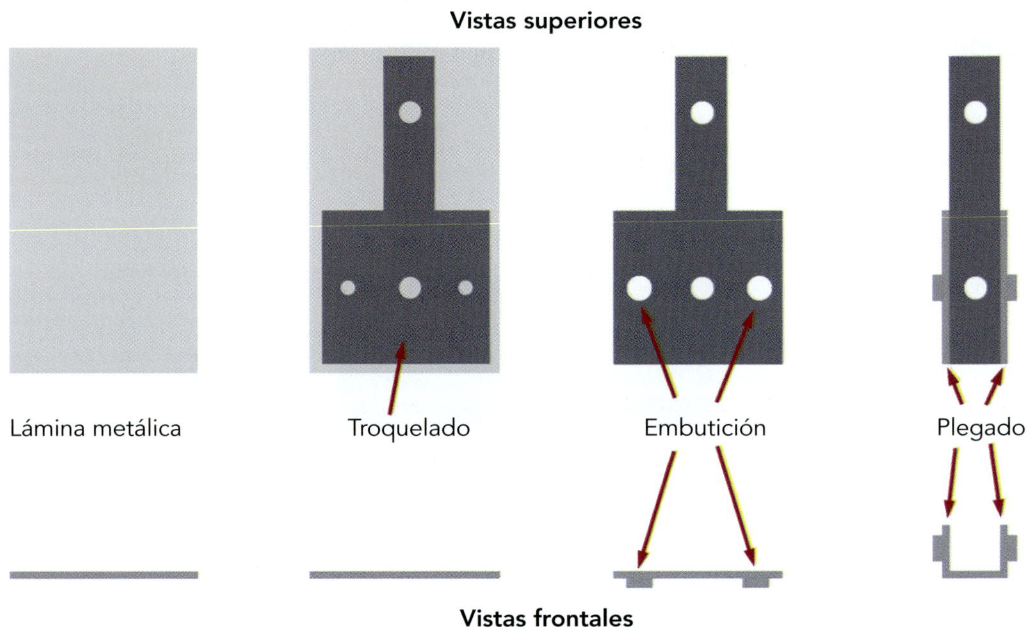

Figura 1.15. Fases progresivas para la obtención de una pieza por estampación metálica.

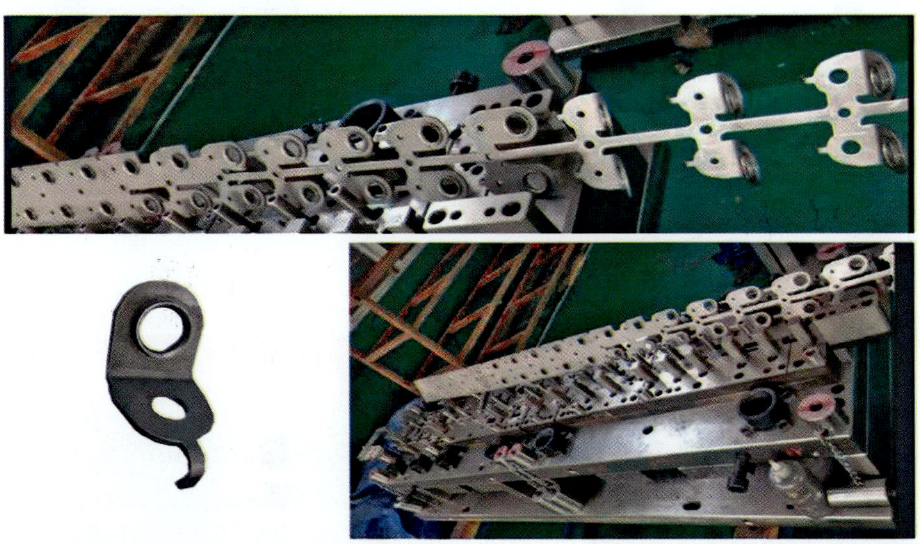

Figura 1.16. Caso real de obtención de una pieza por estampación metálica en progresivo.

☐ Ventajas

- Buenas características mecánicas.
- Altos volúmenes de producción.
- Buena proporción del coste respecto a las características.
- Estampado en frío:
  - ››› Chapa delgada de bajo peso y buena rigidez.
  - ››› Geometrías medianamente complejas.
  - ››› Tolerancias dimensionales muy buenas.
  - ››› En caso de necesidad las piezas pueden mecanizarse.
  - ››› Proceso altamente repetible.
- Estampado en caliente:
  - ››› Espesores y tamaños grandes.
  - ››› Mayores deformaciones que en frío.
  - ››› Piezas muy robustas.
  - ››› Alta estabilidad para la mecanización.

☐ Inconvenientes

- Elevado coste de inicio de producción. Las matrices tienen un coste elevado.
- Maquinaria muy costosa.
- Las piezas obtenidas por estampación en caliente tienen baja precisión dimensional.
- Alta especialización para el diseño de piezas, matrices y procesos.

1.5. Extrusión

Por el proceso de extrusión se obtienen perfiles básicamente en plásticos y en aluminio para aplicaciones muy diversas en todas las clases de industrias. Únicamente mirando alrededor se pueden ver diversas aplicaciones domésticas en ventanas o en embellecedores de cualquier tipo, pero también en piezas técnicas de cualquier equipo o máquina.

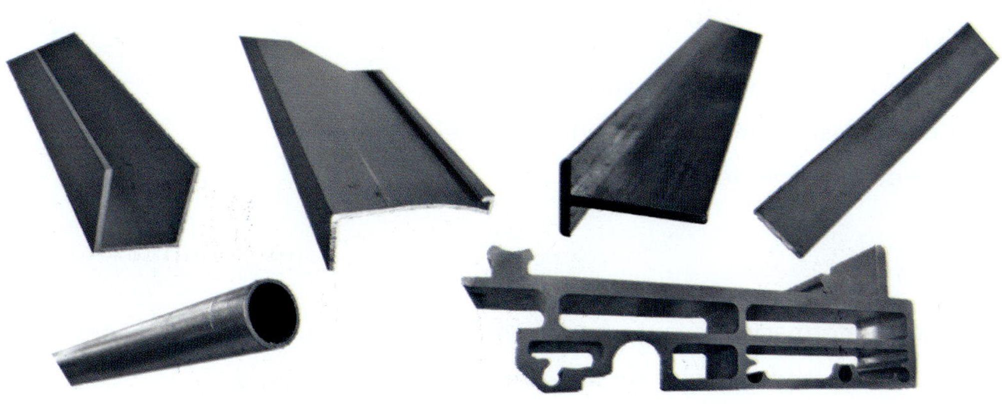

Figura 1.17. Piezas obtenidas por extrusión.

Proceso

El proceso de obtención de piezas por extrusión es de concepto muy sencillo. Se basa en hacer pasar el material ya caliente, sea por un método u otro, por una boquilla (también denominada matriz) o combinación de ellas, con la forma del perfil a obtener (Figura 1.18). Para la obtención de perfiles huecos se deberán combinar dos o más boquillas extrusoras.

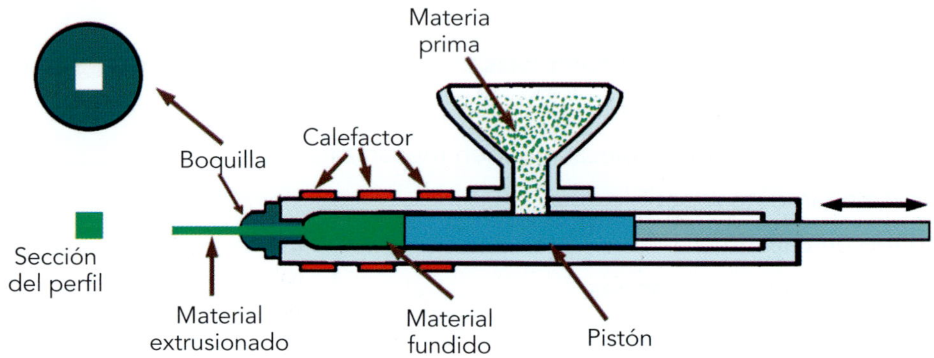

Figura 1.18. Proceso de extrusión.

En alimentación se pueden ver ejemplos muy elementales, pero que sin duda ayudarán a entenderlo, como el funcionamiento de una manga pastelera o la obtención de los riquísimos churros.

Las piezas o perfiles obtenidos por extrusión tienen la característica de mantener una misma sección con diferencias dimensionales prácticamente inapreciables a lo largo de un lote de producción, pero las boquillas extrusoras están sometidas a un alto desgaste por la fricción del material pasando por ella, sobre todo cuando el material es aluminio, por lo que deben ser sustituidas cada cierto número de lotes producidos.

Para aplicaciones técnicas lo más habitual es que el perfil obtenido se use como base para mecanizar y de este modo obtener piezas técnicas de muy buena precisión dimensional.

Ventajas

- Altos volúmenes de producción.
- Bajo coste.
- Tolerancias dimensionales muy buenas.
- Proceso muy repetible.
- Alta variedad de geometrías en sección.
- Buenas características mecánicas en función del material.
- Muy poco desperdicio de material.

Inconvenientes

- Tendencia a deformaciones tanto por abombamiento como por retorcimiento.
- La geometría de la pieza debe ser la misma en toda su longitud.
- Las boquillas o matrices deben sustituirse frecuentemente por desgaste.

Actividad propuesta 1.2

En la estampación metálica:

a) ¿Qué tipo es el apropiado para espesores de chapa altos?
b) Si para cada función de troquelado, embutición o doblado se aplica más de un golpe, ¿qué se consigue?

En la extrusión:

c) ¿Se pueden conseguir piezas huecas? Si es así, ¿cómo?

1.6. Mecanizado

El proceso de mecanizado para la obtención de piezas es el de mayor precisión dimensional y en él se puede partir tanto de material en bruto, como por ejemplo un «cubo» de acero, aluminio, etc., como de piezas base obtenidas por los procesos descritos en los apartados anteriores.

Es el proceso de obtención de piezas más antiguo que existe, pero es el de mayor precisión. Esto se debe al gran avance e innovación en maquinaria y procesos que se ha ido incorporando a la tecnología, motivo por el que ha pasado de ser un proceso totalmente manual a un proceso con maquinaria totalmente automática de control numérico, altas revoluciones, cinco ejes de trabajo, electroerosión, etcétera.

Es un proceso especialmente indicado para piezas de alta precisión y muy técnicas, como las que suelen encontrarse en el interior de las máquinas, por lo que no suelen ser piezas vistas o cosméticas.

Cuando se habla de procesos de mecanizado se pueden distinguir dos tipos: con o sin arranque de viruta. Los procesos sin arranque de viruta también incluyen algunos de los vistos en apartados anteriores, como los conformados, la embutición y la extrusión, pero también otros como la abrasión o la electroerosión.

Esta técnica de fabricación de piezas se tratará en profundidad en las Unidades 7 y 8 por dos motivos básicos:

- Además de ser una técnica para realizar piezas completamente desde cero por mecanización, también se puede catalogar como una técnica transversal por utilizarse en muchas ocasiones para el acabado con el objetivo de conseguir una mayor precisión o simplemente como terminación en los procesos anteriormente descritos.
- Se trata del método de elaboración de piezas más tradicional por su larguísima trayectoria histórica en cualquier tipo de industria, tanto artesanal como en grandes series.

Figura 1.19. Piezas mecanizadas.

☐ Ventajas

- Gran variabilidad en los volúmenes de producción (desde una unidad hasta miles).
- Tolerancias dimensionales excelentes de gran precisión.
- Proceso muy repetible.
- Alta variedad de geometrías.
- Muy buenas características mecánicas en función del material.

☐ Inconvenientes

- Precio elevado por pieza.
- Tiempos elevados de producción.
- Alta especialización técnica de los operadores de máquina.
- Elevado desperdicio de material.

1.7. Impresión 3D

La impresión 3D es la última incorporación a las tecnologías de fabricación de piezas. Si en los casos anteriormente vistos la maquinaria y, por tanto, las propias técnicas están en constante evolución, en este caso es una tecnología que se está incorporando a la industria. Su aparición ha abierto muchas posibilidades que hasta hace poco no se podían imaginar y que con toda seguridad continuarán sorprendiendo. En la actualidad la impresión 3D con material plástico ya está extendida y es cada vez más utilizada, pero ya se está implantando también la impresión 3D en metal. Esta tecnología con inmensas expectativas y en gran expansión se convertirá sin duda alguna en muy habitual y apreciada en la industria.

Figura 1.20. Impresión 3D por extrusión.

☐ Proceso

En la impresión 3D se parte de un modelo digital que se descompone en capas para que en el paso físico posterior se vaya depositando el material siguiendo esas capas. Mientras más delgadas sean estas capas, mayor resolución y precisión tendrá la pieza u objeto obtenido. Este modo de funcionamiento permite obtener cualquier tipo de pieza, sea sólida o hueca, e incluso distintas piezas entrelazadas como, por ejemplo, una cadena.

Una característica muy resaltable de este tipo de tecnología es que permite acortar sustancialmente los tiempos de homologaciones funcionales de los diseños de piezas y máquinas, ya que permite tener piezas físicas en periodos de tiempo muy cortos.

Existen diversas tecnologías de impresión 3D, cada una con su respectiva nomenclatura. Además, al tratarse de algo novedoso y en constante evolución tiene constantes cambios. Es por este motivo y para simplificar el que se haya dividido en dos grandes grupos:

- **Extrusión:** se basa en ir empujando y fundiendo un filamento que es depositado sobre una placa base donde se forma la pieza siguiendo las capas anteriormente mencionadas.
- **Solidificación selectiva:** se van depositando capas de polvo polimérico o resinas que se van fundiendo y solidificando por acción de una luz, en muchas ocasiones un láser, únicamente en las zonas que irán componiendo la pieza. El polvo sobrante que no se ha solidificado actúa como soporte de la pieza que se va obteniendo sin necesidad de elementos suplementarios. Es el método más ampliamente utilizado en la industria, ya que permite la realización de cualquier tipo de geometría por compleja o pequeña que esta sea.

Ventajas

- Personalización de piezas y equipos. Versatilidad.
- Ideal para el prototipado rápido y su reducción de costes.
- Proceso muy repetible y de alta calidad.
- Variedad de geometrías extensísima.
- Multitud de aplicaciones, muchas aún por descubrir.
- Introducción en la industria de series con las nuevas tecnologías de impresión 3D.

Inconvenientes

- Precio elevado por pieza.
- Tiempos elevados de producción.
- Acabados mejorables o impregnados de polvo.

En el apartado de inconvenientes hay dos aspectos fundamentales que deben tenerse en consideración.

- Al tratarse de tecnologías en pleno desarrollo los aspectos descritos se irán mejorando rápidamente.
- En el caso de usos no industriales es una tecnología que puede facilitar la vulneración ética y legal (plagios, armas u objetos peligrosos, etcétera).

Actividad propuesta 1.3

a) Enumera las principales divisiones del mecanizado.

b) ¿En la impresión 3D es requisito indispensable pasar por un modelo CAD? Si es así, ¿por qué?

Enlaces web de interés

https://www.gestiondecompras.com/
Empresa dedicada a compras de piezas de distintas tecnologías.

https://www.some.es/es/blog
Blog de la multinacional española de piezas de chapa metálica.

https://www.bcn3d.com/es/categoria/blog-impresion-3d/
Blog de la empresa española de fabricación de impresoras 3D BCN3D.

Casos práctico

Caso práctico RESUELTO

Tecnologías para la fabricación de piezas

A continuación se analizan diversas piezas y se ofrece una descripción de cada una de ellas, así como la función que desempeñan.

Polea de tracción de un ascensor

Es un tipo de pieza que va a estar sometida a un esfuerzo importante; además, su perdurabilidad en el tiempo debe ser elevada sin poner en riesgo a personas. No es una pieza de un alto volumen de producción (no se fabrican miles de ascensores iguales). El precio final de la pieza no es un parámetro de muy elevada importancia.

Una pieza de fundición de hierro o acero ofrece respuesta a todas las necesidades expuestas y si, además, se requiriera una mayor precisión dimensional se podría someter a un proceso de mecanizado.

Carcasa de un mando a distancia de TV

Es un tipo de pieza sometido a un nivel de esfuerzo que, sin ser muy elevado, sí debe ser capaz de soportar golpes, sobre todo por caídas. Es una pieza de una elevada producción que debe combinar buena cosmética, robustez, estabilidad dimensional para que todo encaje y todo a un precio muy competitivo.

El moldeo plástico por inyección será sin duda una solución idónea para una pieza de este tipo. Se puede conseguir una pieza robusta y de muy buena presencia, a la vez que con una precisión dimensional adecuada. A pesar de necesitar una primera inversión elevada, se puede amortizar muy bien por el bajo coste de producción en relación con el alto volumen de piezas producidas.

Depósito de agua del limpiaparabrisas de un vehículo

Pieza hueca si un elevado nivel de esfuerzo, aunque sometida a vibración. Debe ser resistente al tipo de líquido que va a contener, pero no es necesaria una gran precisión dimensional. Se trata de una pieza de alta producción.

Los distintos materiales plásticos ofrecen sin duda una solución idónea a las problemáticas expuestas. Al ser un recipiente hueco, el moldeo por soplado será la mejor solución, teniendo en cuenta que se trata de una elevada producción que permitirá rentabilizar la elevada inversión inicial, ya que se combina un primer moldeo por inyección para la obtención de una preforma con el posterior proceso de soplado.

Vaso desechable

En esta ocasión es una pieza que no necesita mucha precisión dimensional, ni estará sometida a esfuerzos ni a líquidos corrosivos. Se puede lograr una capacidad de producción muy elevada a muy bajo coste ya que es un producto desechable.

En este caso el termoconformado plástico será una muy buena posibilidad que ofrecerá soluciones a todas las características detalladas. No obstante, hay que ser muy cuidadosos con la materia prima que se vaya a utilizar ya que es un producto destinado a la alimentación. No hay que olvidar que siempre se deben seleccionar materias primas altamente reciclables, no solo porque este aspecto siempre debe tenerse en consideración, sino también porque se trata de un producto desechable.

Bloque motor de un vehículo

Pieza de un volumen considerable, geométricamente compleja. Debe ser robusta, con bajo peso y perdurable en el tiempo, con acabados de alta precisión. Los volúmenes de producción serán muy elevados.

La inyección de aluminio es el proceso más adecuado para esta pieza ya que reúne todas las cualidades necesarias. Para las geometrías de una elevadísima precisión dimensional, como los alojamientos de los pistones, se debe pensar en un proceso de mecanizado posterior que también es una de las características que ofrece este tipo de piezas.

Guía del carro de cabezales de una impresora

Pieza de una precisión dimensional considerable que además debe ser robusta y dar robustez a todo el mecanismo sin incrementar considerablemente el peso total. También es una pieza de alto volumen de producción.

La estampación metálica combinando sus tres técnicas fundamentales, troquelado, embutición y plegado, será sin lugar a duda una solución ideal. Ofrece las características requeridas: precisión dimensional, robustez y relativo bajo peso con una muy buena relación calidad precio, y más teniendo en cuenta que se trata de un alto volumen de producción.

Perfiles para ventanas

Piezas de sección uniforme y longitudes variables que deberán cortarse a medida para adaptarse a cualquier tamaño (carpintería de aluminio). Deben ser resistentes y con buenos acabados cosméticos. Deben combinar, además, facilidad de manipulación, robustez y durabilidad.

Se trata en este caso de piezas de extrusión de aluminio o PVC. Se trata de uno de los ejemplos más extendidos de este tipo de piezas.

Engranajes de la caja de transmisión de un vehículo

Son piezas de una muy elevada precisión dimensional, robustez, dureza y durabilidad. Son un tipo de pieza que se podría denominar de alta gama, mecánicamente hablando.

Los procesos de mecanizado en acero serán sin duda la base para la fabricación de estas piezas. Se debe sacrificar el coste para obtener una verdadera funcionalidad completa y perdurable en el tiempo.

Placa embellecedora personalizada de un interruptor de luz

Si en las oficinas de una empresa, situadas en una planta de un edificio, los interruptores y los enchufes eléctricos deben llevar placas embellecedoras grabadas con el logotipo corporativo, se estaría ante una muy baja producción, de tan solo un lote de productos.

La impresión 3D será en este caso una solución ideal. Partiendo de un diseño previamente realizado al que se incorpora el logotipo deseado y sin necesidad de útiles para la producción, como moldes, matrices o procesos muy costosos como la mecanización, se puede conseguir un artículo personalizado de muy baja producción y de una calidad muy adecuada al uso.

Casos prácticos

Caso práctico PROPUESTO

Analiza y describe técnicamente las siguientes piezas:

- Soporte para componentes electrónicos de un equipo informático.
- Carátula para el panel de un equipo musical de automóvil.
- Disipador térmico de aluminio.
- Culata del motor de un compresor de aire.
- Bañera para bebé.
- Prototipo para la carátula del panel de un equipo musical de automóvil.
- Punzón interior de un molde de inyección de plástico.
- Botella de zumo desechable.
- Bloque motor de un automóvil.

Mapa conceptual

TECNOLOGÍAS PARA LA FABRICACIÓN DE PIEZAS

- **Fundición**
  - Se entiende por fundición la obtención de piezas metálicas
- **Moldeo de plástico**
  - Inyección de plástico
  - Soplado
  - Termoconformado
- **Inyección de aluminio, aleaciones y magnesio**
  - Ofrece un tipo de pieza de alta resistencia, geométricamente compleja y de bajo peso, a la vez que de una elevada precisión
- **Estampación metálica**
  - Se basa en dar forma y cortar una lámina metálica normalmente de acero, pero también de metales como el latón, el aluminio y otros metales dúctiles, inclusive plata y oro
- **Extrusión**
  - Se basa en hacer pasar el material ya caliente, sea por un método u otro, por una boquilla (también denominada matriz) o combinación de ellas, con la forma del perfil a obtener.
- **Mecanizados**
- **Impresión 3D**
  - Se parte de un modelo digital que se descompone en capas para que en el paso físico posterior se vaya depositando el material siguiendo esas capas. Cuanto más delgadas sean estas capas, mayor resolución y precisión tendrá la pieza u objeto obtenido.

Actividades finale

DE COMPROBACIÓN

1.1. En la tecnología de fundición la materia prima se introduce en el molde:

a) Aplicando presión.

b) Por efecto de la gravedad.

c) Aplicando vacío.

1.2. Las piezas obtenidas por fundición de hierro o acero son:

a) Contaminantes.

b) Tóxicas.

c) Inocuas.

1.3. ¿Cuál de las tecnologías de moldeo plástico descritas es la de mayor precisión dimensional?

a) Inyección.

b) Soplado.

c) Termoconformado.

1.4. ¿En cuál de las tecnologías de moldeo plástico descritas se utiliza un molde?

a) Inyección y termoconformado.

b) Soplado e inyección.

c) En las tres: inyección, soplado y termoconformado.

1.5. La estampación metálica se produce:

a) Aplicando presión (con prensas).

b) Fundiendo el material.

c) Aplicando el vacío.

1.6. En la estampación metálica, ¿cómo se denomina la acción de cortar el material?

a) Troquelado.

b) Embutición.

c) Plegado.

1.7. ¿Qué materiales se utilizan más habitualmente en la industria para la obtención de piezas por extrusión?

a) Plástico.

b) Aluminio.

c) Plástico y aluminio.

1.8. ¿Cómo son las piezas obtenidas por extrusión?

a) Geométricamente las más complejas.

b) De sección uniforme.

c) Las de menor precisión dimensional.

1.9. ¿Cómo se produce el proceso de mecanizado?

a) Con o sin arranque de viruta.

b) Únicamente por arranque de viruta.

c) Únicamente sin arranque de viruta.

1.10. ¿A qué puede aplicarse el proceso de mecanizado?

a) Bloques de materia prima.

b) Piezas obtenidas por otros procesos.

c) Bloques de materia prima y piezas obtenidas por otros procesos.

1.11. La impresión 3D parte de:

a) Un modelo de resina o pieza real.

b) Un modelo matemático CAD en 3D.

c) Se elabora en tiempo real.

1.12. ¿Cuál es la cantidad mínima de piezas imprescindible que se obtiene con la impresión 3D?

a) 25 piezas.

b) Las que quepan en la mesa soporte.

c) Una pieza.

DE APLICACIÓN

1.13. Relaciona cada tecnología de moldeo plástico con su aplicación de materia prima.

a) Inyección	1. Preforma caliente
b) Soplado	2. Lámina caliente
c) Termoconformado	3. Materia prima a presión

1.14. Explica brevemente el principio del proceso de extrusión.

1.15. En la tecnología de inyección de aluminio y de aleaciones:

a) ¿Qué materiales se utilizan principalmente?

b) ¿Qué material es el más ligero?

c) ¿Puede mecanizarse la pieza obtenida? Y si es así, ¿con qué objetivo?

1.16. ¿Qué tres acciones diferenciadas puedes describir del proceso de estampación metálica?

1.17. ¿En qué tecnologías de las descritas interviene un molde o matriz?

1.18. ¿Cómo podrías conseguir conjuntos huecos con las tecnologías donde interviene un molde?

1.19. ¿Cómo conseguirías que la lámina caliente de plástico de un termoconformado se adaptase al molde?

1.20. Explica brevemente en qué consiste el moldeo plástico por inyección.

1.21. ¿Cómo un molde de inyección de plástico puede generar geometrías en los laterales de las piezas?

1.22. ¿En qué dos procesos básicos se divide el proceso de mecanizado?

1.23. La impresión 3D puede dividirse en dos sistemas genéricos. ¿Cuáles son y cómo funcionan?

DE AMPLIACIÓN

1.24. Cuando se habla de piezas obtenidas por medio de fusión o calentamiento de la materia prima y conformada en un molde, ¿qué consideraciones deben tenerse en cuenta en relación con el tamaño de la pieza y el ángulo de sus paredes?

1.25. ¿Cuál es la precisión dimensional que ofrece cada una de las tecnologías descritas?

1.26. ¿Cuáles son los defectos más habituales de cada tecnología descrita?

Formas y dimensiones representadas en planos de fabricación

2

En el mundo industrial la comunicación y la documentación son herramientas de suma importancia que, si ya lo han sido siempre, se han convertido en imprescindibles con las técnicas de externalización y la globalización.

Los integrantes de una empresa no son burbujas independientes ni imperecederas en la industria, por lo que tener los procesos perfectamente descritos y documentados es la garantía de un correcto entendimiento, trasmisión y perdurabilidad en el tiempo.

En el sector de la mecánica industrial el plano de una pieza es la documentación de comunicación principal, que además tiene carácter contractual. El plano de la pieza es parte importantísima del contrato entre proveedor y cliente, y debe reflejar todos los aspectos necesarios para la correcta fabricación de la pieza y definir sus especificaciones y aceptabilidad o calidad esperada. Por todo esto se debe conocer en profundidad todo lo relacionado con la realización e interpretación de los planos de piezas mecánicas.

Contenidos

2.1. Interpretación de planos de fabricación
2.2. Normas de dibujo industrial
2.3. Planos de conjunto y despiece
2.4. Sistemas de representación gráfica
2.5. Procedimiento para la obtención de vistas
2.6. Procedimiento para la obtención de cortes, secciones, roturas y detalles

Objetivos

- Entender cómo representar e interpretar un plano de conjunto o pieza mecánica para poder ser fabricada sin confusiones.
- Conocer los aspectos fundamentales de las normas internacionales de dibujo industrial.
- Desarrollar el despliegue de vistas de una pieza para su adecuada interpretación.
- Estudiar la representación de detalles y secciones que nos ayuden a un completo conocimiento de la pieza representada.

2.1. Interpretación de planos de fabricación

La correcta interpretación de los planos de fabricación de piezas es una tarea de vital importancia en el mundo de la mecánica industrial.

Para la correcta fabricación de piezas y conjuntos se debe conocer cómo estos se representan según las normas internacionales de dibujo técnico. El desarrollo de una pieza comienza en la mente del diseñador, y para su fabricación esta idea debe ser plasmada en un papel físico o digital. El conocimiento de la simbología a utilizar en un plano, tipos de líneas, desarrollo de vistas, representación en perspectiva, detalles, despieces, etc., es lo que aportará la información necesaria y suficiente para la correcta fabricación de piezas y conjuntos, por lo que se debe conocer en profundidad cómo elaborar e interpretar estos planos.

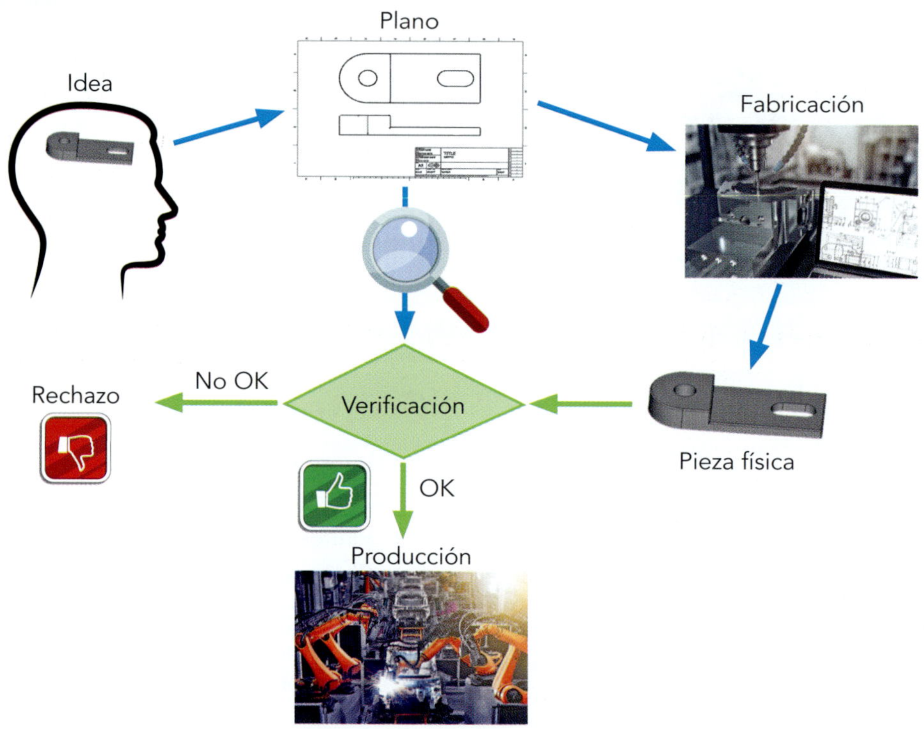

Figura 2.1. Diagrama del proceso industrial mecánico.

En el diagrama conceptual del proceso industrial mecánico de la Figura 2.1 se puede apreciar la enorme importancia del plano de fabricación mecánica, ya que interviene en distintas fases del proceso como herramienta comunicativa y de especificación de la calidad esperada. Como se puede ver en el diagrama todo comienza con una idea y esta debe recorrer un camino hasta la producción de un producto:

- **Idea:** es el concepto inicial o **diseño** del producto. Hay que destacar que el producto en sí suele ser una «máquina» que después se divide en subconjuntos y piezas. El concepto actual industrial ha derivado en **I+D+I** (Investigación + Desarrollo + Innovación) como clave diferencial competitiva.
- **Plano:** es el documento físico o electrónico de comunicación interna y externa entre clientes y proveedores que contiene la información necesaria para convertir la idea en algo físico y tangible. Los avances tecnológicos actuales posibilitan la comunicación en ficheros electrónicos de CAD (*Computer Aided Design*, diseño asistido por computadora) tanto 2D

como 3D. Los modelos 2D son modelos en dos dimensiones, es decir, proyecciones en un plano, por ejemplo, el plano XY (Apartado 2.5). Los modelos 3D son modelos en tres dimensiones, o lo que es lo mismo, modelos volumétricos (Apartado 2.4).

- **Fabricación:** es la elaboración material y real de una pieza, subconjunto o producto por procedimientos industriales. Debe realizarse de acuerdo con un plano de fabricación, tanto en soporte físico como electrónico (CAD 2D o CAD 3D).
- **Pieza física:** es el resultado final y tangible de la fabricación industrial de un elemento individual de una máquina o subconjunto. Es el diseño de una pieza hecho realidad.
- **Verificación:** es la comprobación de que se cumplen las especificaciones acordadas. En este caso se trata de contrastar las especificaciones reflejadas en el plano de fabricación con la pieza final obtenida. Es un proceso fundamental en la industria que permite garantizar la **calidad** de lo que se fabrica. El departamento de calidad de una empresa o industria y la calidad como cultura se han convertido en herramientas competitivas clave y diferenciales de las empresas.
- **Rechazo:** cuando una pieza o subconjunto no cumple las especificaciones reflejadas en el plano de fabricación, debe ser destruido, reciclado o reparado. Esta circunstancia también se denomina merma o *scrap*.
- **Producción:** sección de una empresa que se encarga de la elaboración del producto que luego se suministrará a un cliente. Los departamentos de producción son los encargados de la realización material de los productos. En la industria actual se ha impuesto la producción en cadena, que conlleva conceptos como grandes volúmenes de producción, reducción de los tiempos de montaje, eliminación de los procesos de ajuste y maquinaria específica para la fabricación.

En la actualidad se tiende a la especialización en todos los procesos. Hasta el tercer cuarto del siglo XX las industrias interiorizaban todos sus procesos; a partir de entonces comienzan a externalizarlos como estrategia no únicamente de reducción de costes, sino principalmente de aumento de la calidad y de la rapidez de reacción por medio de la especialización. De esta nueva cultura surgen las industrias dedicadas a tecnologías específicas de fabricación.

2.2. Normas de dibujo industrial

Para la interpretación y realización de planos de pieza existen una serie de normas internacionales de dibujo técnico a las que hay que ceñirse. Las normas aplicables sobre dibujo industrial a nivel internacional que recogen el mayor número de los aspectos a tener en consideración son las normas **ISO 128, ISO 129 e ISO 5457.** En esta unidad se verá un resumen de estas normas aplicadas al dibujo técnico.

2.2.1. Útiles, soportes, formatos y plegado de planos

Lógicamente, en cualquier actividad hay una serie de elementos y normas básicas que deben conocerse; en este caso, son las que se explican en este apartado.

Figura 2.2. Útiles manuales y planos de dibujo técnico.

☐ Útiles de dibujo manual

Para la elaboración de un plano, como es lógico, se necesitan una serie de útiles que en su mayoría resultarán imprescindibles o de mucha utilidad para facilitar esta elaboración.

Sabías que

La codificación que aparece en los lápices de grafito identifica su dureza. La B (de la expresión *black* en inglés) son los de dureza blanda y, por tanto, los que impregnan más la hoja. En el extremo contrario están los de dureza alta o H (*hard*) y, por último, los de dureza intermedia HB y F (*fine*), que son los que están en el centro de la escala. Las numeraciones, 9 en la H y 7 en la B, son los extremos de la escala; a medida que disminuye más cerca se está del centro de esta escala.

- **Lápiz:** se utiliza normalmente para realizar marcas o guías no permanentes. Su mina es de grafito de distintas durezas. En dibujo técnico los más usados son los de dureza alta (H) o media (HB) debido a que mientras más alta sea su dureza menos marcas dejan en el papel y más fácil será borrar el trazo.
- **Goma de borrar:** sirve para eliminar las marcas realizadas con el lápiz. Las usadas en dibujo técnico son blandas y blancas para evitar dejar marcas y restos en el papel.
- **Rotulador calibrado:** se usa para el marcado final de la representación de la pieza, las líneas de cota y las líneas auxiliares. El grosor de su marca es lo que determina el calibrado y los más usados en dibujo técnico son los de grosores 0,2, 0,4 y 0,8 mm.
- **Regla:** habitualmente de plástico y graduada en milímetros. Indispensable para la realización de líneas rectas y la medición.
- **Escuadra y cartabón:** son también reglas, pero la escuadra materializa un ángulo de 90° y dos de 45°, mientras que el cartabón materializa un ángulo de 90°, otro de 60° y otro de 30°. Combinándolas se pueden realizar paralelas a la vez que líneas en los grados descritos.
- **Transportador de ángulos:** también es una regla, en forma de arco, que sirve para medir y replicar ángulos. Los transportadores más habituales son los de media circunferencia, con los que se puede trabajar entre 0° y 180°, pero también es muy habitual el de circunferencia completa de 360°.
- **Compás:** es el instrumento que se utiliza para el trazado de circunferencias y arcos. También se usa para transportar medidas. Existen de distintos tipos y precisiones. Para dibujo técnico es necesario que disponga de acoplador intercambiable para poder alternar entre mina de lápiz y los rotuladores calibrados.
- **Escalímetro:** es una regla de sección triangular, o mejor expresado, en forma de estrella de tres picos. En cada una de las caras tiene grabada una escala de medida diferente. Permite trabajar y medir con planos diferentes a escala 1:1. Los escalímetros más comunes tienen las escalas 1:100, 1:200, 1:250, 1:300, 1:400 y 1:500.

Sabías que

El numerador de un escalímetro se puede dividir por 10, 100 o 1000 para adaptarlo a una necesidad específica ya que un escalímetro común está pensado en escalas de reducción para arquitectura. Si se divide por 10 o por 100 el denominador continuará teniendo escalas de reducción, aunque más adaptadas al entorno de dibujo técnico mecánico, mientras que si se divide por 1000 se obtendrán escalas de ampliación.

- **Plantillas:** son reglas con distintas formas, elipses, círculos, letras, etc., que ayudan en la elaboración de los planos.
- **Mesa de dibujo:** es una mesa que se puede inclinar a conveniencia sobre la cual se fijará el papel del plano a realizar. Dispone de una regla móvil de tipo T con la que se puede realizar fácil y rápidamente toda clase de líneas paralelas y perpendiculares, además de servir de apoyo estable para la escuadra y el cartabón.

☐ Útiles de dibujo asistido por computadora

El dibujo asistido por computadora (CAD) es el que en la actualidad está más extendido y totalmente implantado en la industria. Sustituye a la mesa de dibujo y la transporta a la pantalla de la computadora por medio de un *software*, remplazando todos los útiles manuales descritos por herramientas virtuales que son las que se utilizarán en la aplicación. Esto permitirá trabajar de forma más rápida, con una precisión extrema y con acabados perfectos, sin usar en muchos casos el papel, ya que la información, el plano, podrá intercambiarse de forma electrónica mediante archivos con quien se desee. Se pueden distinguir dos tipos de aplicaciones de CAD:

- ***Software* CAD 2D:** es una réplica virtual del dibujo técnico tradicional traspasada a la computadora. Se dibujará visualizando en la pantalla tal y como se haría en el papel, pero por medio de herramientas que se activan mediante iconos.
- ***Software* CAD 3D:** este es el método de trabajo más extendido actualmente en la industria. Se basa en construir directamente la pieza de forma virtual en tres dimensiones. Una vez realizado esto, se pueden desplegar las vistas y acotar la pieza de forma muy automática con una pequeña guía por medio de las herramientas de la aplicación.

Figura 2.3. Profesional usando un *software* de CAD en 3D.

Hay que destacar que cada vez se usa menos el plano 2D ya que en la actualidad todos los estamentos de la industria y del diseño, pasando por la industrialización y finalizando en el control de calidad, tienden a trabajar directamente en 3D.

☐ Soportes

Se entiende por soporte el material donde se dibuja el plano, siendo los más habituales:

- Papel blanco opaco.
- Papel vegetal (también denominado papel mantequilla). Este papel es traslúcido.

En ocasiones, sobre todo para croquizar, se utiliza papel milimetrado o papel pautado.

□ Formatos

En la norma ISO 5457 se definen los tipos y las dimensiones de los distintos formatos de dibujo técnico. Las dimensiones de estos se pueden ver en la Tabla 2.1.

Tabla 2.1. Formatos de papel de dibujo de la serie A norma ISO (dimensiones en mm)

Formatos	Dimensiones exteriores	Dimensiones área de dibujo
A0	841 x 1189	821 x 1159
A1	594 x 841	574 x 811
A2	420 x 594	400 x 564
A3	297 x 420	277 x 390
A4	210 x 297	180 x 277

Como se puede observar, el tamaño exterior de la hoja se va dividiendo por la mitad de un tamaño de hoja al siguiente, desde el tamaño A0 al A4.

El área de dibujo se recuadra con una línea gruesa, dejando un margen con los exteriores de la hoja de 20 mm por la izquierda y de 10 mm por el resto de los lados. Se debe incluir un cajetín en la parte inferior derecha del área de dibujo de 180 mm de anchura y 28 mm de altura, para anotar todos los datos referentes a la pieza o conjunto representado, como: denominación, número de plano, escala, responsable, fechas, material, despliegue, etc. La altura de este cajetín puede aumentarse para la incorporación de los datos que se consideren adecuados.

Todos los formatos se consideran en posición horizontal a excepción del tamaño A4, que se considera en vertical.

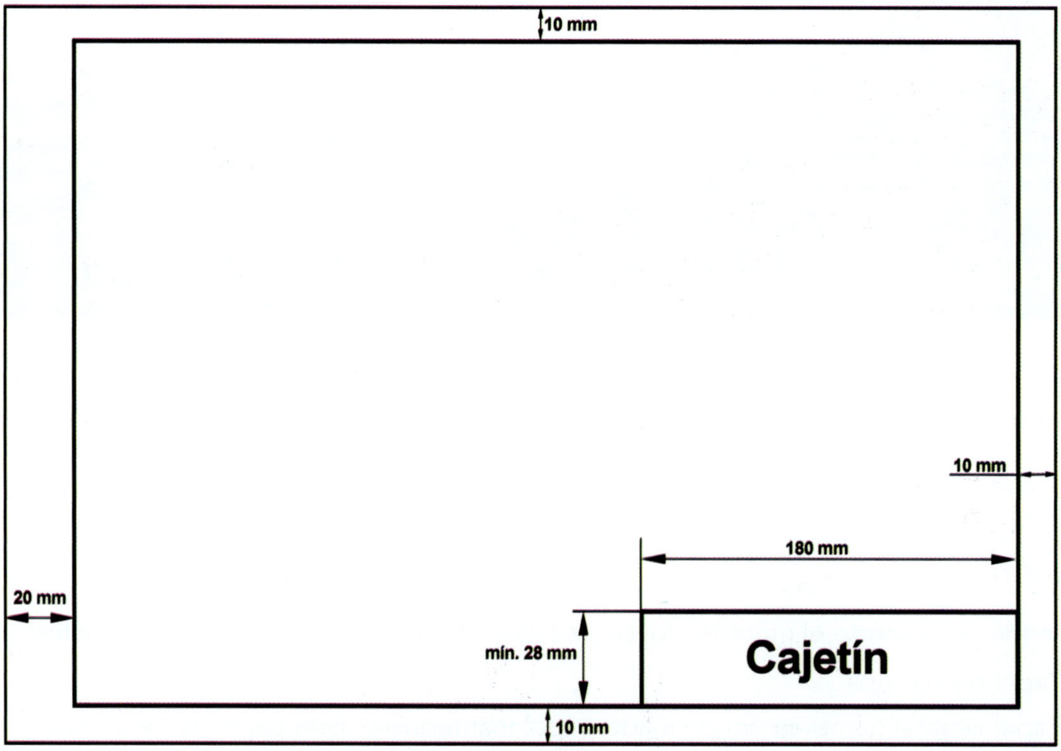

Figura 2.4. Área de dibujo en los formatos ISO A.

□ Plegado de planos

Para un archivo de planos, se deben doblar también teniendo en cuenta las normas. El plegado tiene la finalidad de que todos los formatos queden plegados a un tamaño A4 y que estos puedan desplegarse fácilmente.

El propio cajetín servirá de referencia, ya que por su lado izquierdo se realizará el primer doblez. Después se irán realizando pliegues tipo acordeón hasta llegar al límite izquierdo del área de dibujo, con lo que se habrá materializado el ancho de un formato A4 (20 mm de margen izquierdo + 180 mm de cajetín + 10 mm de margen derecho = 210 mm). Para la altura, se deben marcar los 297 mm desde el lado inferior y doblar por este hacia atrás para que el cajetín quede visible. También se realizarán pliegues en acordeón, si esto fuera necesario.

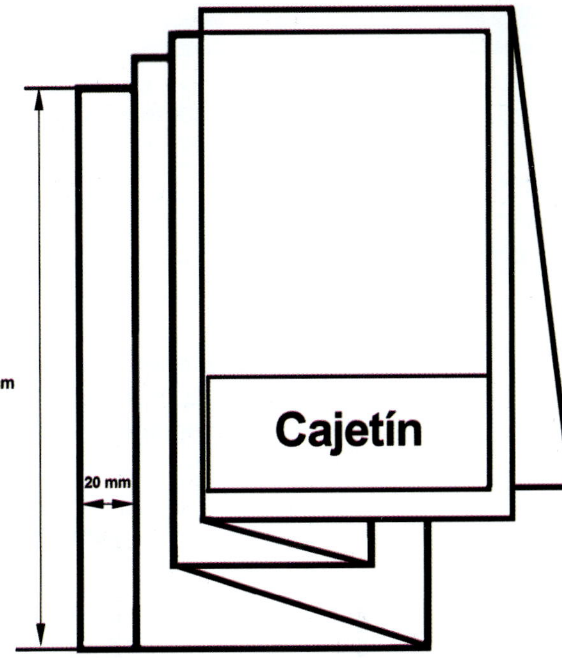

Figura 2.5. Procedimiento para el plegado de planos.

2.2.2. Líneas normalizadas

En dibujo industrial es importante conocer el significado y la aplicación de los distintos tipos de líneas y grosores, ya que esto determina diferentes significados. Este significado o aplicación variará si son líneas continuas, de trazos, trazo y punto, etc., y también dependerá de su grosor. En la norma ISO 128 se establece que las diferentes líneas se aplican según lo detallado en la Tabla 2.2.

Tabla 2.2. Líneas normalizadas ISO

Tipo de línea	Descripción	Aplicación
A ———	Gruesa.	1. Contorno de pieza. 2. Aristas vistas.
B ———	Fina.	1. Líneas ficticias visibles. 2. Líneas de cota. 3. Proyecciones. 4. Referencias. 5. Rayados. 6. Contornos de secciones y abatimientos. 7. Ejes cortos.
C	Fina a mano alzada.	1. Límites de corte, cortes parciales o interrupciones.
D	Fina recta en zigzag.	1. Misma aplicación que C.
E - - - - -	Gruesa de trazos.	1 Contornos y aristas ocultas.
F -----------	Fina de trazos.	1. Misma aplicación que E.
G —·—·—·—·—··	Fina de trazo y punto.	1. Ejes. 2. Simetrías. 3. Trayectorias.

Tipo de línea		Descripción	Aplicación
H	▬·‑·┘ ┌‑·‑▬	Fina de trazo y punto con gruesa en inicio, final y cambios de dirección.	1. Indicación de trayectoria de corte (secciones).
J	▬ · ▬ · ▬	Gruesa de trazo y punto.	1. Indicación para detalles.
K	–··–··–··–	Fina de trazo y dos puntos.	1. Indicación «imaginaria»: piezas adyacentes, móviles, líneas de pliegue, centros de gravedad, etcétera.

Se ha de tener en cuenta que cuando se trata de líneas no continuas, estas no deben terminar o atravesar la representación de pieza con un espacio o punto, sino que debe ser con el trazo. Esto mismo se aplicaría a los «cambios de dirección» de las líneas que siempre deben realizarse con el trazo.

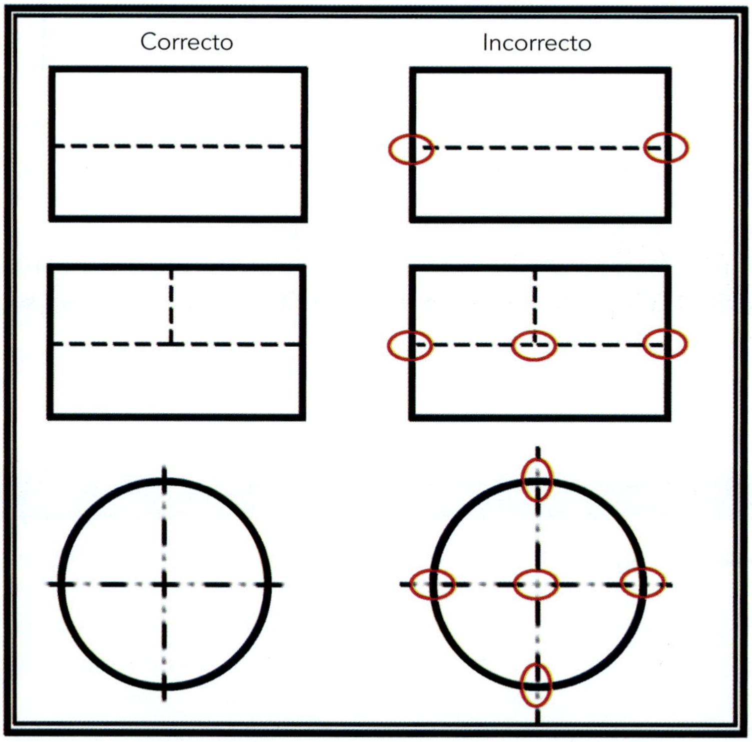

Figura 2.6. Comparativa de las representaciones correctas e incorrectas de las líneas.

En la Figura 2.6 se puede ver un ejemplo de algunos casos. En los dibujos de piezas con muchas geometrías es preferible no representar las zonas no vistas con líneas de trazos para evitar que el dibujo quede tan repleto de líneas que sea ininteligible; en su lugar, es conveniente añadir las vistas que sean necesarias para su correcta interpretación.

2.2.3. Escalas

Los planos de piezas suelen ser representaciones a escala de estas, tanto el plano por completo, como los detalles de algunas partes de las piezas. Por este motivo hay que estar acostumbrados a trabajar con las escalas, tanto de reducción como de ampliación. El trabajar con escalas permitirá representar cualquier pieza fielmente, por grande o pequeña que esta sea.

- **Ampliación:** el numerador es mayor que el denominador. Una escala 2:1 indica que la pieza (o el detalle) está dibujada al doble de su tamaño real.
- **Reducción:** el denominador es mayor que el numerador. Una escala 1:2 indica que la pieza (o el detalle) está dibujada a la mitad de su tamaño real.

Importante

La **escala a tamaño real es la 1:1.** El numerador representa la dimensión dibujada, mientras que el divisor indica la dimensión real.

En el Apartado 2.2.1 se describe el escalímetro, que es el útil más usado para este tipo de interpretaciones. Hay que tener en cuenta que si se divide el denominador de la escala a utilizar en el escalímetro por 100 se estará trabajando de igual forma, pero con ampliaciones o reducciones más cercanas, es decir, la escala 1:100 también puede ser usada como 1:1, y así con el resto. Cuando se trabaja en una computadora con *software* de CAD 2D o 3D, estas reducciones y ampliaciones se automatizan.

Actividad resuelta 2.1

Dibuja una pieza de 80 x 20 x 10 mm en una hoja en formato ISO A4 horizontal:

a) ¿Qué escala máxima podrás usar?

b) ¿Con qué inscripción la identificarás en un escalímetro?

c) ¿Será necesario plegar el plano para su archivo?

Solución:

a) 2:1, ya que debes prever la realización de la vista lateral.

b) Debes usar la escala 1:500 como si fueran milímetros ya que las escalas de un escalímetro en realidad son de reducción y no de ampliación. En este caso concreto sería como tratar la escala seleccionada como 1:0,5 y tratar la numeración no como metros, sino como milímetros.

c) No, el plegado de planos se aplica para reducir los formatos a un ISO A4, que es el formato que ya se está usando.

2.3. Planos de conjunto y despiece

Para el perfecto entendimiento de una máquina o subconjunto, se necesitan planos que muestren tanto el desarrollo completo como cada una de las piezas a nivel individual.

2.3.1. Plano de conjunto

También se denomina **plano general.** Es el plano donde se representa el desarrollo completo de la máquina o subconjunto de esta, es decir, el montaje o despiece que la compone.

En este tipo de planos no suele aparecer ninguna dimensión a no ser que sea como auxiliar para ayudar a su comprensión.

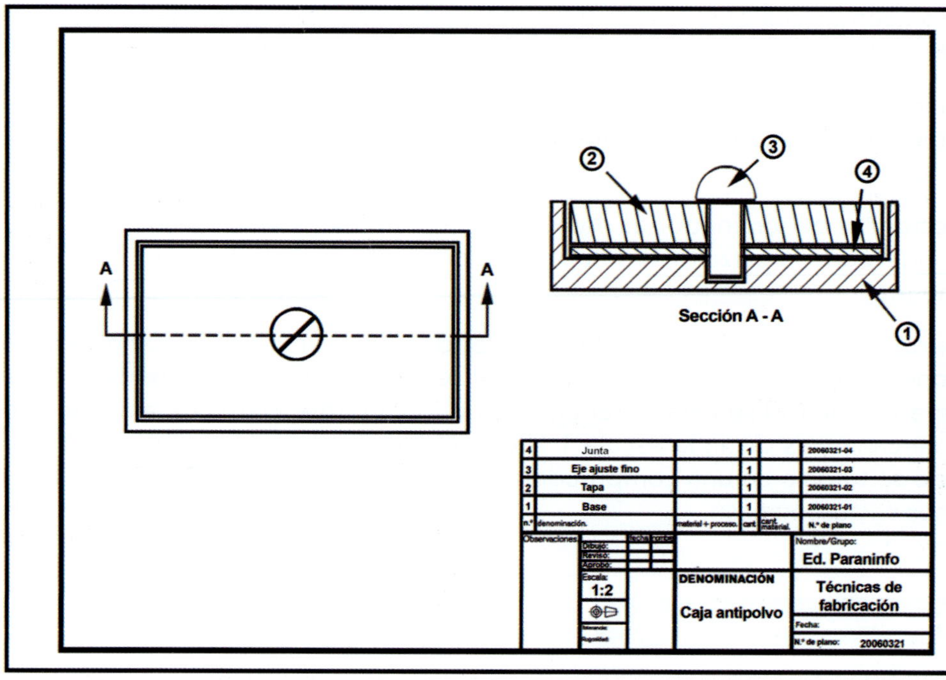

Figura 2.7. Plano de conjunto.

2.3.2. Plano de despiece

También recibe la denominación de **pieza individual.** Es el plano donde se representa de forma detallada una pieza y donde se indican todas sus dimensiones con la tolerancia a aplicar, así como todas sus características físicas y mecánicas.

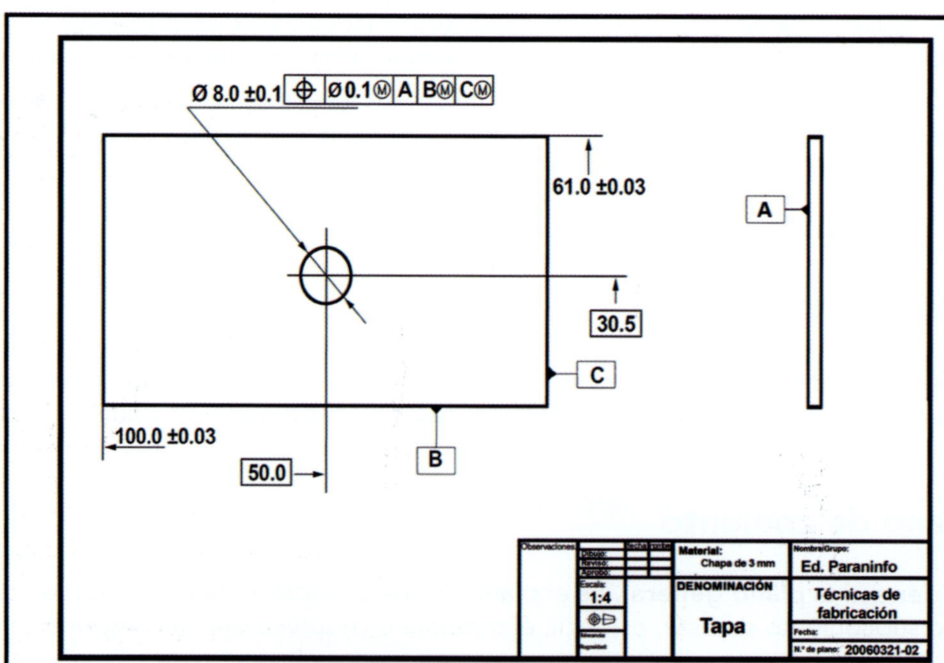

Figura 2.8. Plano de pieza (despiece).

En este tipo de plano se desplegarán las vistas de la pieza y se representarán las secciones y los detalles necesarios para el completo entendimiento y que la fabricación de esta sea posible.

Actividad propuesta 2.1

a) Las líneas de trazos, ¿en qué casos pueden cruzarse con otras líneas por el «hueco»?
b) En un plano debe reflejarse la escala a la que está dibujado?
c) ¿El compás únicamente se utiliza para dibujar circunferencias?

2.4. Sistemas de representación gráfica

Cuando se habla del plano de una pieza, subconjunto o máquina, se refiere a representar un objeto tridimensional en forma plana, como la hoja de papel donde esté o se vaya a dibujar. Esto mismo se dará y se podrá visualizar en la pantalla de la computadora, aunque con sistemas de CAD 3D se pueda rotar esta vista plana. Se debe considerar que se trata de una comprensión de doble vía: Partiendo de un elemento tridimensional se debe saber representarlo en forma plana, y partiendo de una representación plana se debe saber interpretarlo tridimensionalmente.

Un concepto que se debe conocer es el de **proyección cilíndrica ortogonal:** es la proyección en la que los haces de líneas proyectadas son perpendiculares al plano de proyección.

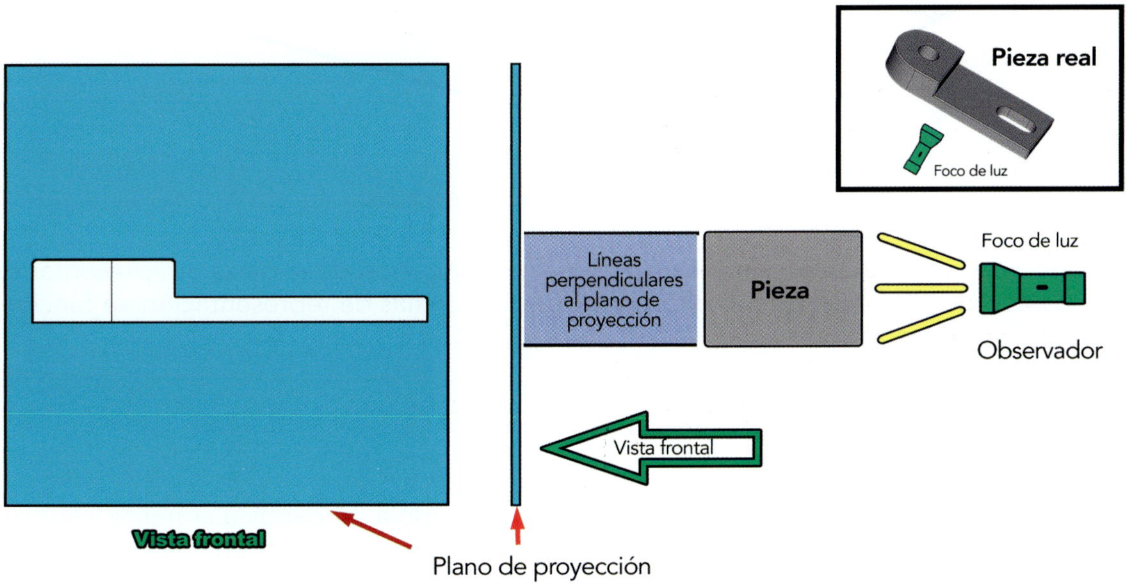

Figura 2.9. Proyección cilíndrica ortogonal.

En este tipo de proyección se distinguen estas partes principales:

- **Pieza u objeto:** es la pieza, subconjunto o máquina representada o que se va a representar.
- **Observador y punto de observación:** es la posición o punto del espacio desde donde es visto el objeto.
- **Plano de proyección:** superficie plana donde se proyectará el objeto desde el punto de observación del observador.

Es el tipo de proyección en dibujo técnico mecánico más ampliamente utilizado en la industria.

Importante

Cuando se representa una pieza, se debe tener en cuenta que en realidad lo primero que se lleva a cabo es situarla en un espacio de coordenadas XYZ, como se puede ver en la Figura 2.10.

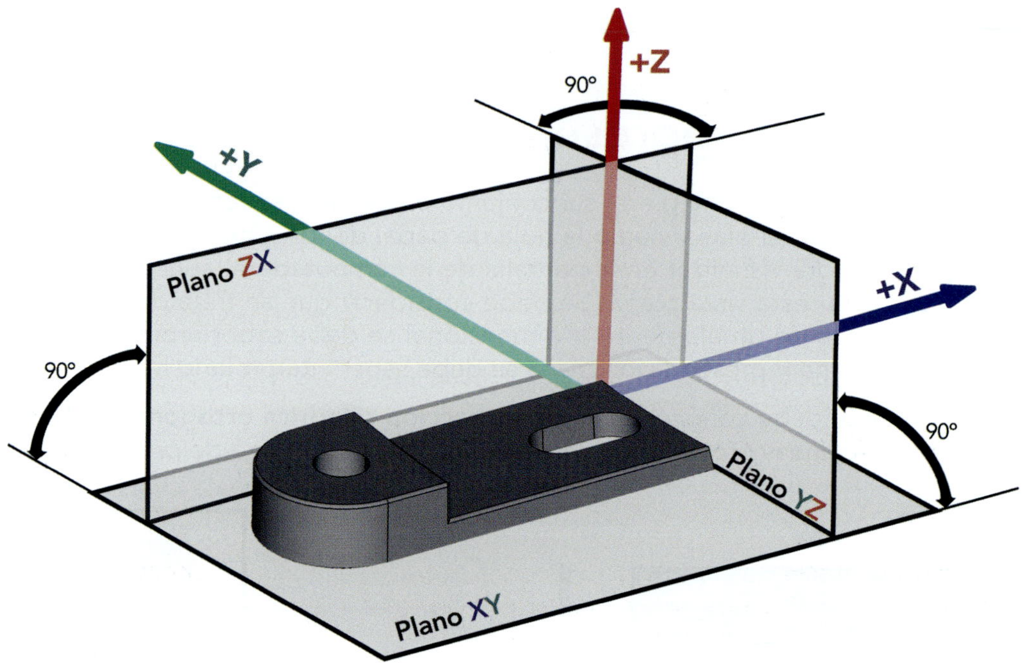

Figura 2.10. Espacio de coordenadas.

Partiendo de la proyección cilíndrica ortogonal y la situación de la pieza a representar en el espacio de coordenadas, se pueden obtener diversos sistemas de representación en función de donde se sitúe al observador.

2.4.1. Sistema diédrico

En este sistema se representa la pieza o máquina observándola perpendicularmente a sus caras. El modo de representación diédrica es aquel en que el observador está en línea perpendicular a alguno de los tres planos contenidos por los ejes X, Y y Z. Por tanto, se tienen tres planos de proyección posibles que están a 90° entre sí: XY, YZ y ZX. Desde esta perspectiva únicamente son visibles dos de los ejes de coordenadas.

Si en cada plano de trabajo se coloca el punto de observación perpendicular al mismo, de forma que la pieza permanezca entre el observador y el plano de trabajo, y se realiza una proyección cilíndrica ortogonal de la pieza se obtendrán las diferentes vistas diédricas.

Si se despliega el espacio de coordenadas manteniendo los planos de trabajo fijos por su origen de coordenadas, situando los tres planos de trabajo en un mismo plano, se puede obtener una visión plana de la pieza con tres vistas diferentes, tal y como se observa en la Figura 2.11. Esto proporcionará las tres principales vistas diédricas normalizadas.

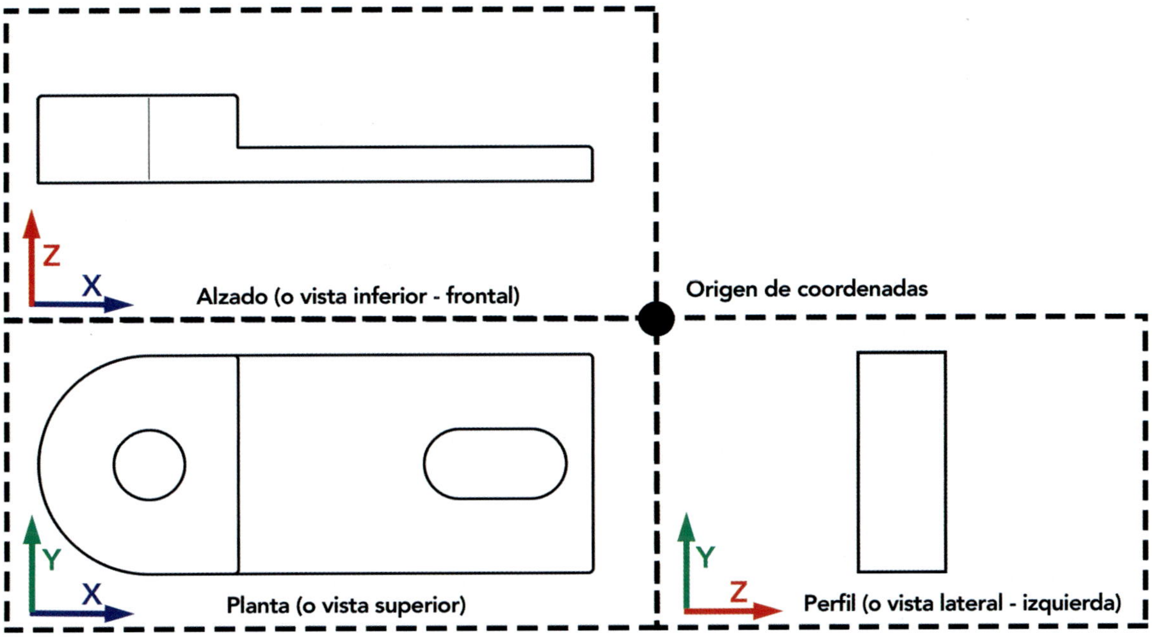

Figura 2.11. Despliegue de las vistas diédricas.

2.4.2. Representación en perspectiva isométrica

Este tipo de representación es la que se obtendrá cuando desde la perspectiva del observador se ven los tres ejes (X, Y, Z) con ángulos iguales entre ellos de 120°.

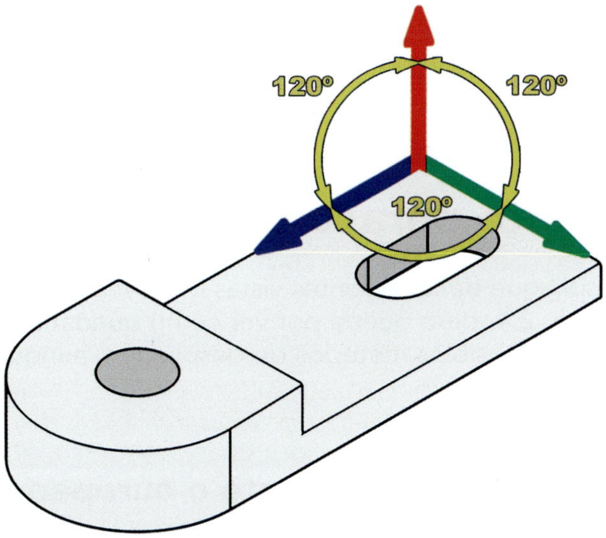

Figura 2.12. Representación en perspectiva isométrica.

En proyección isométrica se representan en una misma escala los tres ejes del espacio de coordenadas y se ofrece una visión tridimensional de la pieza.

Este tipo de representación suele utilizarse como refuerzo en un plano con despliegue de vistas diédricas para una más clara interpretación de la pieza.

2.4.3. Representación en perspectiva caballera

La representación en perspectiva caballera ya se utilizaba en la Edad Media. Al igual que la representación en perspectiva isométrica ofrece una visión tridimensional de la pieza, pero en este caso se utilizan dos escalas diferenciadas: una escala para los ejes que determinarán la altura y la anchura que estarán a 90° entre sí; y una escala de reducción para el eje que represente la profundidad, que estará a 45° de los anteriores (o 135° si se trabaja con el ángulo complementario).

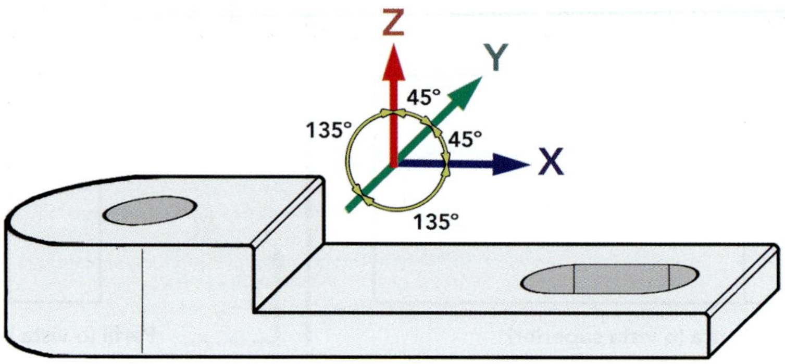

Figura 2.13. Representación en perspectiva caballera.

El coeficiente de reducción más habitualmente usado es el de 1:2 ya que proporciona una vista tridimensional más realista, aunque también pueden usarse otros.

Este tipo de representación tridimensional se suele usar cuando se dibuja a mano alzada para proporcionar una vista que ofrezca una idea de volumen.

Actividad propuesta 2.2

Dibuja en perspectiva caballera la pieza de la Figura 2.11 partiendo de la vista en planta.

2.5. Procedimiento para la obtención de vistas

Para la obtención y el despliegue de las distintas vistas o proyecciones diédricas se ha visto una primera parte en el Apartado 2.4, pero queda por ver cómo quedarían situadas en un plano. En las normas ISO se definen dos posibles métodos de despliegue, aunque ambos parten de tener la pieza ubicada dentro de un cubo.

2.5.1. Despliegue del primer cuadrante o europeo

Recibe este nombre porque se despliega el cubo que rodea la pieza a través del primer cuadrante. También se denomina despliegue europeo por ser el más comúnmente utilizado en Europa.

Una vez desplegado el cubo las vistas quedarían situadas en el orden que se muestra en la Figura 2.15.

Este tipo de representación se indica en el cajetín del plano por medio del despliegue de un cono, como puede verse en las Figuras 2.14 y 2.15.

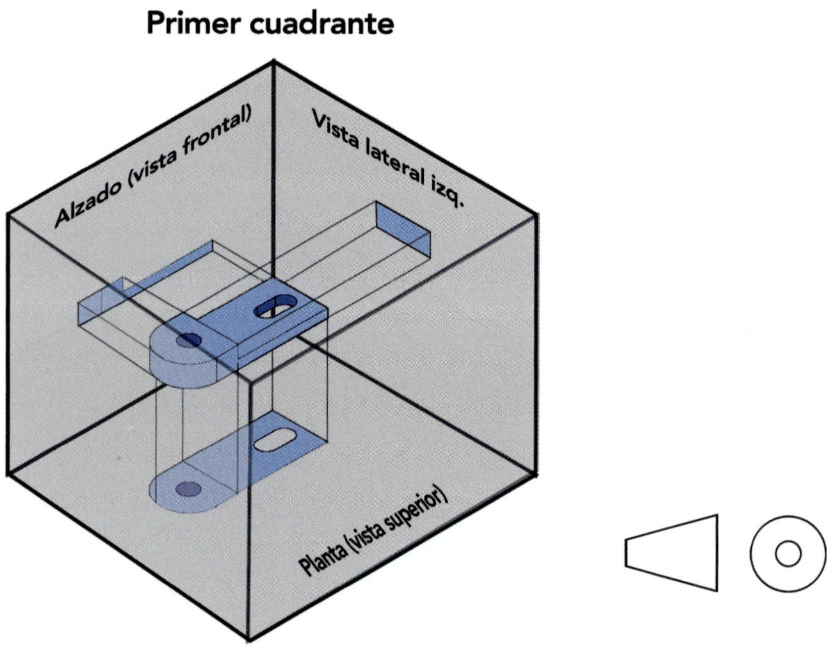

Figura 2.14. Despliegue del cubo por el primer cuadrante, o despliegue europeo.

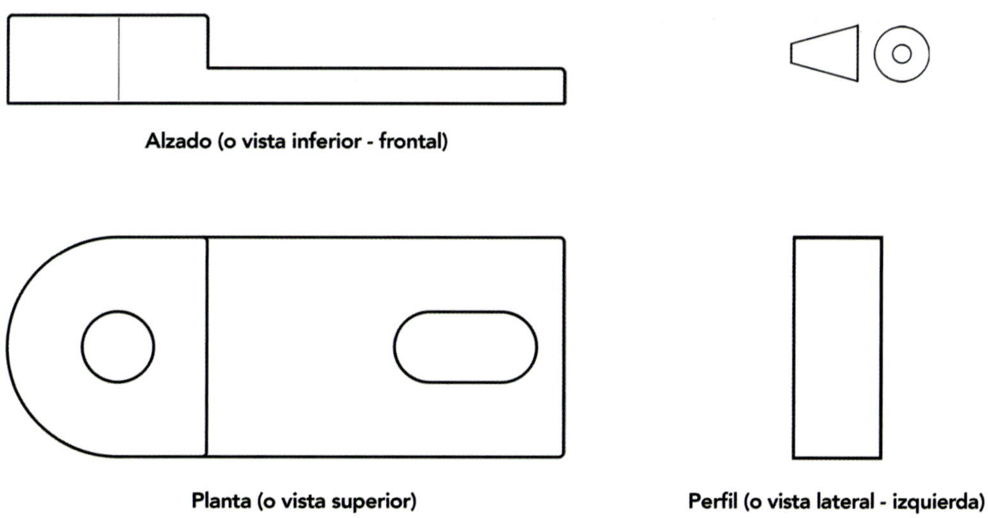

Figura 2.15. Despliegue del primer cuadrante o europeo en el plano.

Este despliegue se puede explicar también por medio del observador y la pieza. El observador está en una posición fija frente a la pieza, lo que sería la vista frontal. Para ver el lateral izquierdo, la pieza deberá rotar hacia la derecha, que es donde se ubicaría esta vista en el plano. Para ver la parte superior de la pieza, esta deberá rotarse hacia abajo, que es donde se ubicaría esta vista en el plano. Se actuaría de igual modo para la obtención de las diferentes vistas.

Importante

En el despliegue europeo, partiendo en el plano de la vista frontal (alzado), la vista superior (planta) queda ubicada en la parte inferior y las vistas laterales en sus respectivos lados inversos, es decir, la vista lateral izquierda se ubica a la derecha y la vista lateral derecha a la izquierda. De igual modo, la vista inferior quedaría ubicada en la parte superior.

2.5.2. Despliegue del tercer cuadrante o americano

Recibe este nombre porque se despliega el cubo que rodea la pieza a través del tercer cuadrante. También se denomina despliegue americano por ser el más comúnmente utilizado en Norteamérica.

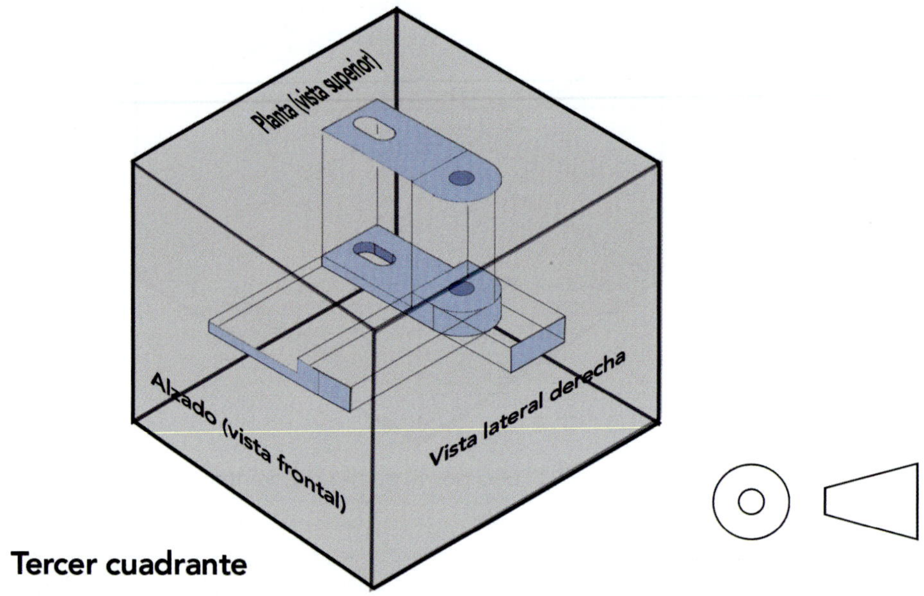

Figura 2.16. Cubo despliegue tercer cuadrante o americano.

Si se realiza el despliegue del cubo, quedaría como se puede ver en la Figura 2.17.

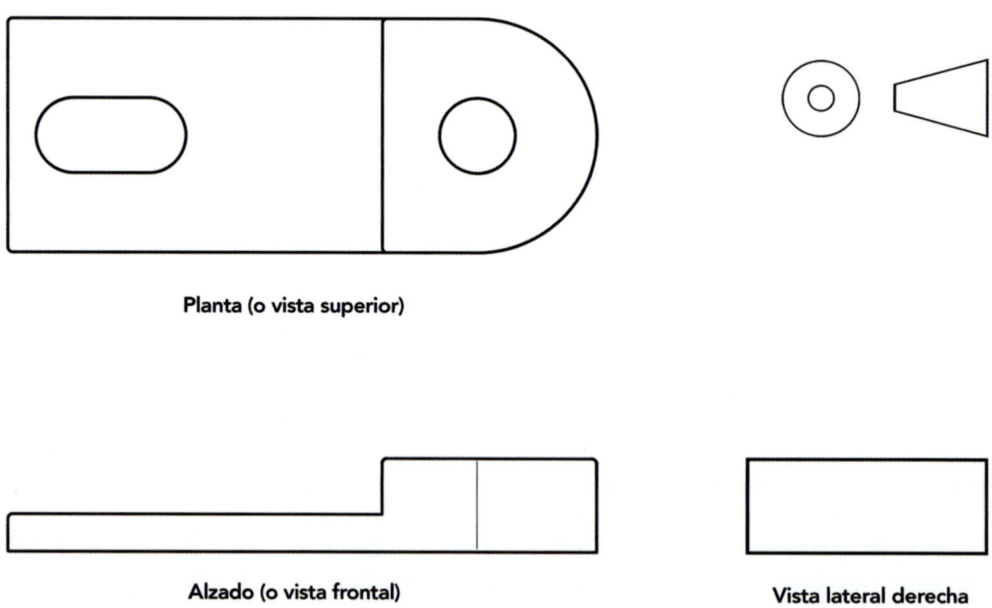

Figura 2.17. Despliegue del tercer cuadrante o americano en el plano.

Este tipo de representación se indica en el cajetín del plano por medio del despliegue de un cono, como puede apreciarse en las Figuras 2.16 y 2.17.

Este despliegue también puede explicarse por medio del observador y la pieza. Estando la pieza en una posición fija y el observador frente a ella, se correspondería con la vista frontal. Para ver el lateral izquierdo, el observador deberá rodear la pieza hacia la izquierda, donde dibujará figuradamente en el plano lo que ve desde esta perspectiva y, por tanto, a la izquierda de la vista frontal. Para ver la parte superior de la pieza, el observador deberá rodear la pieza hacia arriba, desde donde volverá a dibujar figuradamente en el plano lo que ve de la pieza desde esa posición, es decir, encima de la vista frontal. Se actuaría de igual modo para la obtención de las diferentes vistas.

Importante

En el despliegue americano, partiendo en el plano de la vista frontal (alzado), la vista superior (planta) queda ubicada en la parte superior y las vistas laterales en sus respectivos lados, es decir, la vista lateral izquierda se ubica a la izquierda y la vista lateral derecha a la derecha. De igual modo, la vista inferior quedaría ubicada en la parte inferior.

Actividad resuelta 2.2

Dibuja la planta (vista superior) de una pirámide y su vista lateral derecha:

a) En despliegue del primer cuadrante o europeo.
b) En despliegue del tercer cuadrante o americano.

Solución:

a)

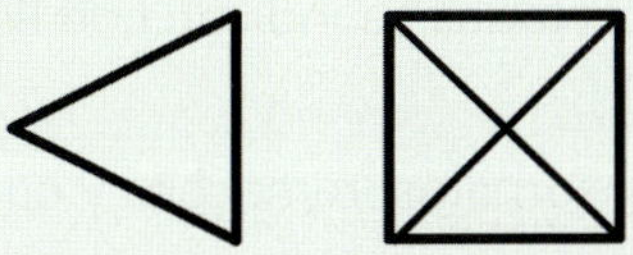

b)

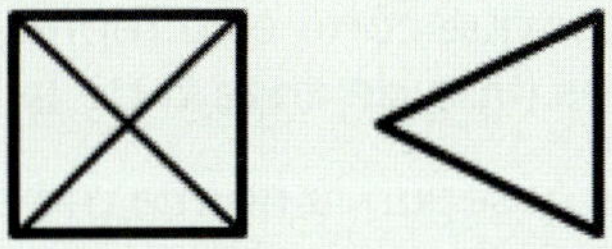

Actividad propuesta 2.3

Dibuja la vista inferior de la pieza de la Figura 2.17 y explica en qué situación en el plano la ubicarías en despliegue del tercer cuadrante o americano.

2.6. Procedimiento para la obtención de cortes, secciones, roturas y detalles

En muchas ocasiones la pieza tiene geometrías ocultas y no es suficiente con reflejar sus diferentes vistas en el plano, por lo que la norma de dibujo técnico deja recurrir a realizar cortes y secciones imaginarias de la pieza y, de este modo, poder mostrar todos los detalles para que pueda ser fabricada fielmente. De igual modo, también se pueden representar detalles en una escala mayor para una mejor apreciación, e incluso no representar la totalidad de la pieza si esta tiene una parte continua sin variaciones en una longitud apreciable que se representará con roturas.

2.6.1. Corte

Como ya se ha mencionado se trata de representar la pieza como si esta se hubiera cortado por algún punto. Los cortes se representan en una vista o detalle de la pieza mediante líneas y puntos discontinuos, como se especifica para el tipo de línea H de la Tabla 2.2 y como puede verse en la Figura 2.18.

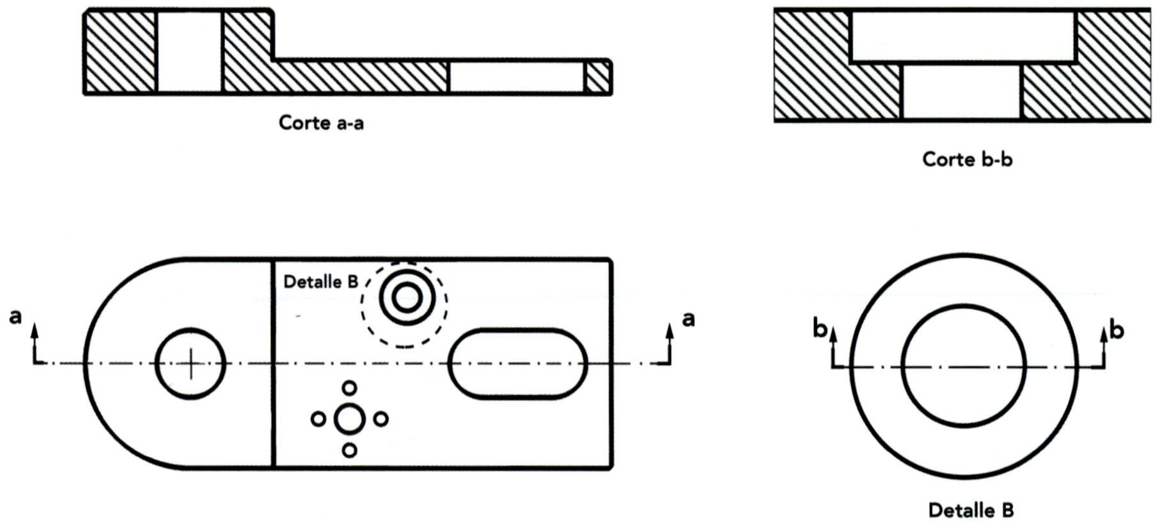

Figura 2.18. Representación de cortes y detalles.

Como se observa en la figura, con el tipo de línea mencionada se indica el camino del corte imaginario y con las flechas iniciales y finales se indica el sentido del abatimiento. La sección se representará en una zona del plano suficientemente libre (no en un lugar fijo), pero siempre se debe indicar qué corte está representado. Las superficies cortadas se indican con líneas delgadas diagonales (tipo de línea B de la Tabla 2.2).

En general, y según la norma, no son cortables los nervios, tornillos, remaches y cualquier elemento de unión en general.

2.6.2. Sección

Una sección no es otra cosa que aplicar el corte como un plano de intersección con la pieza y representar únicamente esa intersección entre plano de corte y pieza (Figura 2.19).

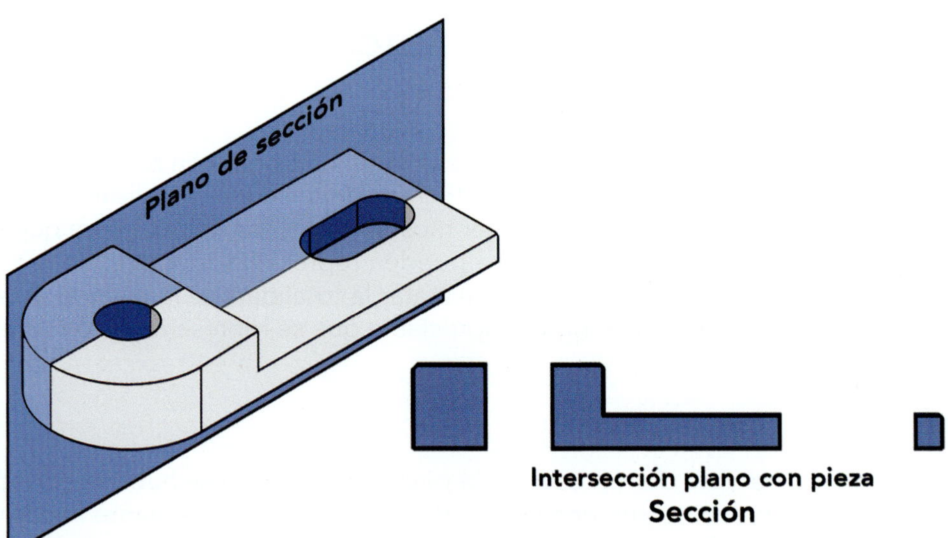

Figura 2.19. Representación de una sección.

2.6.3. Rotura

Para la representación de piezas largas uniformes, la norma prevé la posibilidad de no representarlas en su totalidad y aplicar una rotura imaginaria.

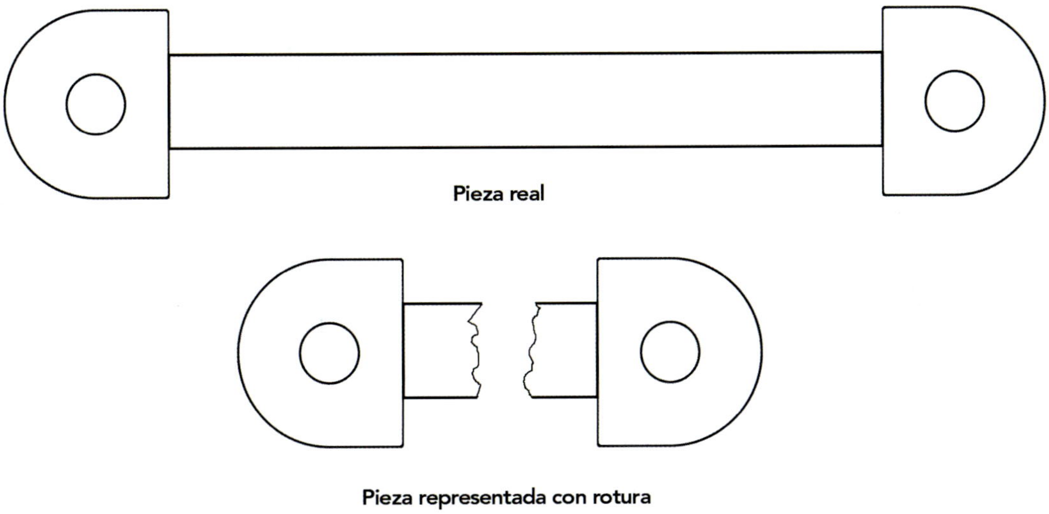

Figura 2.20. Representación de una rotura.

Las líneas de rotura son las indicadas por los tipos de líneas C y D de la Tabla 2.2.

2.6.4. Detalle

Para geometrías pequeñas en la escala en la que está dibujada la pieza, se puede delimitar una zona como detalle y representarla a una escala suficientemente más grande para poder apreciar perfectamente ese detalle (Figura 2.18).

Enlaces web de interés

https://www.iso.org/home.html
Agencia reguladora de normas internacionales ISO.

https://www.une.org/
Agencia reguladora de normas española.

https://www.freecadweb.org/?lang=es_ES
Software CAD 3D de libre uso.

https://dibujotecni.com/
Web divulgativa de dibujo técnico.

Caso práctico RESUELTO

Determinación de formas y dimensiones representadas en planos de fabricación

Observa la pieza siguiente y usando los útiles mencionados en el Apartado 2.2.1 dibújala en un formato de dibujo ISO A3. Hazlo en escala a mitad de su tamaño real y en despliegue europeo.

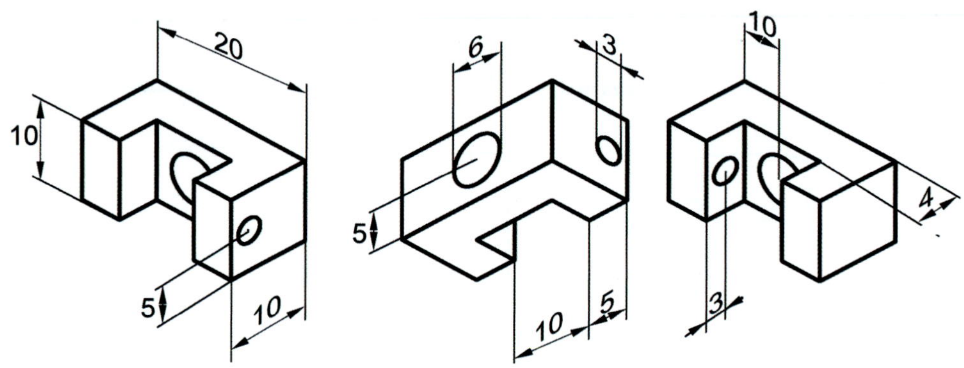

Solución:

Lo primero que debes hacer es dibujar el marco que delimita la zona de dibujo junto con un cajetín que identifique la pieza y los datos de realización.

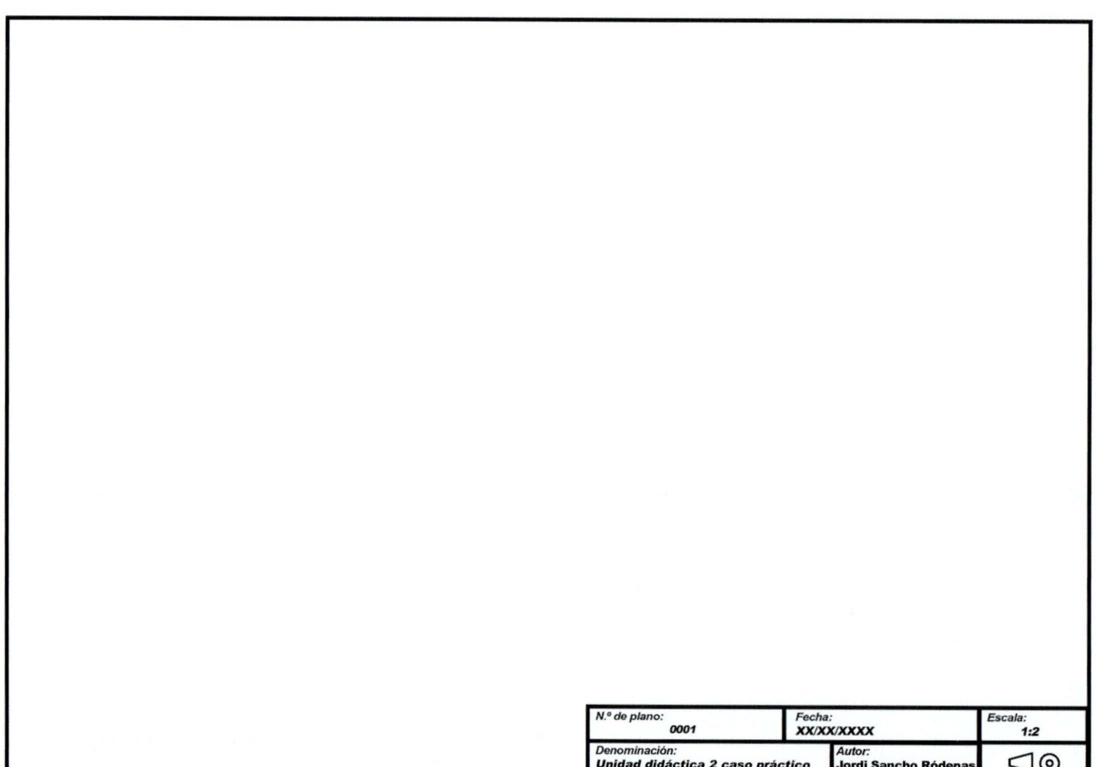

Selecciona una vista como la planta y dibújala. Debes considerar la zona donde la ubicarás, para lo que tendrás que haber planificado qué vistas de la pieza realizarás para su completa y clara definición.

Dibujada la planta y habiendo planificado el despliegue y la posición de las vistas, traza a lápiz muy suave líneas paralelas y perpendiculares con la ayuda de la escuadra y del cartabón para facilitar el dibujo de las vistas.

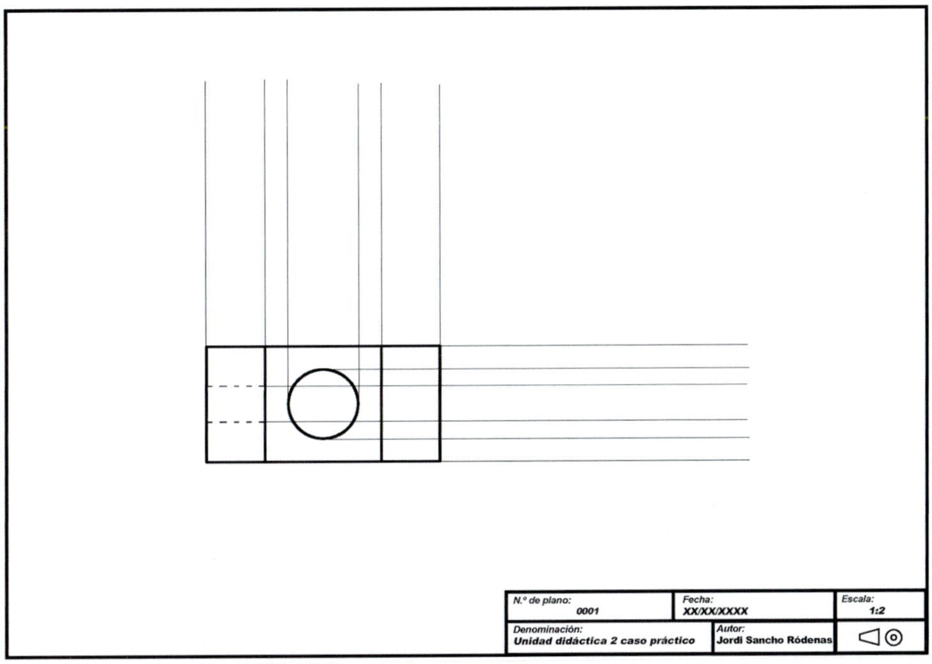

Ahora ya puedes dibujar con facilidad las vistas de la pieza, siempre con el apoyo del compás, la regla y el escalímetro. Para el copiado de longitudes también usarás el compás.

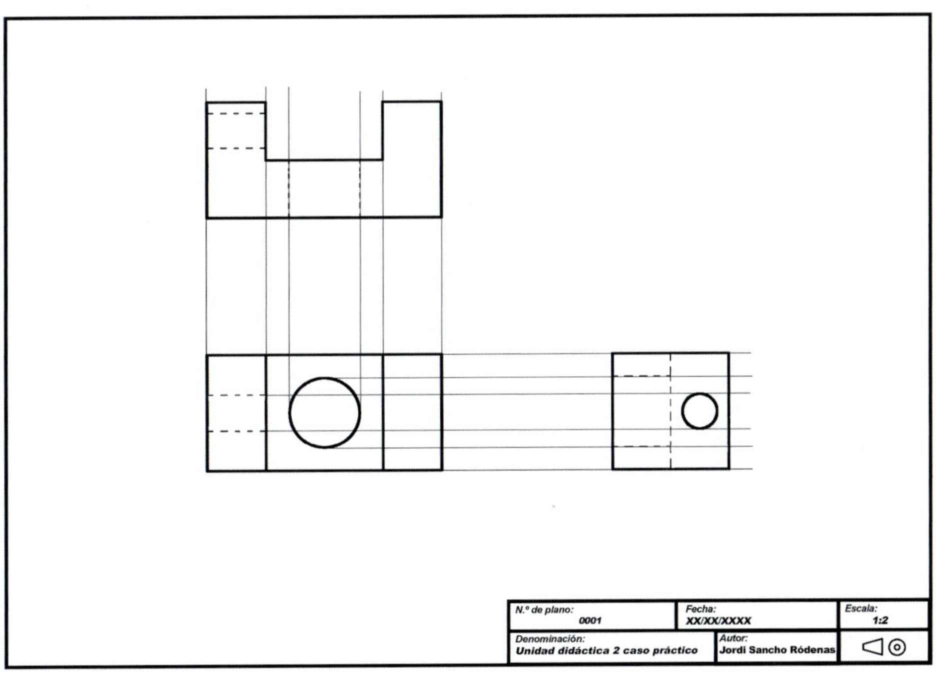

Finaliza el plano borrando las líneas auxiliares dibujadas a lápiz.

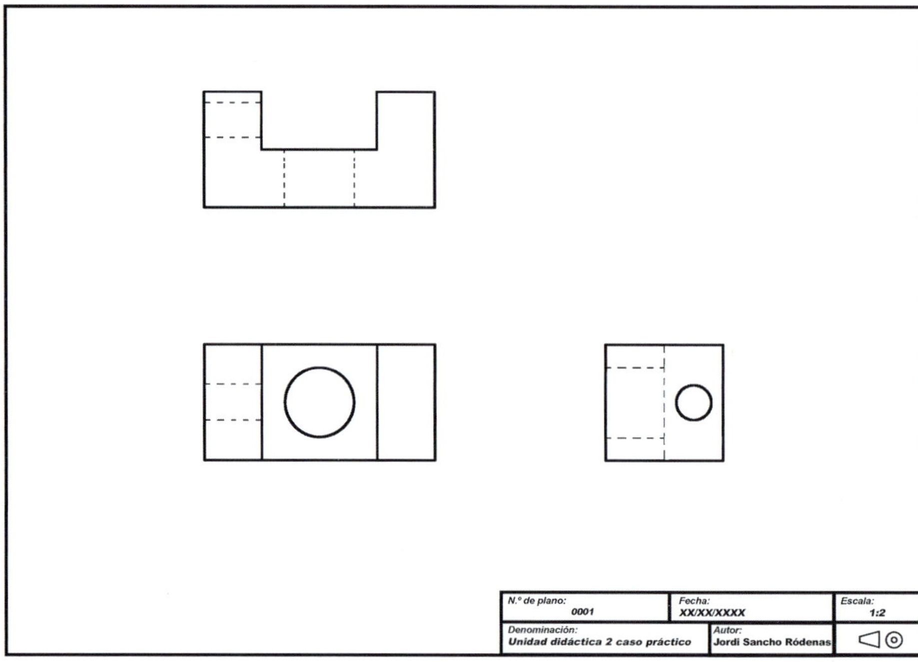

Caso práctico PROPUESTO

Determinación de formas y dimensiones representadas en los planos de fabricación

Observando la pieza siguiente y usando los útiles mencionados en el Apartado 2.2.1 dibuja la pieza en un formato de dibujo ISO A3 en escala 4:1. Dibújala en despliegue europeo siguiendo el ejemplo del caso resuelto anterior. En el mismo plano dibuja también el corte correspondiente al plano de corte indicado en la imagen.

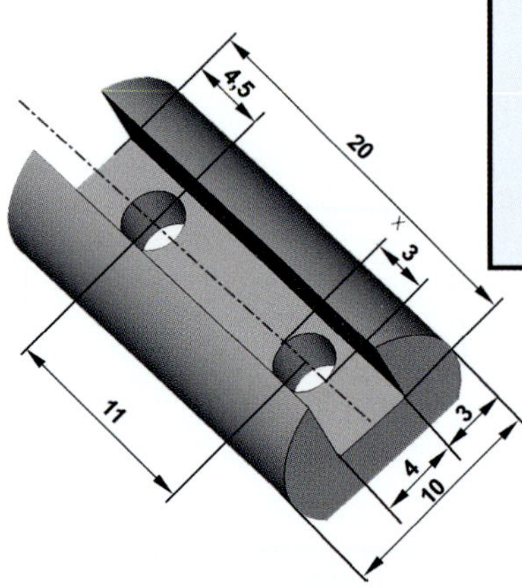

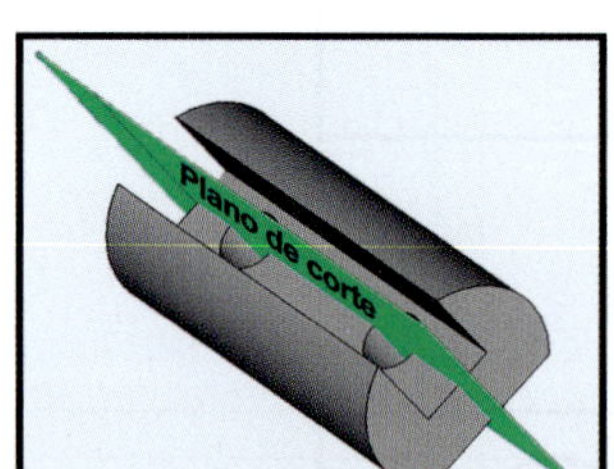

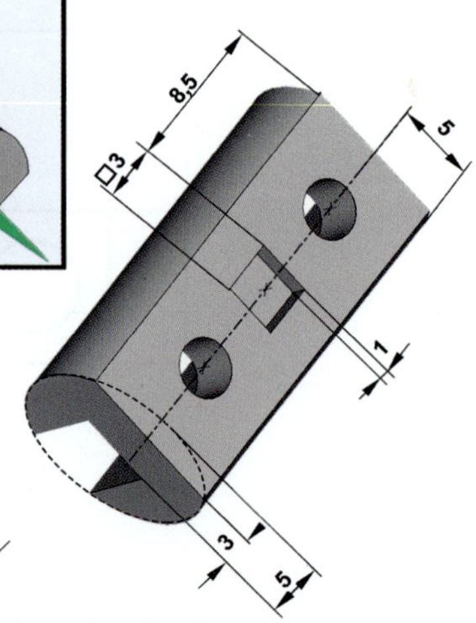

Mapa conceptual

DETERMINACIÓN DE FORMAS Y DIMENSIONES REPRESENTADAS EN PLANOS DE FABRICACIÓN

- **Interpretación de planos de fabricación**
  - Para fabricar piezas y conjuntos de forma correcta se deben conocer las normas internacionales de dibujo técnico
- **Normas de dibujo industrial**
  - Las normas a considerar sobre dibujo industrial a nivel internacional son ISO 128, ISO 129 e ISO 5457
    - Útiles, soportes, formatos y plegado de planos
      - Útiles de dibujo manual
      - Útiles de dibujo con computadora
      - Soportes
      - Formatos
      - Plegado de planos
    - Líneas normalizadas
    - Escalas
- **Planos de conjunto y despiece**
- **Sistemas de representación gráfica**
  - Diédrico
  - Perspectiva isométrica
  - Perspectiva caballera
- **Procedimiento para la obtención de vistas**
  - Despliegue del primer cuadrante o europeo
    - Recibe este nombre porque despliega el cubo que rodea la pieza a través del primer cuadrante
  - Despliegue del tercer cuadrante o americano
    - Recibe este nombre porque despliega el cubo que rodea la pieza a través del tercer cuadrante
- **Procedimiento para la obtención de cortes, secciones, roturas y detalles**
  - Cortes
  - Secciones
  - Roturas
  - Detalles

DE COMPROBACIÓN

2.1. El plano de una pieza o conjunto es, respecto a su fabricación y verificación, la herramienta de:

a) Comunicación interna en una empresa.

b) Ayuda al diseño.

c) Comunicación tanto interna como externa.

2.2. ¿A qué debe atenerse el plano de una pieza o conjunto?

a) Las normativas internacionales de dibujo técnico.

b) Cada empresa tiene sus propias normas.

c) A los requisitos del fabricante.

2.3. ¿Cuál es el útil en dibujo técnico que ayuda a medir y a hacerlo en distintas escalas?

a) Escalímetro.

b) Escuadra y cartabón.

c) Regla.

2.4. El diseño asistido por computadora (CAD) se utiliza:

a) Como ayuda para generar un plano en papel.

b) Para ahorrar papel.

c) Como útil de dibujo industrial informatizado.

2.5. ¿Están normalizados los tamaños o formatos del soporte (plano)?

a) No.

b) Sí.

c) Únicamente en tamaños grandes.

2.6. El plano de una pieza es:

a) Un esquema aproximado de un objeto.

b) Una representación plana de un objeto tridimensional.

c) Una representación volumétrica de un elemento plano.

2.7. ¿El plano de una pieza debe tener cajetín?

a) Cuando el plano es para un cliente externo.

b) No.

c) Sí.

2.8. ¿Las líneas de un plano tienen algún significado?

a) No, depende del gusto del proyectista.

b) Sí, aunque no está normalizado.

c) Siempre, y está normalizado.

2.9. ¿Qué es la proyección diédrica?

a) Una proyección cilíndrica de la pieza en los planos de trajo XY, YZ y ZX.

b) Una proyección esférica del observador.

c) La representación oblicua entre pieza, observador y plano de proyección.

2.10. ¿Qué es la representación en perspectiva?

a) Una representación plana de la pieza que da una idea de su volumen tridimensional.

b) La representación volumétrica en un sistema de CAD.

c) La representación plana en proyección cónica.

2.11. ¿Las distintas vistas de un plano tienen posición normalizada en el plano?

a) Sí en el despliegue del tercer cuadrante, pero no en el del primer cuadrante.

b) Sí en el despliegue europeo, pero no en el americano.

c) Sí, tanto en el despliegue europeo como en el americano.

2.12. ¿Los cortes, las secciones, las roturas y los detalles se rigen por las normas de dibujo técnico?

a) Únicamente en algunos casos.

b) Sí.

c) Cortes, secciones y roturas sí, pero no los detalles.

DE APLICACIÓN

Deberás usar los útiles descritos en el Apartado 2.2.1 para la realización de las actividades cuando sean necesarios.

2.13. Con un bloque de plastilina construye la pieza del siguiente plano con las medidas que consideres libremente.

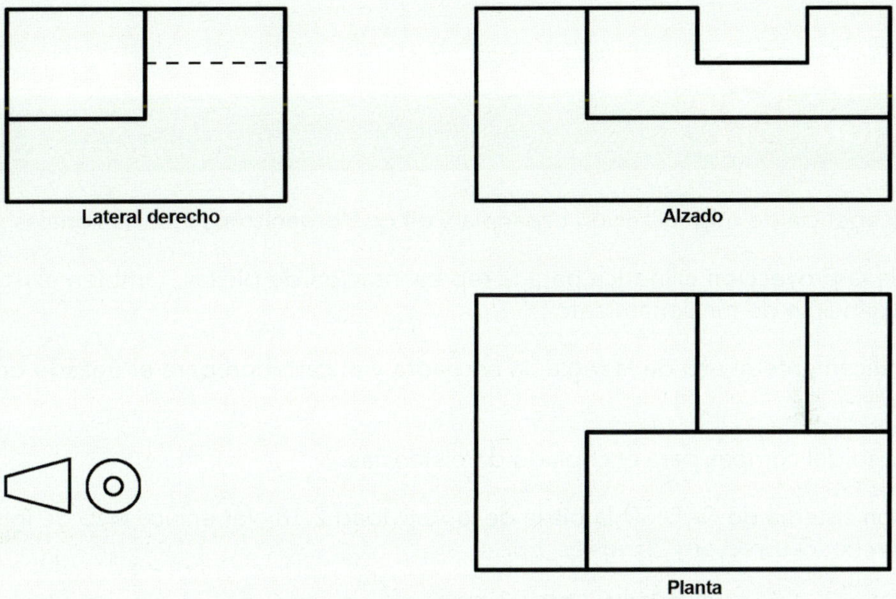

2.14. El plano de la Actividad 2.13, ¿en qué tipo de despliegue está representado?

2.15. De la pieza de la Actividad 2.13 dibuja a mano alzada su perspectiva isométrica partiendo del alzado.

2.16. De la pieza de la Actividad 2.13 dibuja a mano alzada la perspectiva caballera partiendo del alzado.

2.17. En una hoja de tamaño A3, dibuja el área de dibujo y un cajetín, que deberás rellenar con la información de la actividad. Deberás utilizar esta hoja como base y planificar los espacios para el resto de las actividades de aplicación.

2.18. Usando las medidas libres que consideres y partiendo del alzado que se ofrece a continuación, dibuja las vistas diédricas en despliegue americano de la siguiente pieza.

Actividades finales

2.19. Dibuja el corte indicado por el plano en color verde a mitad de escala de las vistas.

2.20. Dibuja la sección por el plano de color verde a mitad de escala de las vistas.

2.21. Pon nombre e indicaciones según indica la norma a cada una de las vistas, cortes y secciones realizados.

2.22. Pliega el plano resultante al tamaño A4 según indica la norma.

DE AMPLIACIÓN

2.23. ¿Cuál es la agencia de normalización española y en qué organismos internacionales participa?

2.24. Además de la proyección cilíndrica para la representación de piezas, también existe la proyección cónica. Explica su principio de funcionamiento.

2.25. Explica gráficamente el uso de la regla, la escuadra y el cartabón para el trazado de líneas paralelas y perpendiculares.

2.26. Explica el uso del compás para el copiado de distancias.

2.27. Dibuja en un sistema de CAD 3D la pieza de la Actividad 2.18 (ver enlace web de interés https://www.freecadweb.org/?lang=es_ES).

2.28. Dibuja en un sistema de CAD 3D la pieza del caso práctico propuesto a resolver (https://www.freecadweb.org/?lang=es_ES).

Identificación de tolerancias de dimensiones y formas

3

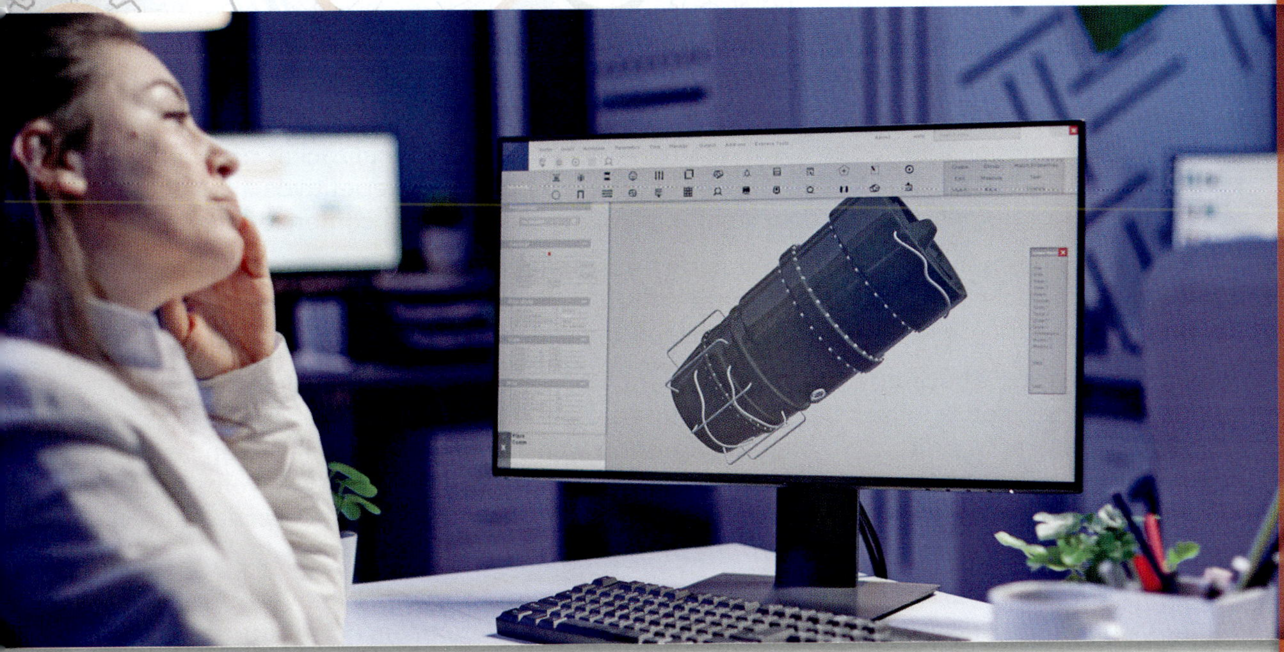

Cuando se diseña o se proyecta un plano únicamente no se debe tener en cuenta el representar adecuadamente todas sus geometrías. Es igualmente importante el análisis de la pieza o conjunto diseñado, así como los materiales y la tecnología de fabricación, ya que todas sus dimensiones estarán sometidas a unas desviaciones respecto al modelo teórico, sus tolerancias. Hay que ser conscientes de que no existe pieza perfecta y que, por tanto, se deben aceptar desviaciones respecto al teórico en todas sus geométricas. En una pieza o conjunto, no todas sus geometrías tienen la misma importancia funcionalmente hablando, por lo que un análisis exhaustivo y conocimientos de acotación ayudarán de forma imprescindible a no acumular errores y que estos se puedan controlar y estén dentro de la funcionalidad necesaria.

Contenidos

Objetivos

- Aprender las bases normativas, el porqué de estas y sus grados de aplicación.
- Conocer las normas de aplicación al dimensionado o acotación de piezas y conjuntos.
- Distinguir entre los distintos sistemas de dimensionado o acotación.
- Obtener la información necesaria para una correcta acotación según el proceso productivo.
- Valorar las ventajas e inconvenientes del uso de cada uno de los sistemas de acotación.

3.1. Normalización. Concepto y tipos

No se entendería el mundo industrial actual sin la normalización, debido a que toda empresa debe interactuar con el resto de la industria, tanto local como internacional. La normalización es la que determina unas reglas que se deben aplicar y respetar para un buen entendimiento y establece soluciones en acciones repetitivas.

Cuando se habla de normalización normalmente se hace desde una actividad basada en acuerdos para ofrecer soluciones a actividades repetitivas. La normalización ofrece múltiples e importantes beneficios, ya que adapta estas acciones o productos repetitivos a los fines que están destinados protegiendo así al consumidor, al medio ambiente, al comercio, etcétera.

Como su nombre indica, la normalización se basa en establecer unas normas de obligado cumplimiento que facilitan el entendimiento entre la administración, las empresas y los consumidores. Son un patrón de confianza entre proveedor y cliente.

La normalización ofrece además ventajas para los fabricantes al disminuir la variedad y los tipos de productos, con la influencia positiva que esto tiene en el volumen de existencias en almacén y los costes de los productos. Mejora la gestión y cualquier proceso interno en las empresas. Es también una gran ventaja para los consumidores ya que se establecen niveles de calidad y seguridad de los productos y servicios. En definitiva, aporta la confianza necesaria entre clientes, proveedores y clientes.

Es importante resaltar que para distintos campos de aplicación, como el eléctrico, las telecomunicaciones y otros, existen comités especializados internacionales encargados de la normalización.

Importante

La normalización se basa en establecer unas normas de obligado cumplimiento en actividades y productos repetitivos, facilitando así el entendimiento entre la administración, las empresas y los consumidores. Es un patrón de confianza entre proveedor, cliente y consumidores finales.

Figura 3.1. Normalización como influencia en el desarrollo de actividades.

Importante

La normalización afecta al dibujo técnico en todos sus aspectos: formatos de papel, líneas a representar, despliegue de vistas, cortes, secciones, detalles, acotación, información en el cajetín, rotulación, representación de elementos repetitivos, etcétera.

3.2. Nociones básicas sobre las normas: ISO, EN y UNE

Estas normas pueden provenir de distintos estamentos:

- **Normas nacionales:** a nivel nacional existen organismos legalmente reconocidos que son los responsables de desarrollar la normalización y su aplicación en un ámbito nacional. Históricamente en España estas normas de aplicación las desarrollaba la Asociación Española de Normalización (**UNE**), pero en 2016 traspasó esta función a AENOR como organismo reconocido por la Administración Pública española para desarrollar las actividades de normalización en España. En realidad, no es que AENOR desarrolle estas normas, sino que ejerce la representación española a nivel internacional, ya que en la actualidad la normativa deriva de organismos internacionales.
- **Normas regionales:** a un nivel de mayor amplitud geográfica un organismo de normalización regional es el encargado del desarrollo y la aprobación de la normativa generalmente de ámbito continental. Estos organismos agrupan a un determinado número de organismos nacionales de normalización. Estos organismos se nutren a su vez de los organismos nacionales. Por ejemplo, las normas europeas son las **EN** y están elaboradas por organismos como CEN, CENELEC y ETSI, que son preparadas con la participación de representantes acreditados de todos los países miembros. AENOR es el organismo nacional de normalización español miembro de CEN y CENELEC.
- **Normas internacionales:** son de características similares a las normas regionales en cuanto a su elaboración, pero en este caso su ámbito de aplicación es mundial. Las más representativas en este apartado son las normas **ISO** (Organización Internacional de Normalización). Como en normalización existen diferentes campos de actividad, las normas más representativas internacionalmente hablando son las normas CEI/IEC (Comité Electrotécnico Internacional) para el área eléctrica, las UIT/ITU (Unión Internacional de Telecomunicaciones) para el sector de las telecomunicaciones y las normas ISO para el resto. AENOR vuelve a ser el organismo nacional de normalización español miembro de ISO y CEI que participa en estos comités internacionales.

Figura 3.2. Normas internacionales de ámbito mundial ISO.

Importante

En Europa es también muy común hablar y usar las normas DIN (*Deutsches Institut für Normung*, instituto alemán de normalización), sobre todo en el ámbito de la metalmecánica. En este campo, las normas DIN tienen una influencia primordial en las normas ISO, siendo perfectamente compatibles unas con otras.

3.3. Interpretación de los símbolos utilizados en los planos de fabricación

En el momento de representar los diferentes aspectos en un plano de fabricación se está sometido al ajuste de las normas internacionales establecidas. Esto no será únicamente de aplicación a líneas, proyecciones, despliegues, etc., como ya se ha visto en unidades anteriores, sino también al modo de representar ciertos elementos que existen estandarizados para cualquier pieza o conjunto.

3.3.1. Representación de materiales

En el dibujo técnico, como ya se sabe, se utiliza distinta simbología normalizada para la representación. Como se ha visto en unidades anteriores, los distintos tipos de líneas son uno de los recursos que se utilizan como parte de la simbología. Por la forma y los tipos de líneas utilizados en el rayado de los cortes y las secciones de piezas en un plano, puede representarse el material con el que se fabricarán estas piezas.

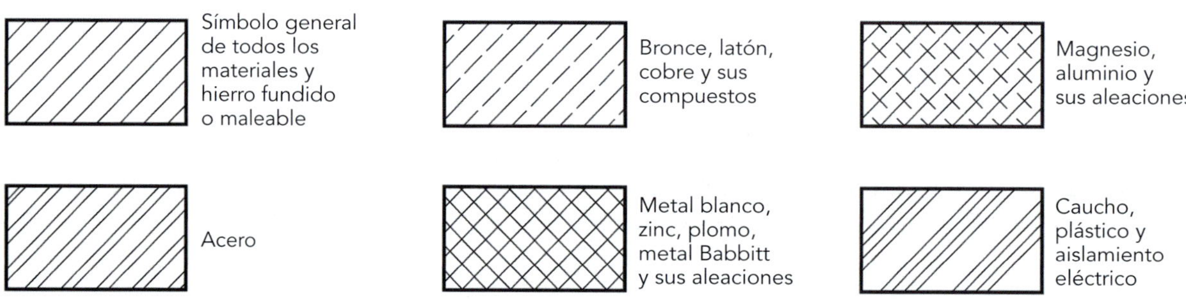

Figura 3.3. Rayados de cortes y secciones según el material.

En la Figura 3.3 se pueden observar los tipos de rayados según los materiales más utilizados en el sector.

3.3.2. Representación de elementos de unión

Como elementos de unión se distinguen dos tipos: uniones desmontables y uniones fijas o no desmontables. Al igual que otros tipos de elementos repetibles, la representación de las uniones y sus elementos está normalizada.

☐ Uniones desmontables

Son tipos de uniones ya pensadas para poder ser extraídas e insertadas con relativa facilidad y que también puedan reutilizarse en la misma unión. Las uniones desmontables más comunes y utilizadas, con diferencia, son las roscadas.

La rosca se representa con una línea delgada hacia lo que sería el valle del dentado de la rosca. Esta línea debe abarcar toda la zona roscada. En su representación, por tanto, no se dibuja la rosca para aportar facilidad y claridad.

Las uniones roscadas, aunque desmontables, no suelen estar pensadas para desmontajes rápidos y de uso frecuente, sino fuertes y duraderos en el tiempo, aunque sí sustituibles.

Figura 3.4. Dibujo técnico de elementos roscados.

□ Uniones fijas

Las uniones fijas más habituales son los remaches y las soldaduras. Estas uniones no pueden desmontarse sin aplicar un proceso que las destruya.

Figura 3.5. Robot aplicando soldaduras en la carrocería de un vehículo.

En un plano de conjunto en el que aparezcan elementos de unión estos se identificarán mencionando la norma que los estandariza. En las secciones y los cortes que se pudieran realizar del conjunto, los elementos de unión normalizados nunca se seccionan y se dibujan como si no les afectara el corte o sección.

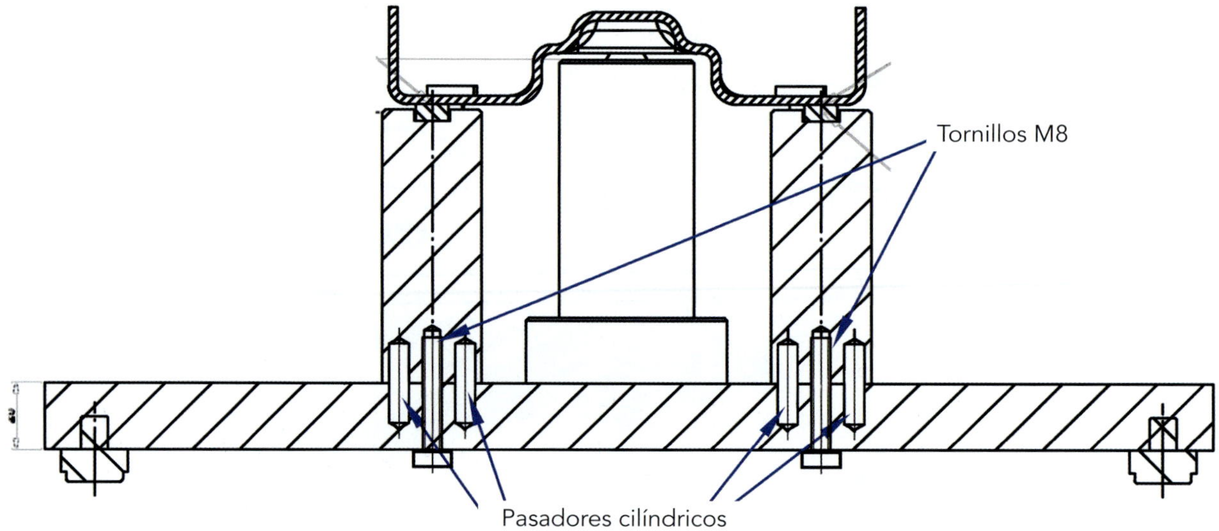

Figura 3.6. Conjunto seccionado.

Tal y como se puede apreciar en la Figura 3.6 los pasadores cilíndricos y los tornillos de métrica 8 no aparecen afectados por el corte realizado.

3.3.3. Representación de acabados, recubrimientos y tratamientos térmicos, termoquímicos y electroquímicos

Unos datos muy importantes que deben quedar claros en los planos de piezas mecánicas son también los acabados, los recubrimientos y sus tratamientos térmicos, termoquímicos o electrolíticos, si existieran.

En el caso de que estos datos se apliquen a toda la pieza en su conjunto, este aspecto debe aparecer en el cajetín del plano o en sus notas generales, pero existe una simbología específica para zonas de la pieza que requieran un acabado o tratamiento distinto al genérico establecido para la pieza.

El símbolo genérico para este tipo de indicaciones es el de una V de trazos desiguales a 60° entre sus líneas.

Figura 3.7. Simbología de los acabados.

□ Acabados

El acabado se refiere básicamente a la rugosidad superficial que vendrá determinada normalmente por el proceso de fabricación utilizado: torneado, fresado, taladrado, laminado, fundición, etc. Actualmente se define por su escala de rugosidad, normalmente establecida en los parámetros Ra o Rz. Simplificando, el parámetro Ra sería como una rugosidad media en una zona, mientras que Rz sería la rugosidad máxima.

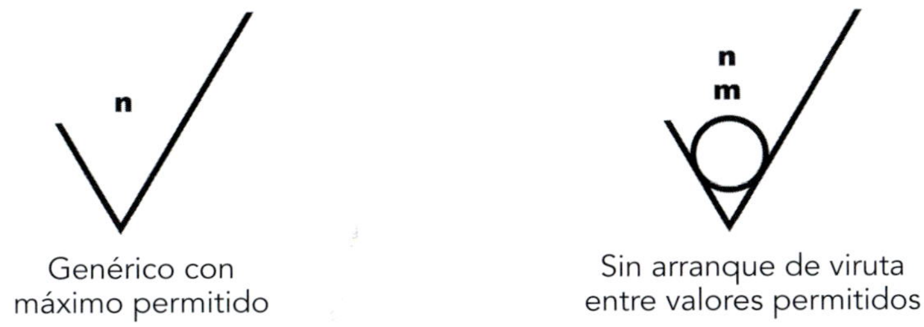

Figura 3.8. Simbología para los acabados con rugosidad asociada.

El valor de rugosidad se situará encima de la V descrita: un valor si se permite una rugosidad máxima, y dos valores si esta rugosidad debe estar comprendida entre esos dos valores.

☐ Recubrimientos

Los recubrimientos son aportaciones superficiales de otro material diferente al genérico de la pieza, con fines de protección ante la corrosión, aportación de dureza o cosméticos. Se pueden tener recubrimientos como el niquelado, cromado, zincado, galvanizado, anodizado, etc. Estos recubrimientos entrarían en un subapartado de tratamientos electroquímicos. Para esta indicación se añade un trazo horizontal y se indica sobre este cuál sería el recubrimiento especificado.

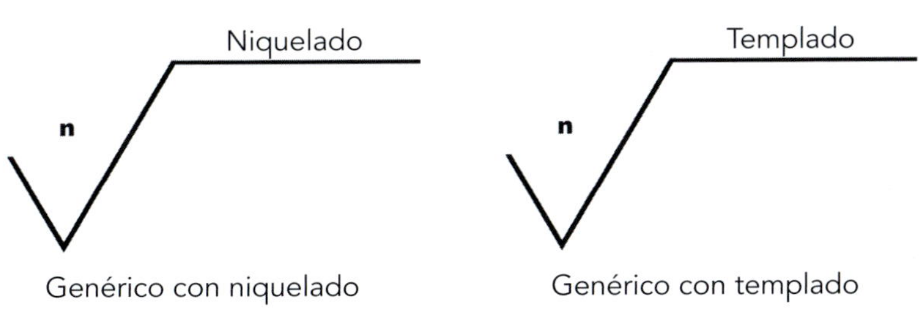

Figura 3.9. Simbología de los acabados con recubrimiento o tratamiento.

☐ Tratamientos térmicos o termoquímicos

Son tratamientos destinados a alterar las propiedades mecánicas del material base para darle una mayor dureza o durabilidad. En este grupo entrarían tratamientos como el templado, revenido, recocido, cementación, nitruración, cianuración, etc. Este tipo de tratamiento se indica del mismo modo que los recubrimientos.

3.3.4. Representación de formas normalizadas (chavetas, roscas, guías, soldaduras y otros elementos normalizados)

Los distintos tipos de tornillos y tuercas, así como las formas más comunes, están normalizados en varias normas ISO y DIN con sus respectivas representaciones. En las Figuras 3.10 y 3.11 se pueden ver las representaciones más habituales de tornillos y tuercas, pero como es de suponer existen muchas más.

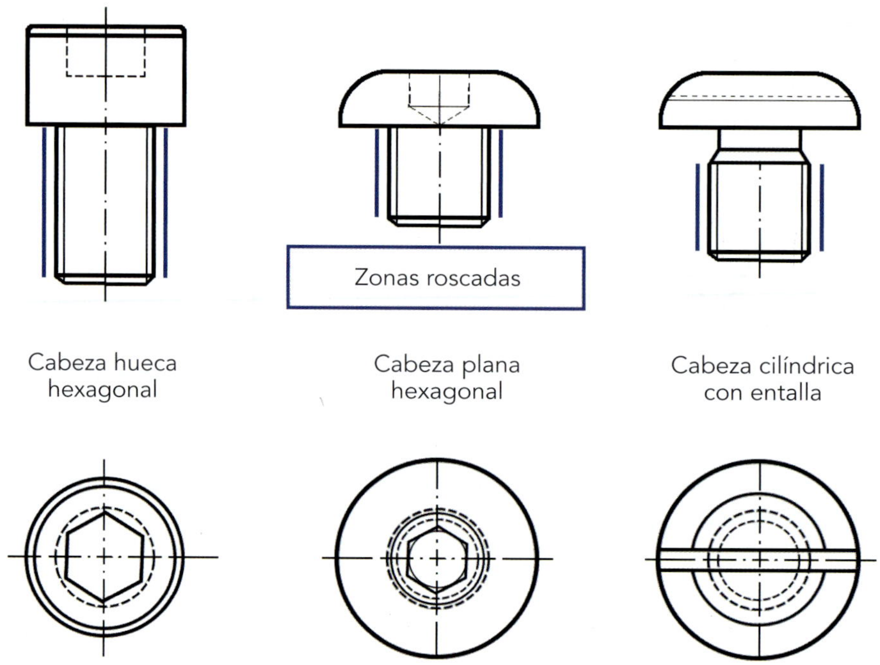

Figura 3.10. Representación de roscas y cabezas de tornillos.

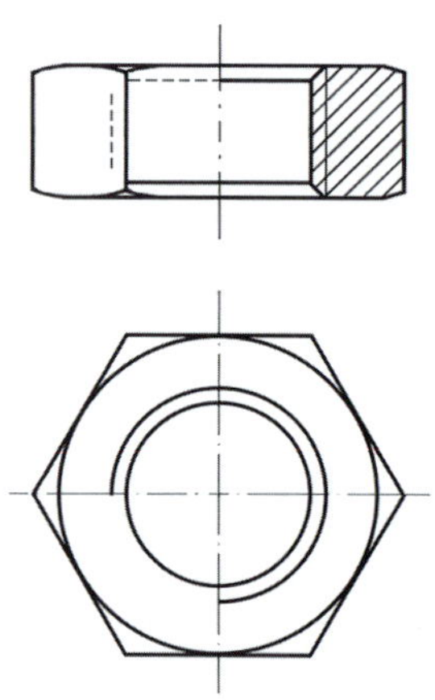

Figura 3.11. Representación de una tuerca.

La rosca se representa con una línea delgada hacia lo que sería el valle del dentado de la rosca, al igual que cualquier unión roscada. Esta línea debe abarcar toda la zona roscada en el elemento representado. En las mismas figuras se puede ver que el dibujo de las cabezas de los tornillos y de las tuercas representadas es más fiel con la realidad.

Un tornillo se designa en el plano con su norma de referencia, su diámetro, su tipo de rosca y su longitud. Por ejemplo, ISO 4762 M8 x 30 se refiere a un tornillo de cabeza hexagonal, de métrica 8 y 30 mm de longitud.

Otro tipo de formas normalizadas son los pasadores. Estos, al contrario que las uniones roscadas, sí suelen estar pensados para desmontajes rápidos y fáciles que no requieran una fuerza de unión elevada. Los pasadores cilíndricos suelen usarse como posicionadores de precisión por ajuste fino entre las piezas que unen, a las que se les aplica posteriormente una unión roscada o incluso remachada o soldada.

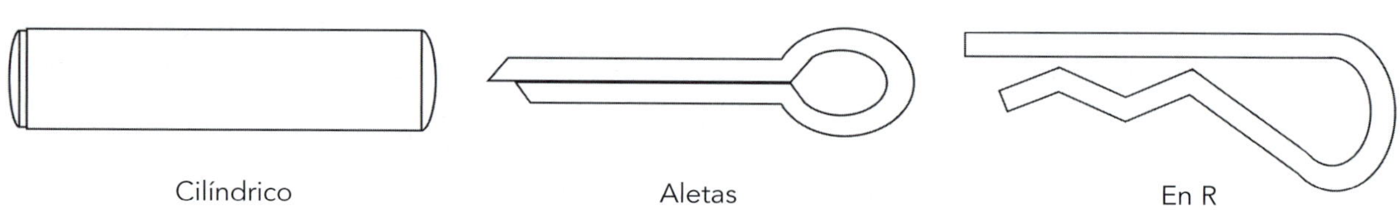

Figura 3.12. Varios tipos de pasadores.

También existe una amplia gama de arandelas normalizadas: planas, cóncavas, elásticas, etc., para una gran gama de utilidades. Todas ellas con su representación y designación específicas.

Lo mismo ocurre con muelles, chavetas, guías, soldaduras, etc. Los elementos que suelen ser muy repetitivos en ensamblajes también quedan definidos y estandarizados por normas, tanto en sus formas y designación como en su representación.

3.4. Acotación

La acotación es el proceso en el que se indican los tamaños de las geometrías representadas, así como las desviaciones o tolerancias admisibles a las mismas. El proceso de acotación es sin duda alguna uno de los procesos más complejos y al que se debe prestar una especial atención, ya que de ello dependerá no únicamente el buen entendimiento del plano, sino también las tolerancias que se hagan efectivas durante la fabricación.

3.4.1. Elementos de acotación

Lo primero que se debe conocer son los elementos que se utilizan para establecer la acotación dimensional de un plano.

☐ Cota

Es cierto que cuando se habla de cota a nivel general, se refiere a todo el conjunto con el que se establece la dimensión de una geometría de pieza, pero cuando se menciona como elemento individual, cota es el valor numérico de la dimensión normalmente expresado en mm, aunque en países anglófonos también suele expresarse en pulgadas (*inches*).

☐ Referencia de cota

Es la línea que indica de donde parte la dimensión. Esta línea debe ser fina, de trazo continuo y perpendicular a la geometría o elemento a acotar. De esta línea es habitual que partan varias cotas.

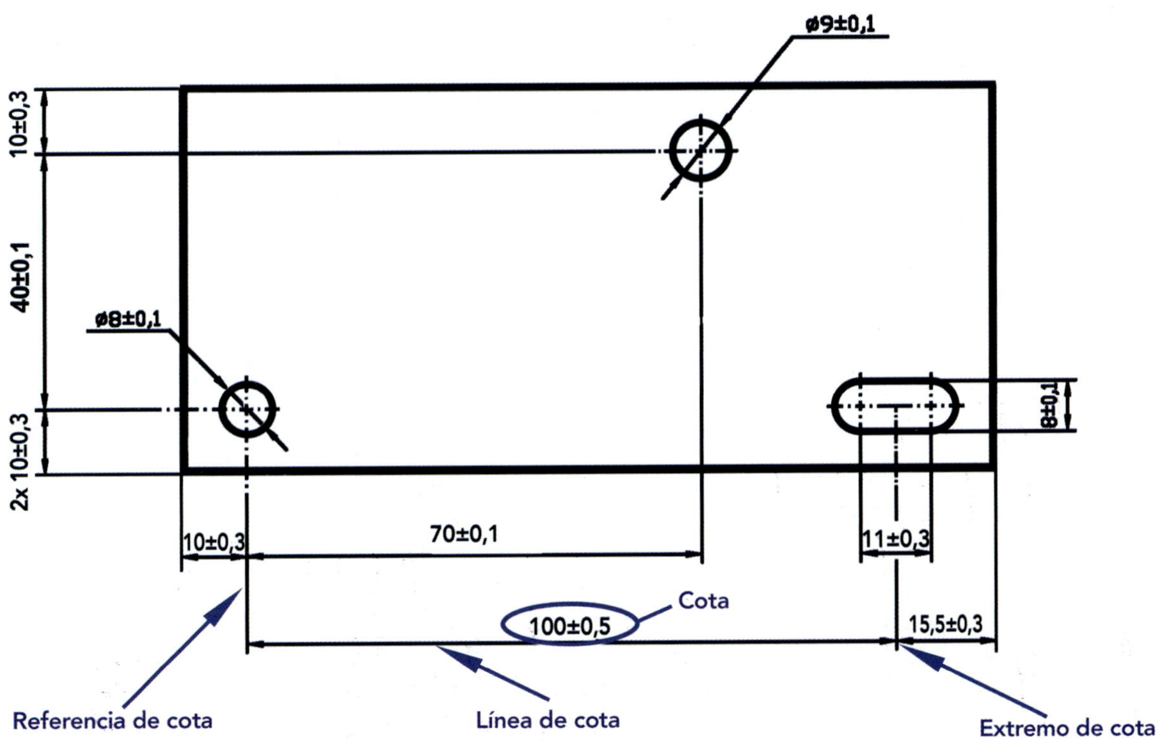

Figura 3.13. Elementos de acotación en la dimensión 100±0,5.

Importante

Hay que tener en cuenta que actualmente y, sobre todo con el uso del CAD, el símbolo decimal más utilizado con diferencia es el punto.

□ Línea de cota

Es la línea que indica el principio y el final de la dimensión. Debe ser fina, de trazo continuo y con una cabeza de flecha en cada extremo. Estará dispuesta en paralelo a la geometría acotada. En algún caso, sobre todo en croquis realizados a mano alzada, las cabezas de flecha se sustituyen por trazos oblicuos que cortan el principio y el final de la línea de cota.

□ Extremo de cota

Es la línea opuesta a la línea de referencia que indica el final de la dimensión. Debe ser de trazo fino y continuo y perpendicular a la geometría o elemento acotado.

3.4.2. Normas de acotación

Como todo el dibujo técnico, la acotación de un plano también está normalizada a nivel internacional por el comité de normalización ISO. La acotación es un lenguaje que se utiliza en el plano y la norma ISO que lo estandariza para una fácil y correcta interpretación internacional es la ISO 129, que tiene sus correspondencias nacionales. Esta norma también detalla una serie de modos de uso y recomendaciones:

- Las cotas no deben repetirse, considerándose también una repetición la cota alcanzada por medio de sumas, restas u otras operaciones de otras cotas ya indicadas.
- Las cotas deben expresarse todas en la misma magnitud de medida (preferiblemente en mm).
- Las cotas deberán situarse en la vista de plano donde mejor quede definida la geometría. No en líneas ocultas discontinuas. En caso de necesidad se deberá realizar un corte o sección.
- Deberá evitarse en lo posible situar dimensiones dentro de la pieza representada. Se permite si esto aporta claridad.
- Se deberán evitar en lo posible los cruces de las distintas líneas que intervienen en la acotación. Para este fin, las cotas de menor dimensión serán las ubicadas más cerca de la pieza y a medida que estas crezcan se irán situando en una posición más alejada.
- Cuando se acoten distintas dimensiones en serie, una a continuación de otra, estas deberán mantener una misma línea continua.
- Las únicas líneas auxiliares (simetría, cortes, sección, etc.) que pueden usarse en una dimensión son las líneas de eje.
- En la cota de un diámetro debe incorporarse su símbolo, Ø, y R en la de un radio.

Se puede ver un ejemplo de acotación en la Figura 3.13.

3.4.3. Proceso de acotación

Teniendo en cuenta las necesidades funcionales de la pieza, el proceso de fabricación con el que debe fabricarse, las tolerancias que se pueden asumir y las normas de acotación, deberá estudiarse minuciosamente el modo de acotar el plano de pieza. Para ello, se tendrán en cuenta los siguientes puntos:

- Seleccionar una geometría origen a partir de la cual se irán acumulando los posibles errores de fabricación (tolerancias admisibles). De esta geometría partirá la línea de referencia de cota principal.

- Las distancias entre ejes suelen ser dimensiones importantes por considerar y, por tanto, con cotas entre estos ejes.
- El siguiente orden de prioridad suelen ser las distancias entre ejes a caras planas.
- Un tercer orden de prioridad suele ser las distancias entre caras planas.
- Acotación de diámetros, radios y otras geométricas interiores.
- Las cotas deben quedar bien repartidas y ordenadas en el plano sin que se vea una acumulación excesiva en una zona y otras zonas vacías. Este punto es de especial aplicación a la vista o vistas principales representadas.
- Las distancias entre las distintas líneas de cota deben ser iguales en todo el dibujo.
- Se finalizará con un repaso del plano para asegurarse de que todo ha quedado acotado y que tampoco hay repeticiones. También se realizará si fuera necesario un reordenamiento de las cotas que lo pudieran requerir.

3.5. Representación de tolerancias dimensionales, geométricas y superficiales

El valor deseado en una dimensión, el teóricamente perfecto, es el que se denomina **nominal.** Como ya se sabe, una pieza se fabricará con alguna de las tecnologías de fabricación y cada una de estas tecnologías lleva implícitas unas posibles diferencias dimensionales entre la pieza teórica y la real, o lo que es lo mismo, diferencias respecto al nominal. Hay que ser conscientes de que la pieza real perfecta (idéntica a la teórica) no existe. Es por este motivo que se debe prestar una especial atención a las diferencias que se podrán asumir sin que esto interfiera en la funcionalidad, es decir, las tolerancias.

3.5.1. Sistemas de acotación

Como ya se ha mencionado, la acotación es el proceso de anotar, mediante líneas, símbolos, cifras, y signos las medidas de un objeto sobre un dibujo previo, siguiendo una serie de reglas y normas.

□ Acotación en serie

Todas las cotas se disponen una a continuación de la otra. Todas las cotas de una misma serie deben estar en una misma línea continua.

Hay que tener en cuenta que en la acotación en serie las tolerancias se irán sumando, por lo que la longitud total acotada en serie tendrá como tolerancia la suma de las tolerancias de la serie.

□ Acotación en paralelo

Se utiliza una línea de referencia de cota desde la que parten todas las cotas.

En la acotación en paralelo no se acumularán las tolerancias.

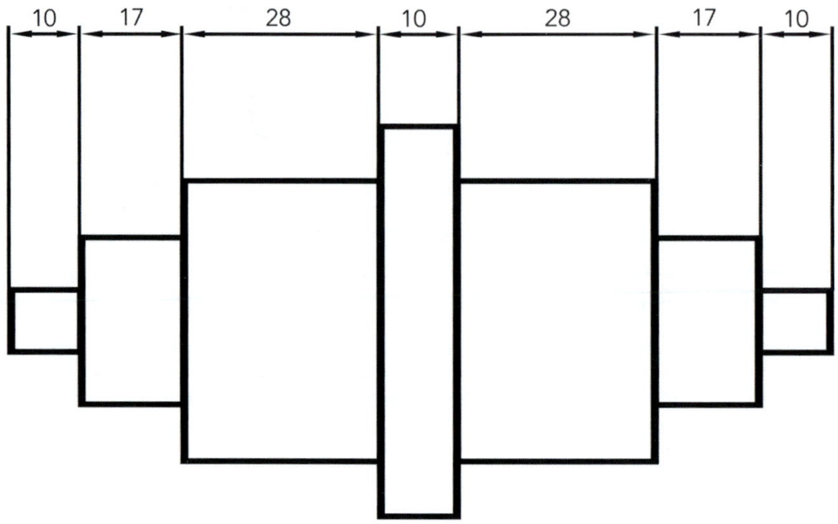

Figura 3.14. Acotación en serie.

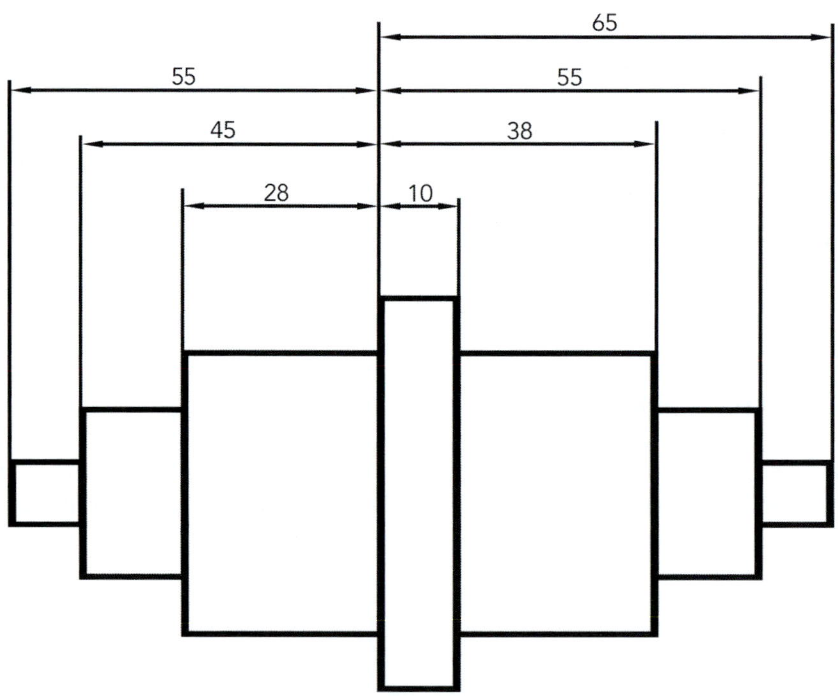

Figura 3.15. Acotación en paralelo.

Importante

El sistema de acotación tiene una clara influencia en las tolerancias finales que se deberán admitir en las cadenas de cotas con su tolerancia.

□ Acotación por coordenadas

La acotación consiste en tener un origen de coordenadas indicado en el plano y en una tabla indicar las coordenadas del centro de cada geometría.

Este tipo de acotación es habitual en los planos de taller para mecanizados.

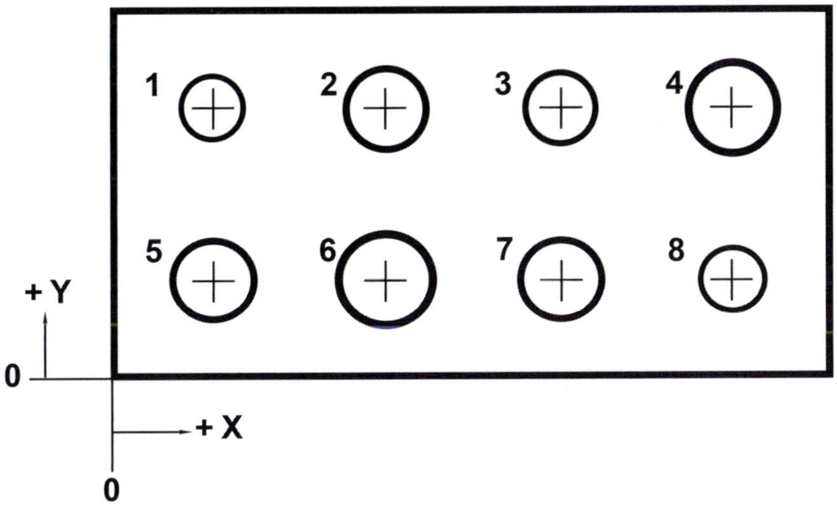

	1	2	3	4	5	6	7	8
Diámetro	6	10	8	12	10	12	10	6
X	12,5	32,5	52,5	72,5	12,5	32,5	52,5	72,5
Y	37	37	37	37	12,5	12,5	12,5	12,5

Figura 3.16. Acotación por coordenadas.

Actividad resuelta 3.1

Tenemos la pieza siguiente:

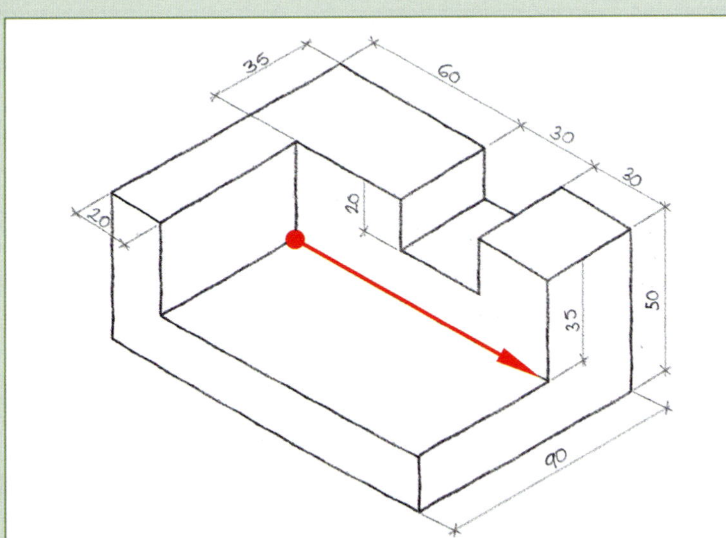

a) En un formato A4 dibuja las vistas necesarias para su correcto acotado e interpretación para fabricación. Debes dibujarla con su área de dibujo y cajetín debidamente cumplimentado.

b) Utiliza el sistema de acotación con el que menos tolerancias se acumularían, pero únicamente indica las dimensiones, no las tolerancias.

Solución:

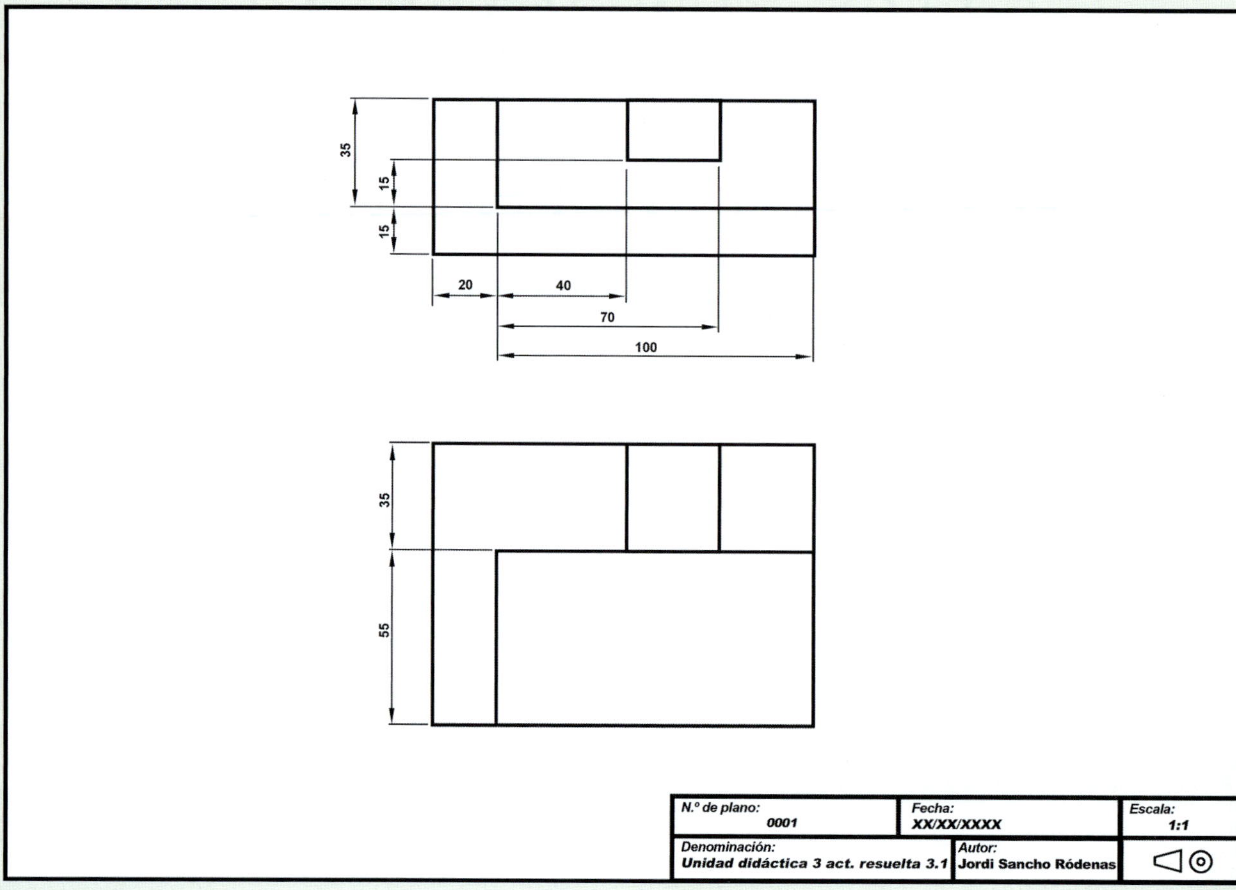

3.5.2. Tolerancias lineales y angulares

El modo de representación de las tolerancias lineales y angulares está normalizado, tal y como se indica en la Figura 3.17:

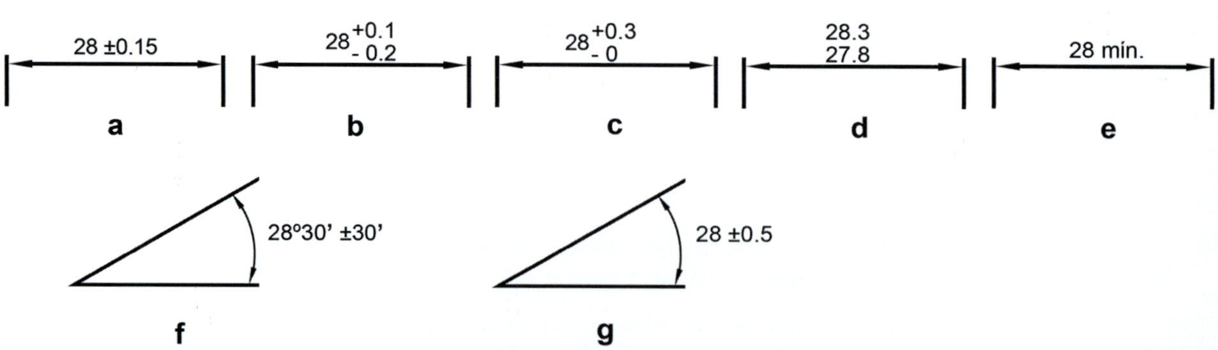

Figura 3.17. Tolerancias lineales y angulares.

a) **Tolerancia lineal simétrica:** el valor nominal 28 es el centro del valor permitido. En el ejemplo serían aceptables en esta dimensión piezas con medidas entre 27,85 y 28,15.

b) **Tolerancia lineal asimétrica:** el valor nominal 28 no es el centro de los valores permitidos. En el ejemplo serían aceptables en esta dimensión piezas con medidas entre 27,8 y 28,1.

c) **Tolerancia lineal asimétrica donde una desviación admisible es cero:** la cifra cero debe quedar reflejada en la tolerancia. En el ejemplo serían aceptables en esta dimensión piezas con medidas entre 28,0 y 28,3.

d) **Intervalo de tolerancia lineal o de valores límite:** en este caso no se indica un nominal y se indica el intervalo de valores entre los cuales la pieza será admisible. La desviación superior debe posicionarse encima y la inferior debajo. En el ejemplo serían aceptables en esta dimensión piezas con medidas entre 27,8 y 28,3.

e) **Tolerancia lineal de medida límite:** no existe nominal específico, únicamente un límite hasta o desde el cual las piezas serán aceptables. En el ejemplo serían aceptables en esta dimensión piezas con medidas desde 28,0 en adelante.

f) **Tolerancia angular expresada en sistema sexagesimal** [grados (º), minutos (') y segundos (")].

g) **Tolerancia angular en sistema decimal.**

Actividad propuesta 3.1

Partiendo de la esquina señalada con un punto rojo en la siguiente figura:

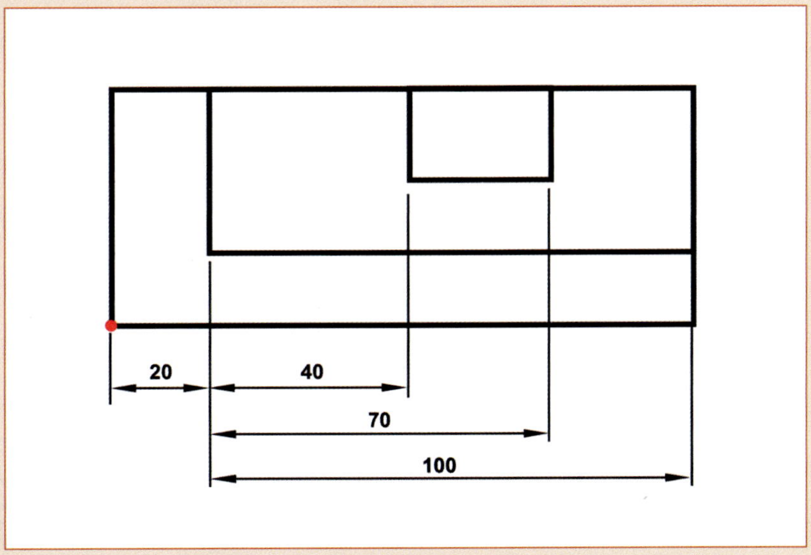

a) Acota en serie.

b) Pon tolerancias según la clase fina de la tabla de la Actividad resuelta 3.2.

c) ¿Cuál será la longitud total y su tolerancia acotando en serie?

d) ¿Y acotando en paralelo tal y como se ve en la Actividad resuelta 3.2?

Actividad resuelta 3.2

Pon tolerancias al plano de la Actividad propuesta 3.1 según tolerancias de la tabla siguiente considerando la clase fina:

Clase de tolerancia		Desviaciones admisibles respecto al valor nominal				
Designación	Descripción	0,5 hasta 3	Más de 3 hasta 6	Más de 6 hasta 30	Más de 30 hasta 120	Más de 120 hasta 400
f	fina	±0,05	±0,05	±0,1	±0,15	±0,2
m	media	±0,1	±0,1	±0,2	±0,3	±0,5
c	gruesa	±0,2	±0,3	±0,5	±0,8	±1,2

Solución:

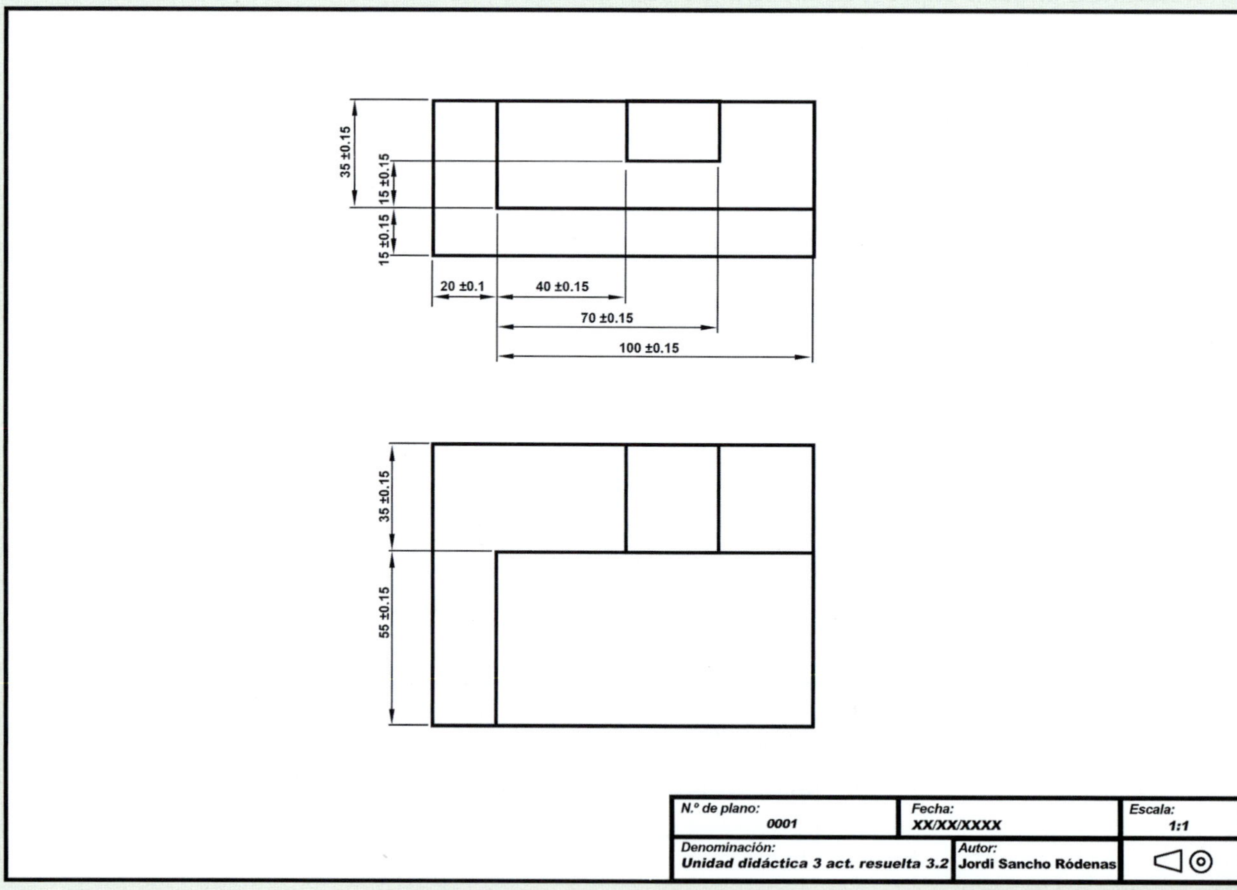

En los nominales y tolerancias lineales no se indican las unidades de trabajo, sino que estas se indicarán en el cajetín del plano, normalmente milímetros, pero también podrían ser pulgadas.

En las medidas y tolerancias angulares siempre debe indicarse la unidad (sistema numérico), aunque esta también esté indicada en el cajetín del plano. Los distintos casos de tolerancias son los mismos que los de las tolerancias lineales.

3.5.3. Ajustes

Los sistemas de ajuste son ensamblajes entre dos piezas, en los que una pieza encaja dentro de la otra. El más habitual con diferencia es el ensamblaje de un eje en un agujero.

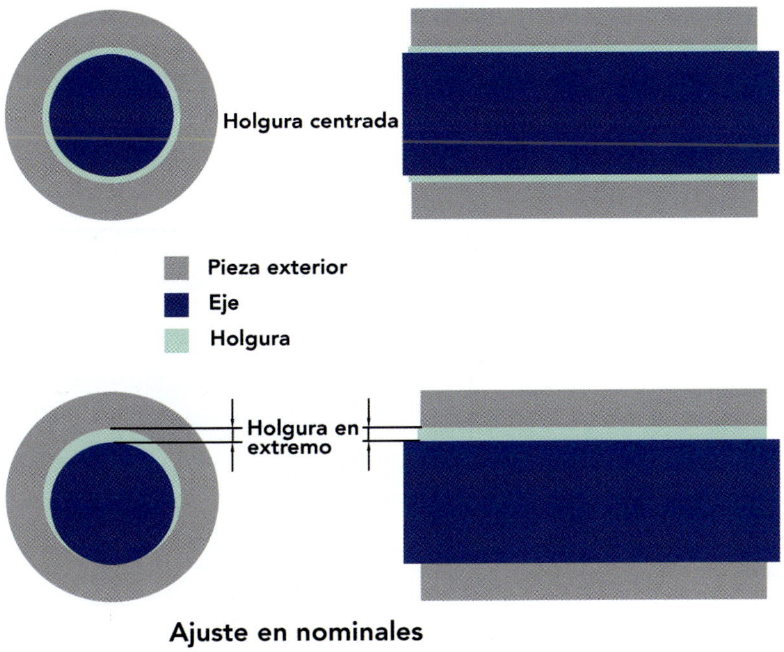

Figura 3.18. Ajuste en nominal agujero/eje.

En el ajuste sin presión es importante remarcar que las piezas no pueden coincidir en la misma medida, ya que interferirían. Un eje cuyo diámetro mida 9 mm no podrá entrar sin presión en un agujero de diámetro 9 mm, ya que el material interfiere entre ambos. Por este motivo, en los ajustes sin presión siempre se parte de una holgura nominal, según la cual la medida máxima del diámetro del eje siempre será menor que la medida mínima del agujero (Figura 3.18). Cuando en un ajuste existe interferencia de material querrá decir que se deberá ejercer una presión sobre la pieza para que entre en la otra (en nuestro ejemplo, un eje en un agujero).

Como se puede ver es posible determinar dos tipos de ajuste:

- **Ajuste con juego:** en este ajuste siempre existirá holgura entre eje y agujero. El diámetro del eje siempre será menor que el diámetro del agujero. Este tipo de ajuste es, con mucho, el más frecuente.
- **Ajuste con interferencia:** en este ajuste el eje debe introducirse a presión, quedando este fijo en el agujero y no podrá extraerse sin ejercer una nueva presión. El diámetro del eje siempre será mayor que el del agujero.

Aunque estos tipos de ajustes son los más ampliamente utilizados, también existe la posibilidad de un ajuste indefinido:

- **Ajuste indefinido:** las tolerancias aplicadas permiten la posibilidad tanto de un ajuste con juego como de un ajuste con interferencia.

La norma ISO tiene establecidos los distintos niveles de ajustes. Los ajustes se definen por el nominal, una letra que indica la posición de la zona de tolerancia y un valor numérico que indica la calidad de la tolerancia.

Figura 3.19. Indicación de un ajuste en el plano.

La letra será minúscula cuando se refiera a un eje y mayúscula cuando es un agujero.

1	Intervalos de tolerancia.
2	Signos de desviaciones.
D/d	Tamaño nominal.
D/d máx.	Diámetro máximo.
D/d mín	Diámetro mínimo.
G/g	Máxima desviación.
E/e	Mínima desviación.
F/f	Tolerancia.

Mayúsculas en agujero
Minúsculas en eje

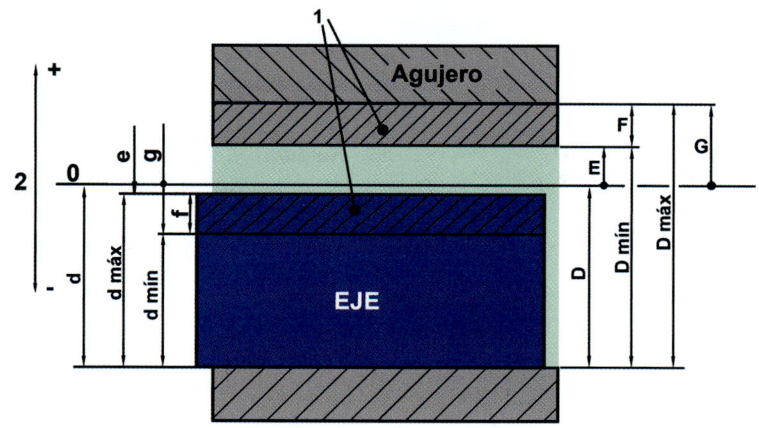

Figura 3.20. Ajuste con juego.

Como se puede ver en la Figura 3.20, el ajuste con juego garantiza que nunca habrá interferencia entre eje y agujero. Esto sería a la inversa en el caso de un ajuste con interferencia. Como es de suponer, en el ajuste indefinido existirá una zona de las tolerancias del agujero y del eje que se superpondrán.

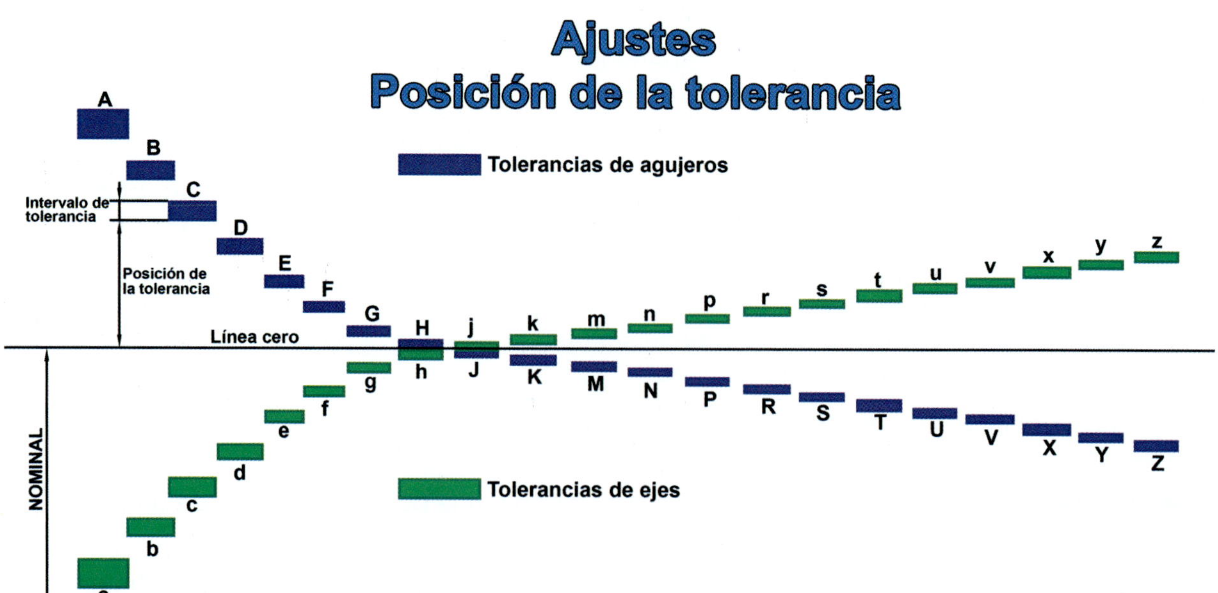

Figura 3.21. Posición de las zonas de tolerancia en un ajuste.

En la Figura 3.21 se puede ver cómo están distribuidas las posiciones de las zonas de tolerancia según la norma ISO, tanto para ejes como para agujeros. Como se puede ver en la misma figura, se tienen combinaciones posibles de zonas de tolerancia de agujeros con otras 21 zonas posibles de ejes. Dependiendo de estas combinaciones se conseguirán ajustes con juego, con interferencia o indefinidos.

En las Tablas 3.1 a 3.3 se dispone de la información necesaria para determinar las tolerancias para un diámetro determinado según la posición de la tolerancia y los grados de la calidad especificada según la norma ISO.

Tabla 3.1. Zona de tolerancia en µm según el grado de calidad

Diámetro (mm)	Calidad (IT) - Grado de tolerancia (µm)																	
	01	0	1	2	3	4	5	6	7	8	9	10	11	12	13	14	15	16
d ≤ 3	0,3	0,5	0,8	1,2	2	3	4	6	10	14	25	40	60	100	140	250	400	600
3 < d ≤ 6	0,4	0,6	1	1,5	2,5	4	5	8	12	18	30	48	75	120	180	300	480	750
6 < d ≤ 10	0,4	0,6	1	1,5	2,5	4	6	9	15	22	36	58	90	150	220	360	580	900
10 < d ≤ 18	0,5	0,8	1,2	2	3	5	8	11	18	27	43	70	110	180	270	430	700	1100
18 < d ≤ 30	0,6	1	1,5	2,5	4	6	9	13	21	33	52	84	130	210	330	520	840	1300
30 < d ≤ 50	0,6	1	1,5	2,5	4	7	11	16	25	39	62	100	160	250	390	620	1000	1600
50 < d ≤ 80	0,8	1,2	2	3	5	8	13	19	30	46	74	120	19	300	460	740	1200	1900
80 < d ≤ 120	1	1,5	2,5	4	5	10	15	22	35	54	87	140	220	350	540	870	1400	2200
120 < d ≤ 180	1,2	2	3,5	5	8	12	18	25	40	63	100	160	250	400	630	1000	1600	2500
180 < d ≤ 250	2	3	4,5	7	10	14	20	29	46	72	115	185	290	460	720	1150	1850	2900
250 < d ≤ 315	2,5	4	6	8	12	16	23	32	52	81	130	210	320	520	810	1300	2100	3200
315 < d ≤ 400	3	5	7	9	13	18	25	36	57	89	140	230	360	570	890	1400	2300	3600
400 <d ≤ 500	4	6	8	10	15	20	27	40	63	97	155	250	400	630	970	1550	2500	4000

Importante

Existen más calidades normalizadas, así como también más tamaños de diámetros contemplados en la norma ISO, pero los expuestos en la Tabla 3.1 son los más utilizados.

Sabías que

Las calidades 01 y 0 son las denominadas de muy alta precisión. La combinación de un agujero de diámetro H7 con un eje de diámetro g6 es la combinación de ajuste fino más utilizada. El valor del diámetro sería el mismo para el agujero y el eje.

Tabla 3.2. Diferencias fundamentales en μm para los ejes

Posición	a	b	c	d	e	f	g	h	j			k		m	n	p	r	s	t	u	X	y	z
Calidad IT	Todas las calidades								6	7	8	5	< 4 y > 7	Todas las calidades									
d ≤ 3	–270	–140	–60	–20	–14	–6	–2	0	–2	–4	–6	0	0	+2	+4	+6	+10	+14	–	+18	+20	–	+26
3 < d ≤ 6	–270	–140	–70	–30	–20	–10	–4	0	–2	–4	–	+1	0	+4	+8	+12	+15	+19	–	+23	+288	–	+35
6 < d ≤ 10	–280	–150	–80	–40	–25	–13	–5	0	–3	–6	–	+1	0	+7	+12	+18	+23	+28	–	+33	+40	–	+50
10 < d ≤ 14	–290	–150	–95	–50	–32	–16	–6	0	–3	–6	–	+1	0	+7	+12	+18	+23	+28	–	+33	+40	–	+50
14 < d ≤ 18																					+45	–	+60
18 < d ≤ 24	–300	–160	–110	–65	–40	–20	–7	0	–4	–8	–	+2	0	+8	+15	+22	+28	+35	–	+41	+54	+63	+73
24 < d ≤ 30																			+41	+48	+64	+75	+88
30 < d ≤ 40	–310	–170	–120	–80	–50	–25	+9	0	–5	–10	–	+2	0	+9	+17	+26	+34	+43	+48	+60	+80	+94	+112
40 < d ≤ 50	–320	–180	–130																+54	+70	+97	+114	+136
50 < d ≤ 65	–340	–190	–140	–100	–60	–30	–10	0	–7	–12	–	+2	0	+11	+20	+32	+41	+53	+66	+87	+122	+144	+172
65 < d ≤ 80	–360	–200	–150														+43	+59	+75	+102	+146	+174	+210
80 < d ≤ 100	–380	–220	–170	–120	–72	–36	–12	0	–9	–15	–	+3	0	+13	+23	+37	+51	+71	+91	+124	+178	+214	+258
100 < d ≤ 120	–410	–240	–180														+54	+79	+104	+144	+210	+254	+310
120 < d ≤ 140	–460	–260	–200	–145	–85	–43	–14	0	–11	–18	–	+3	0	+15	+27	+43	+63	+92	+122	+170	+248	+300	+365
140 < d ≤ 160	–520	–280	–210														+65	+100	+134	+190	+280	+340	+410
160 < d ≤ 180	–580	–310	–230														+68	+108	+146	+210	+310	+380	+465
180 < d ≤ 200	–660	–340	–240	–170	–100	–50	–15	0	–13	–21	–	+4	0	+17	+31	+50	+77	+122	+166	+236	+350	+425	+520
200 < d ≤ 225	–740	–380	–260														+80	+130	+180	+258	+385	+470	+575
225 < d ≤ 250	–820	–420	–280														+84	+140	+196	+284	+425	+520	+640
250 < d ≤ 280	–920	–460	–300	–190	–110	–56	–17	0	–16	–26	–	+4	0	+20	+34	+56	+94	+158	+218	+315	+475	+580	+710
280 < d ≤ 315	–1050	–540	–330														+98	+170	+240	+350	+525	+650	+790
315 < d ≤ 355	–1200	–600	–360	–210	–125	–62	–18	0	–18	–28	–	+4	0	+21	+37	+62	+108	+190	+268	+390	+590	+730	+900
355 < d ≤ 400	–1350	–680	–400														+114	+208	+294	+435	+660	+820	+1000
400 < d ≤ 450	–1500	–760	–440	–230	–135	–68	–20	0	–20	–32	0	+5	0	+23	+40	+68	+126	+232	+330	+490	+740	+920	+1100
450 < d ≤ 500	–1650	–840	–480														+132	+252	+360	+540	+820	+1000	+1250

Tabla 3.3. Diferencias fundamentales en µm para los agujeros

Posición	A	B	e	D	E	F	G	H	J			K		M		N		p	R	s	T	u	X	y	z
Calidad IT	Todas las calidades								6	7	8	>8	>8	>8	>8	>8	>8		Grados de tolerancia superiores a IT7						
d ≤ 3	+270	+140	+60	+20	+14	+6	+2	0	+2	+4	+6	0	0	-2 + Δ	-2	+4	-4 + Δ	+4	-6	-10	-14	–	-18	–	-20
3 < d ≤ 6	+270	+140	+70	+30	+20	+10	+4	0	+5	+6	+10	-1 + Δ	–	-4 + Δ	-4	-8+ Δ	0	-12	-15	-19	–	-23	-28	–	-35
6 < d ≤ 10	+280	+150	+80	+40	+25	+13	+5	0	+5	+8	+12	-1 + Δ	–	-6 + Δ	-6	-10 + Δ	0	-15	-19	-23	–	-28	-34	–	-42
10 < d ≤ 14	+290	+150	+95	+50	+32	+16	+6	0	+6	+10	+15	-1 + Δ	–	-7 + Δ	-7	-12 + Δ	0	-18	-23	-28	–	-33	-40	–	-50
14 < d ≤ 18																							-45	–	-60
18 < d ≤ 24	+300	+160	+110	+65	+40	+20	+7	0	+8	+12	+20	-2 + Δ	–	-8 + Δ	-8	-15 + Δ	0	-22	-28	-35	–	-41	-54	-63	-73
24 < d ≤ 30																					-41	-48	-64	-75	-88
30 < d ≤ 40	+310	+170	+120	+80	+50	+25	+9	0	+10	+14	+24	-2 + Δ	–	-9 + Δ	-9	-17 + Δ	0	-26	-34	-43	-48	-60	-80	-94	-112
40 < d ≤ 50	+320	+180	+130																		-54	-70	-97	-114	-136
50 < d ≤ 65	+340	+190	+140	+100	+60	+30	+10	0	+13	+18	+28	-2 + Δ	–	-11 + Δ	-11	-20 + Δ	0	-32	-41	-53	-66	-87	-122	-144	-172
65 < d ≤ 80	+360	+200	+150																-43	-59	-75	-102	-146	-174	-210
80 < d ≤ 100	+380	+220	+170	+120	+72	+36	+12	0	+16	+22	+34	-3 + Δ	–	-13 + Δ	-13	-23 + Δ	0	-37	-51	-71	-91	-124	-178	-214	-258
100 < d ≤ 120	+410	+240	+180																-54	-79	-104	-144	-210	-254	-310
120 < d ≤ 140	+460	+260	+200	+145	+85	+43	+14	0	+18	+26	+41	-3 + Δ	–	-15 + Δ	-15	-27 + Δ	0	+43	-63	-92	-122	-170	-248	-300	-365
140 < d ≤ 160	+520	+280	+210																-65	-100	-134	-190	-280	-340	-415
160 < d ≤ 180	+580	+310	+23																-68	-108	-146	-210	-310	-380	-465
180 < d ≤ 200	+660	+340	+240	+170	+100	+50	+15	0	+22	+30	+47	-4 + Δ	–	-17 + Δ	-17	-31 + Δ	0	-50	-77	-122	-166	-236	-340	-425	-520
200 < d ≤ 225	+740	+380	+260																-80	-130	-180	-258	-385	-470	-575
225 < d ≤ 250	+820	+420	+280																-84	-140	-196	-284	-425	-520	-640
250 < d ≤ 280	+920	+480	+300	+190	+110	+56	+17	0	+25	+36	+55	-4 + Δ	–	-20 + Δ	-20	-34 + Δ	0	-56	-94	-158	-218	-315	-475	-580	-710
280 < d ≤ 315	+1050	+540	+330																-98	-170	-240	-350	-525	-650	-790
315 < d ≤ 355	+1200	+600	+360	+210	+125	+62	+18	0	+29	+39	+60	-4 + Δ	–	-21 + Δ	-21	-37 + Δ	0	-62	-108	-190	-268	-390	-590	-730	-900
355 < d ≤ 400	+1350	+680	+400																-114	-208	-294	-435	-660	-820	-1000
400 < d ≤ 450	+1500	+760	+440	+230	+135	+68	+20	0	+33	+43	+66	-5 + Δ	–	-23 + Δ	-23	-40 + Δ	0	-68	-126	-232	-330	-490	-740	-920	-1100
450 < d ≤ 500	+1650	+840	+480																-132	-252	-360	-540	-820	-1000	-1250

Actividad resuelta 3.3

a) ¿Qué tolerancia tendrá un Ø12 g6?
b) ¿Qué tolerancia tendrá un Ø12 H7?

Solución:

a) a. Se trata de un eje ya que es letra minúscula. La posición de la tolerancia correspondiente a un eje de diámetro 12g comenzará en 0 tal y como podemos ver en la Tabla 3.2.
   b. El ancho de la tolerancia para una calidad 6, tal y como podemos ver en la Tabla 3.1, será de 11 µm.
   c. Por tanto, tenemos un eje Ø12 -0,006 / -0,017. Límite superior 11,994; límite inferior 11,983.

b) a. Se trata de un agujero ya que es letra mayúscula. La posición de la tolerancia correspondiente a un agujero de diámetro 12H comenzará en +6 µm tal y como podemos ver en la Tabla 3.3.
   b. El ancho de la tolerancia para una calidad 7, tal y como podemos ver en la Tabla 3.1, será de 18 µm por encima de la línea cero (ver Figura 3.21).
   c. Por tanto, tenemos un agujero Ø12 +0,00 / +0,018. Límite superior 12,018; límite inferior 12,000.

Actividad propuesta 3.2

Analiza el siguiente ajuste: Ø15 G7/f7.

3.5.4. Tolerancias geométricas

La acotación por el sistema de tolerancias geométricas es una acotación funcional basada en situar la pieza en el mismo espacio de coordenadas que esta tendría en su funcionamiento real. Esto supone tener una correlación total entre los valores medidos en verificación a lo que esta pieza tendría en su funcionamiento. Además, ofrece una serie de herramientas que permite aumentar tolerancias sin incumplir los parámetros de diseño.

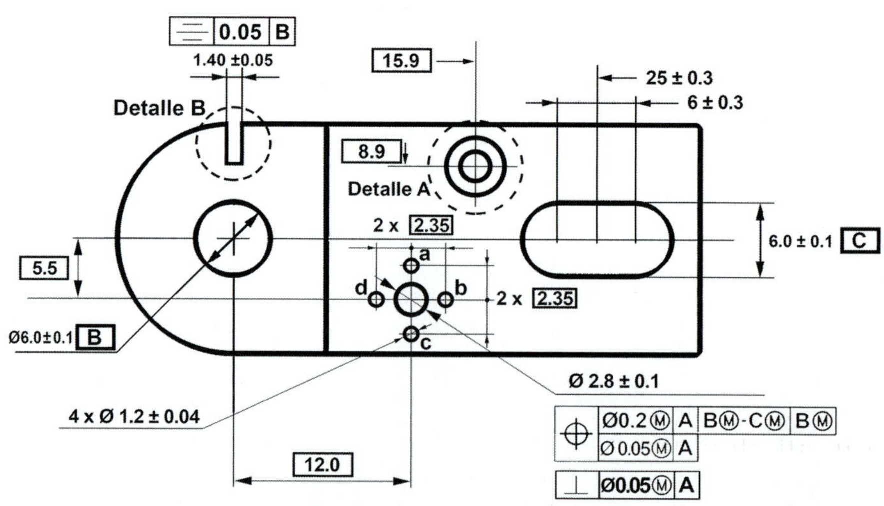

Figura 3.22. Pieza acotada en el sistema de tolerancias geométricas.

Importante

La acotación por el sistema de tolerancias geométricas se ha impuesto en la industria actual ya que ofrece un mayor margen a la fabricabilidad, a la vez que se pueden ver los efectos que tendrían las piezas en el montaje real. Su idea clave es la **funcionalidad.**

Como ya se ha visto a lo largo de esta unidad, todo lo referente a la representación en planos y la acotación está normalizado por la ISO, al igual que la acotación en tolerancias geométricas. Su norma troncal general es la ISO 1101, de la que cuelgan distintas normas específicas. Esta norma tiene su correspondencia relativa con la norma ASME 14.5 usada en Norteamérica y países (y empresas) de influencia.

Sabías que

El concepto de las tolerancias geométricas está considerado un concepto global de diseño que debe estar presente desde la propia idea hasta su representación en el plano, industrialización y medición durante el control de calidad.

Referencias (*datums*)

El proceso de determinar las referencias de la pieza es importantísimo, ya que son los cimientos de este sistema de acotación. Es lo que sitúa a la pieza en un espacio de coordenadas que debería ser el mismo que en su funcionamiento en máquina:

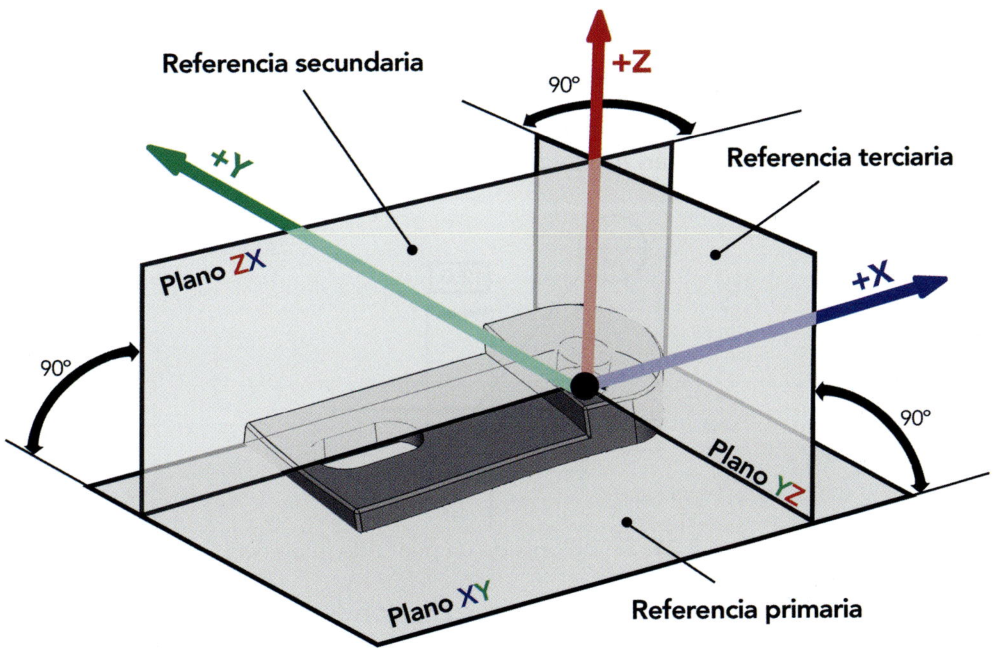

Figura 3.23. Pieza ubicada en el espacio de coordenadas.

Como se puede ver en la Figura 3.23, la pieza quedará posicionada en un espacio de coordenadas en el que sus planos están a 90° entre sí. Esta restricción angular determinará no únicamente geometrías de referencia, sino también prioridades entre ellas. No hay que olvidar que las caras o geometrías perfectas y a 90° solo existen en la ficción, es decir, el plano de pieza, y no en la pieza real. Es por lo que deben determinarse estas prioridades entre las referencias.

En muchas ocasiones se dice que las referencias deben estar formadas por plano, línea y punto: plano de nivelación (referencia primaria), línea de rotación (referencia secundaria) y punto de origen (referencia terciaria). Explicado más en detalle, el plano de nivelación es el plano primario. El plano a 90° del primario, que además contiene la línea de rotación, es el plano secundario. Y por último, el plano a 90° de los dos anteriores, que además contiene el punto de origen, es el plano terciario.

Importante

Aunque el orden alfabético suele ser el orden de prioridad de las referencias, esto no es normativo. Lo que realmente determina el orden de prioridad será su posición en los cuadros de tolerancias geométricas.

En la Figura 3.24 se puede ver la simbología de referencia (*datum*).

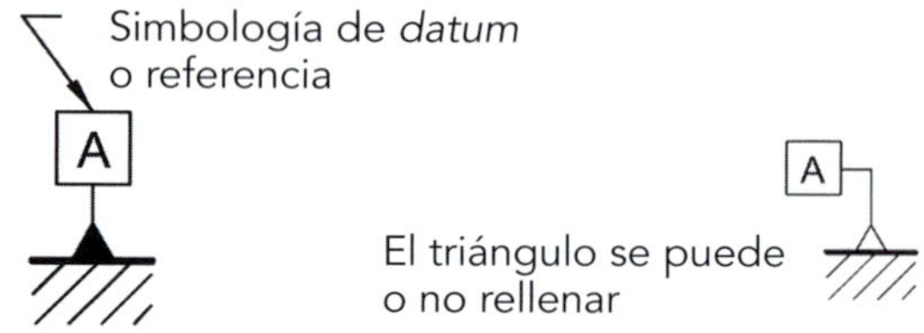

Figura 3.24. Simbología de referencia.

Las referencias suelen nombrarse con letras mayúsculas y, aunque la norma no lo hace obligatorio, el orden alfabético suele determinar el orden de prioridad.

Importante

En muchas ocasiones las referencias no indican el espacio de coordenadas, sino geometrías de referencia. Esto es muy habitual y estas geometrías se utilizarán para comparaciones de otras geometrías de pieza con ellas, o para componer el espacio de coordenadas a través de geometrías y no por medio de puntos de referencia, como se verá a continuación.

□ Puntos de referencia (*target points*)

En muchos casos, los puntos donde debe apoyar la pieza o donde hay que basarse para establecer el sistema de referenciación serán indicados exactamente.

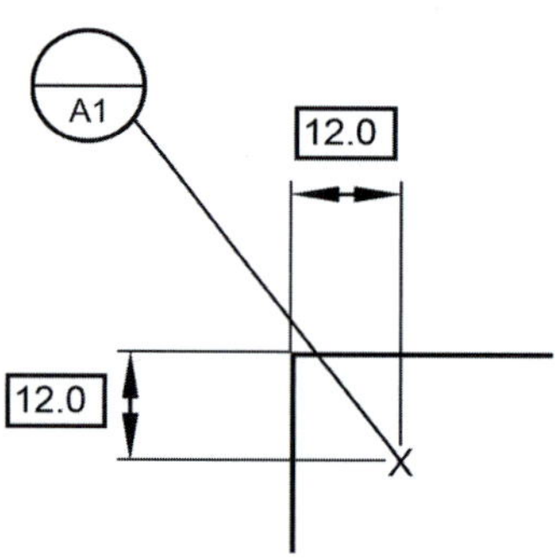

Figura 3.25. Simbología de un punto de referencia.

La simbología se puede apreciar en la Figura 3.25, donde se aprecia un círculo dividido en dos. En la parte inferior aparece la referencia en la que interviene y un número de orden. En la parte superior es donde se indica la zona de contacto, que puede ser circular, cuadrada o de cualquier forma. La zona de contacto deberá ir sombreada en el plano. Si no se indica nada en la parte superior del círculo, es que el contacto será un punto.

Para construir un sistema de referencias se necesita un mínimo de tres puntos para construir un plano de nivelación, que será la referencia primaria, dos puntos para construir una línea de rotación, que será la referencia secundaria, y un punto de origen, que será la referencia terciaria.

Importante

En una pieza no existen caras planas, ni paralelas ni perpendiculares, **nada es perfecto.** Por este motivo se debe interpretar correctamente un plano y, sobre todo, su referenciación. Las cotas de un plano estarán siempre proyectadas en estos planos de referencia. Esto determina la gran importancia de establecer e interpretar exactamente las referencias de un plano.

☐ Dimensiones teóricamente exactas (TED, *Theoretically Exact Dimension*) en norma ISO (dimensión básica en norma ASME)

Hay que distinguir lo que son las dimensiones teóricas no medibles. Estas dimensiones suelen ser instrucciones que deben cumplirse y respetarse, por lo que no serán medibles. Normalmente indican:

- Puntos y zonas donde se deben generar las referencias.
- Zonas de aplicación de alguna tolerancia.

También existe un tercer caso en el cual sí que deben ser medidas:

- Dimensiones que afectan a una tolerancia geométrica (errores de perfil, posición verdadera, etcétera).

En este tercer caso sí deben medirse, pero la tolerancia es la tolerancia geométrica, por lo que no podrá ser evaluada como pieza buena o pieza mala por sí misma. Estas dimensiones, en todos los casos, son las que van recuadradas.

En la Figura 3.25 se ve un ejemplo de estas dimensiones que posicionan un punto de referencia que intervendrá en la generación de la referencia A.

☐ Tolerancias de errores de forma

Las tolerancias de los errores de forma evalúan tipos de errores no relacionados, es decir, no existe comparación entre la geometría a analizar con otra geometría o las referencias de pieza. Este grupo inicial en ocasiones se denomina errores de forma simples, ya que se aplica precisamente a geometrías simples.

Tipo de tolerancia	Característica	Símbolo
Forma	Rectitud	—
	Planitud	▱
	Redondez	○
	Cilindridad	⌭

Figura 3.26. Errores de forma.

Los errores de forma se basan en definir una geometría perfecta por medio de una nube de puntos adquiridos en la pieza real que, como es sabido, es imperfecta. Esta geometría perfecta se obtiene por regresión o mejor ajuste. La geometría perfecta es la que más se aproxima a los puntos adquiridos. El error de forma será la distancia en perpendicular a la geometría de regresión generada entre los puntos reales más alejados en un sentido y otro.

Este tipo de errores de forma también se denominan errores de forma simples, ya que únicamente contemplan estas geometrías fundamentales: líneas o ejes, planos, círculos y cilindros. Si se observa la Figura 3.27 en el cuadro de tolerancia no aparece referencia. Esto es porque la referencia es la propia geometría por medio de establecerla como ya se ha dicho, por regresión o mejor ajuste. Por tanto, este tipo de tolerancia nunca va acompañada de una letra de referencia.

Hay que destacar también que son tolerancias que verifican únicamente la forma y no el tamaño o la posición. Se podría decir que verifican la calidad de la geometría; por ejemplo, cuán plana es una cara y no dónde está.

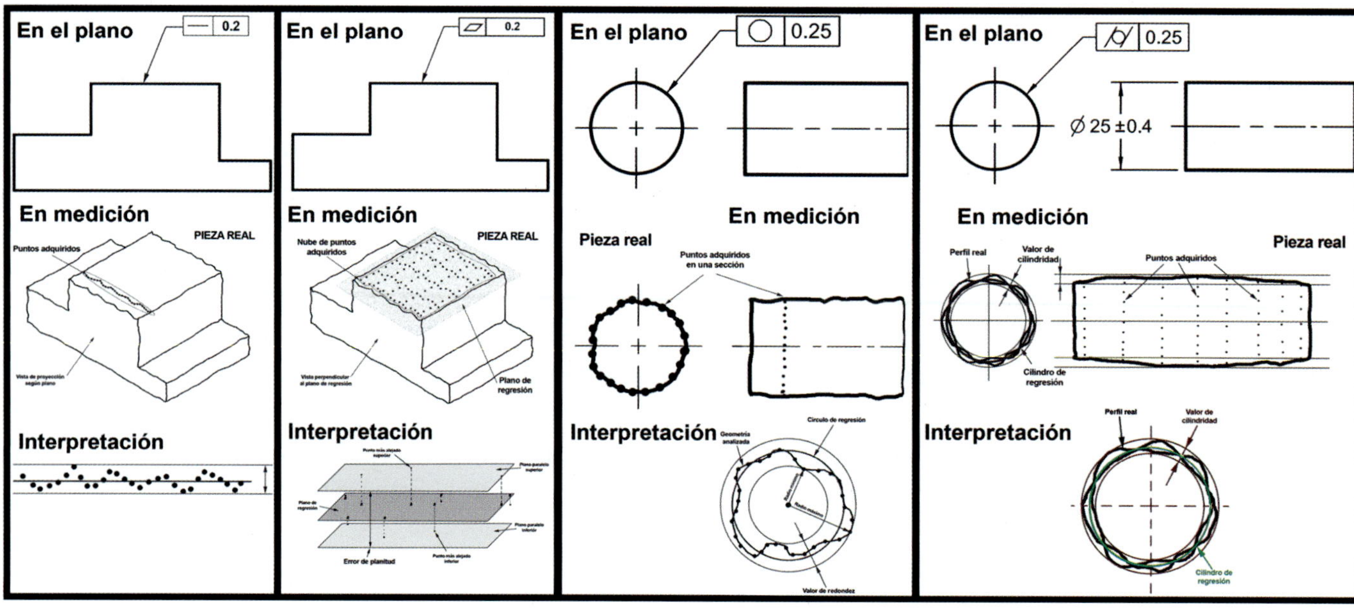

Figura 3.27. Interpretación de los errores de forma.

□ Tolerancias de errores de perfil

Los errores de perfil se pueden considerar también como errores de forma, pero se pueden aplicar a cualquier tipo de geometría o a una composición de geometrías.

Tipo de tolerancia	Característica	Símbolo
Perfil	Perfil de línea	⌒
	Perfil de superficie	⌓

Figura 3.28. Errores de perfil.

Los errores de perfil se pueden considerar también errores de forma, pero se pueden aplicar a cualquier tipo de geometría o a una composición de geometrías. Hay que tener en cuenta que en este caso sí pueden o no ir acompañados de letra de referencia. Esto permite distinguir entre errores de perfil solo en forma sin letra de referencia, y errores de perfil en forma y posición con letra (o letras) de referencia.

Sabías que

Las tolerancias de perfil han tomado mucho auge en la actualidad con las herramientas de CAD 3D al poderse contrastar directamente una pieza real con su modelo teórico CAD. En metrología dimensional, esta técnica se denomina **comparativa CAD.**

En los errores de perfil se tiene, por llamarlo de alguna manera, la versión bidimensional (arco abierto) y la versión tridimensional (arco cerrado).

Cuando se tiene un error de perfil en solo forma tanto de línea como de superficie, la zona de tolerancia se puede mover libremente. Únicamente se puede ver cómo está la forma, pero no dónde está. El ancho de la zona de tolerancia será el indicado en el cuadro de tolerancia geométrica. En la Figura 3.29 se puede ver su funcionamiento.

Cuando se tiene un error de perfil en forma y posición, con letras de referencia, la tolerancia es inamovible en los ejes a los que esté relacionada. Como se ve en la Figura 3.29 esta tolerancia queda posicionada por medio de dimensiones teóricamente exactas (TED).

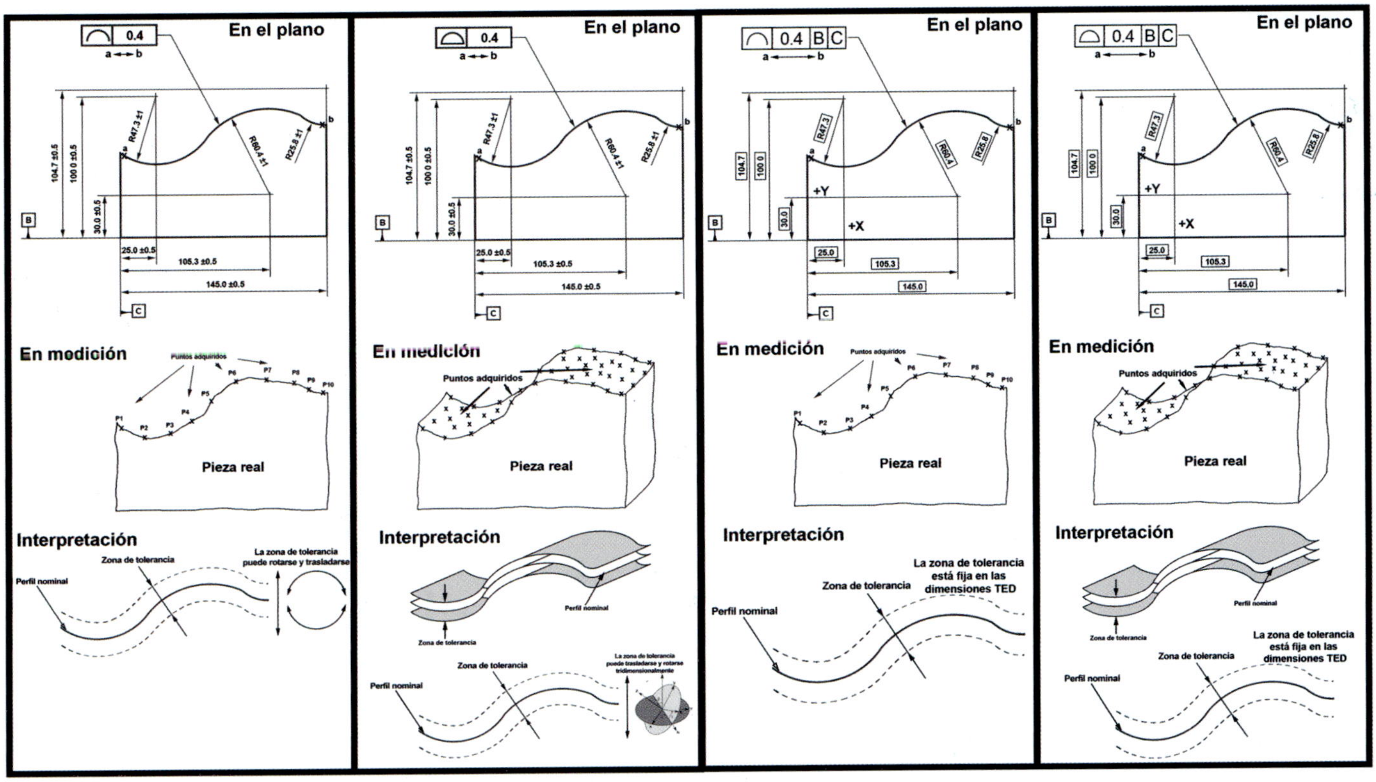

Figura 3.29. Interpretación de los errores de perfil.

☐ Tolerancias de orientación

Los errores de orientación siempre están relacionados con las referencias de pieza, o bien con otras geometrías que también se deberán indicar como de referencia (geometrías de referencia). Por este motivo la caja de tolerancia geométrica siempre llevará letra de *datum* o referencia.

Orientación	Angularidad	∠
	Perpendicularidad	⊥
	Paralelismo	//

Figura 3.30. Errores de orientación.

Aunque es cierto que se comprueban defectos angulares, lo que se mide no es un ángulo, sino una distancia lineal o diametral.

El concepto es similar a la planitud, pero en este caso no se necesita generar el plano por regresión o mejor ajuste, ya que la referencia será la indicada por la simbología. Como se puede ver en la Figura 3.31, la zona de tolerancia se aplicará paralela, perpendicular o a un ángulo indicado como dimensión teóricamente exacta (TED), según sea paralelismo, perpendicularidad o angularidad (también denominada inclinación).

Cuando este tipo de tolerancias se aplica a ejes, la zona de tolerancia se indica con el símbolo del diámetro (Ø). En estos casos, aunque el modo de aplicación es el mismo, hay que tener en cuenta que la zona de tolerancia deja de ser la distancia entre dos planos paralelos, para ser un cilindro del diámetro indicado.

En este tipo de tolerancias tampoco se ve dónde está la característica acotada. Lo que se ve es si está o no en la inclinación esperada, dentro del margen de error indicado.

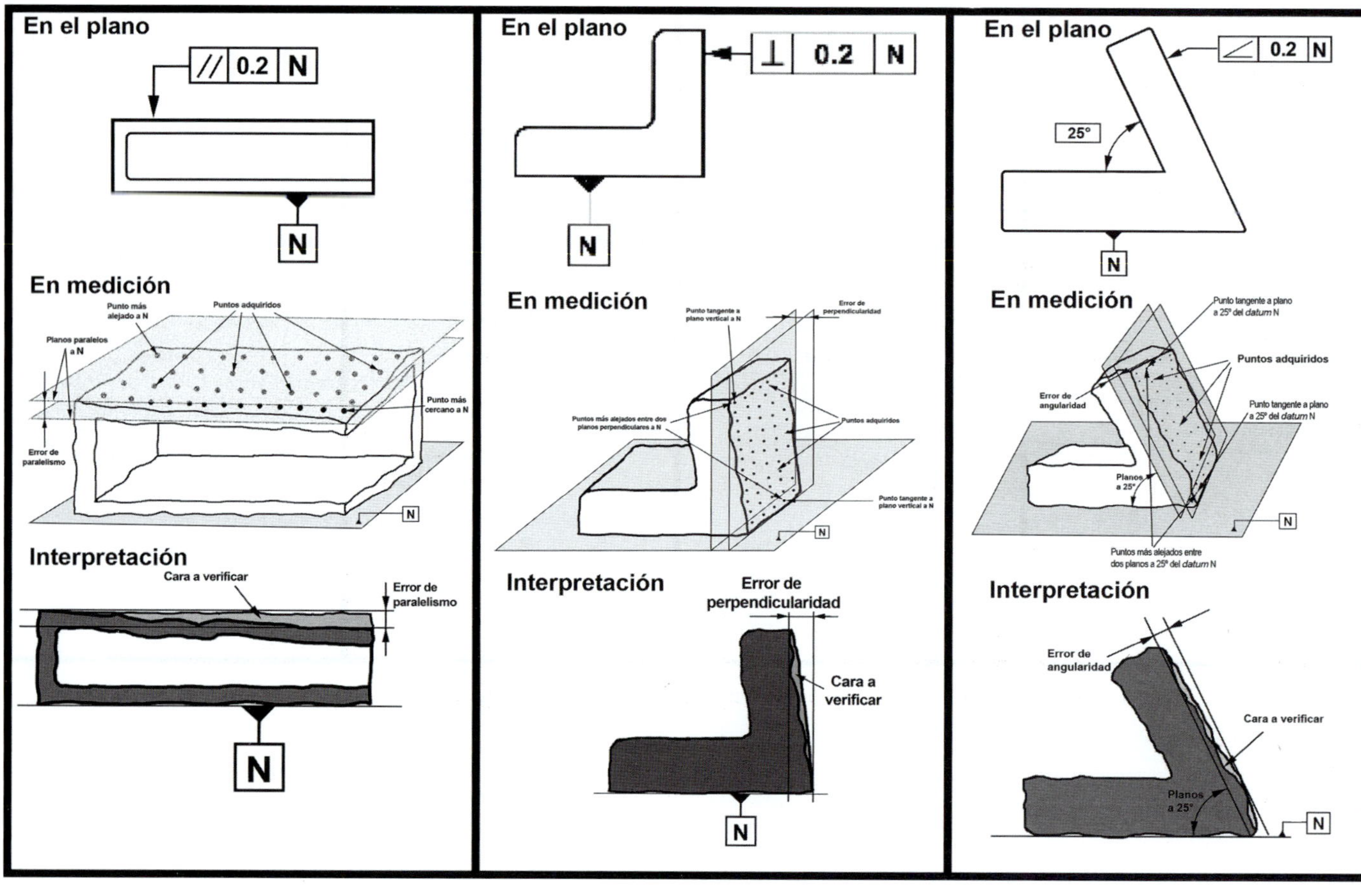

Figura 3.31. Interpretación de los errores de orientación.

> **Importante**
>
> Al medirse distancias a unos grados determinados, este tipo de tolerancias no cumple la propiedad conmutativa. Por ejemplo, no dará el mismo resultado el paralelismo de una cara de la pieza respecto a una geometría de referencia, que el paralelismo de la geometría de referencia respecto a esa misma cara de la pieza, ya que los tamaños no serán los mismos.

□ Tolerancias de localización

Los errores de localización siempre están relacionados con referencias de pieza, o bien con alguna geometría de referencia. Es posible que un patrón de agujeros no aparezca con letra de referencia, pero esto será porque todo el patrón sí estará relacionado e individualmente lo estarán entre ellos.

Localización	Posición verdadera	⌖
	Concentricidad	◎
	Simetría	⌯

Figura 3.32. Errores de localización.

Para el buen entendimiento de las tolerancias de localización hay que centrarse en la posición verdadera. Una consideración muy importante que debe tenerse en cuenta es que si el agujero de una pieza por donde pasará un tornillo o un eje está desviado dentro de unos límites aceptables, es decir, dentro de la tolerancia, esta desviación será aceptable en sus 360° posibles. Esto quiere decir que su tolerancia real será circular, pero cuando se acota por el método tradicional la tolerancia es cuadrada, ya que se le dará un valor ± en cada eje, se **inscribirá un cuadrado dentro de la zona real de tolerancia** ya que todas las piezas que superen el plano deben ser funcionales. Se puede ver un ejemplo comparativo en la Figura 3.33.

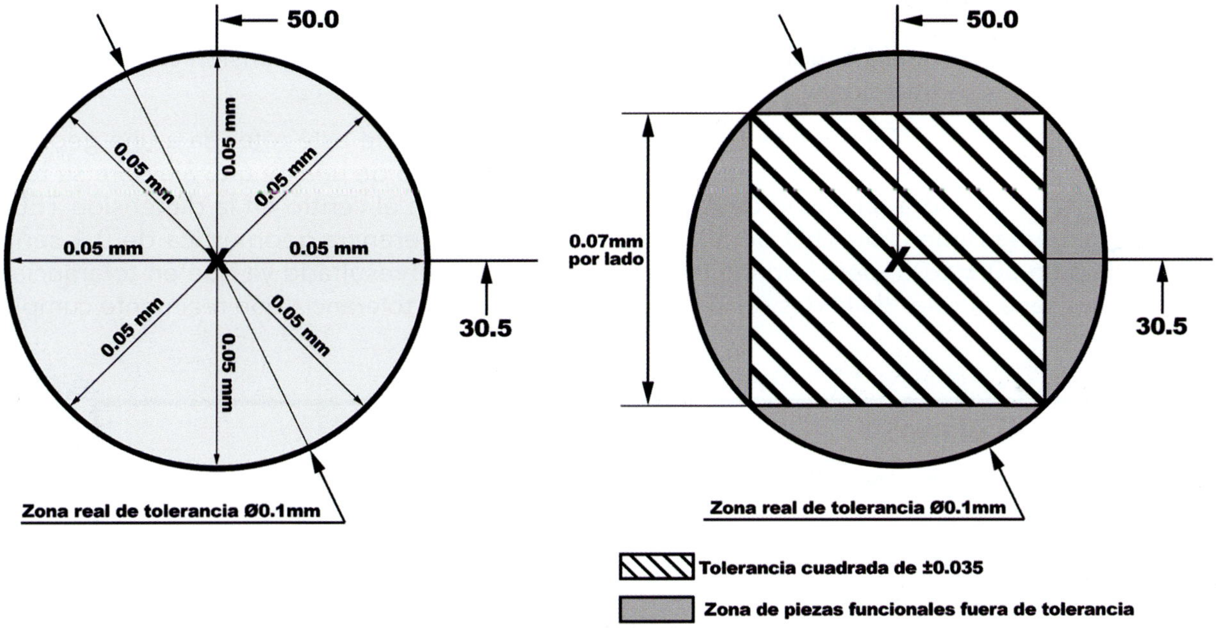

Figura 3.33. Comparación entre zona de tolerancia real y zona de tolerancia cuadrada.

La acotación en tolerancias geométricas permitirá aprovechar toda la zona de tolerancia por medio de acotar directamente el diámetro. Para ello, convertirá las dimensiones teóricas del centro, los nominales, en dimensiones teóricamente exactas (TED).

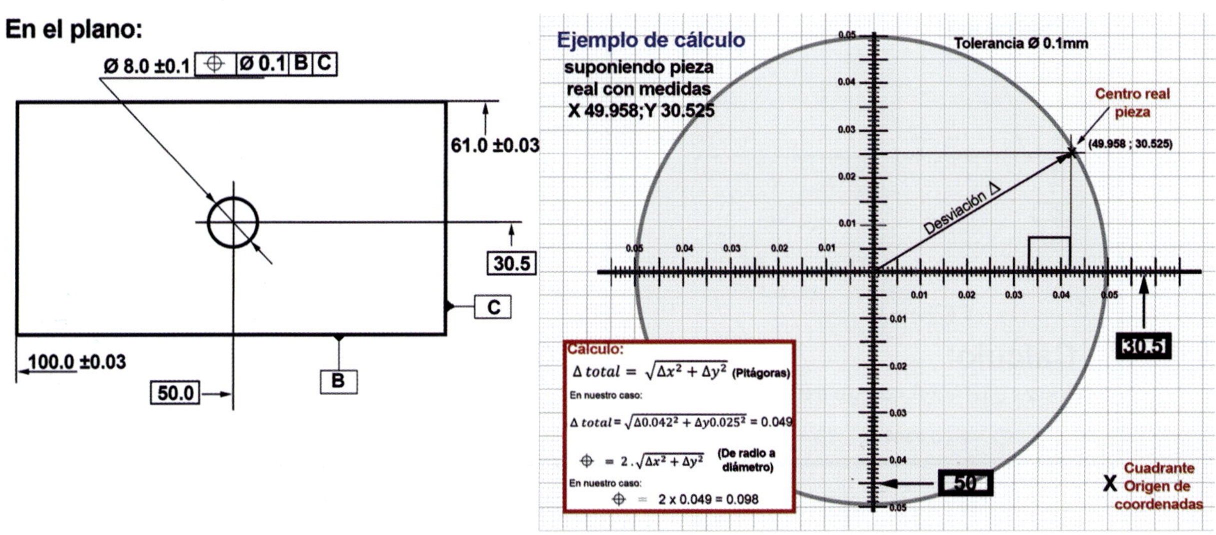

Figura 3.34. Ejemplo de tolerancia de posición verdadera en plano y su cálculo.

En la Figura 3.34 se puede ver un ejemplo de aplicación suponiendo medidas en una pieza real. Se observa que la desviación respecto a las coordenadas teóricas es la hipotenusa de un triángulo rectángulo del cual las desviaciones en las coordenadas X e Y serían los catetos.

Importante

En tolerancias geométricas lo que se especifica en el plano y, por tanto, lo que se reporta en medición no son desviaciones directas, sino anchos de tolerancias donde deben estar las piezas (plano) o anchos de tolerancias realmente cumplidos (pieza real).

Aplicando el teorema de Pitágoras se obtiene la desviación, pero como esta es en realidad el radio de la desviación real y lo que se necesita conocer es el diámetro, se debe multiplicar este resultado por dos.

En el caso de que la tolerancia de una posición verdadera no lleve el símbolo de diámetro, si está referida a dos referencias, se tendrá una tolerancia cuadrada, al igual que en el caso de una dimensión con tolerancia tradicional.

También se dan casos en que únicamente esté referida a una geometría, como podría ser la posición del centro de una ranura. Siempre se tendrá un ancho de tolerancia simétrico con el centro en la dimensión TED. Por ejemplo, una dimensión TED de 50 con un ancho de tolerancia geométrica de 0,1 sería asimilable a un 50 ± 0,05, pero variaría la forma de expresar el resultado ya que en tolerancias geométricas sería el valor de la desviación por dos (el ancho de tolerancia que realmente cumple la pieza real).

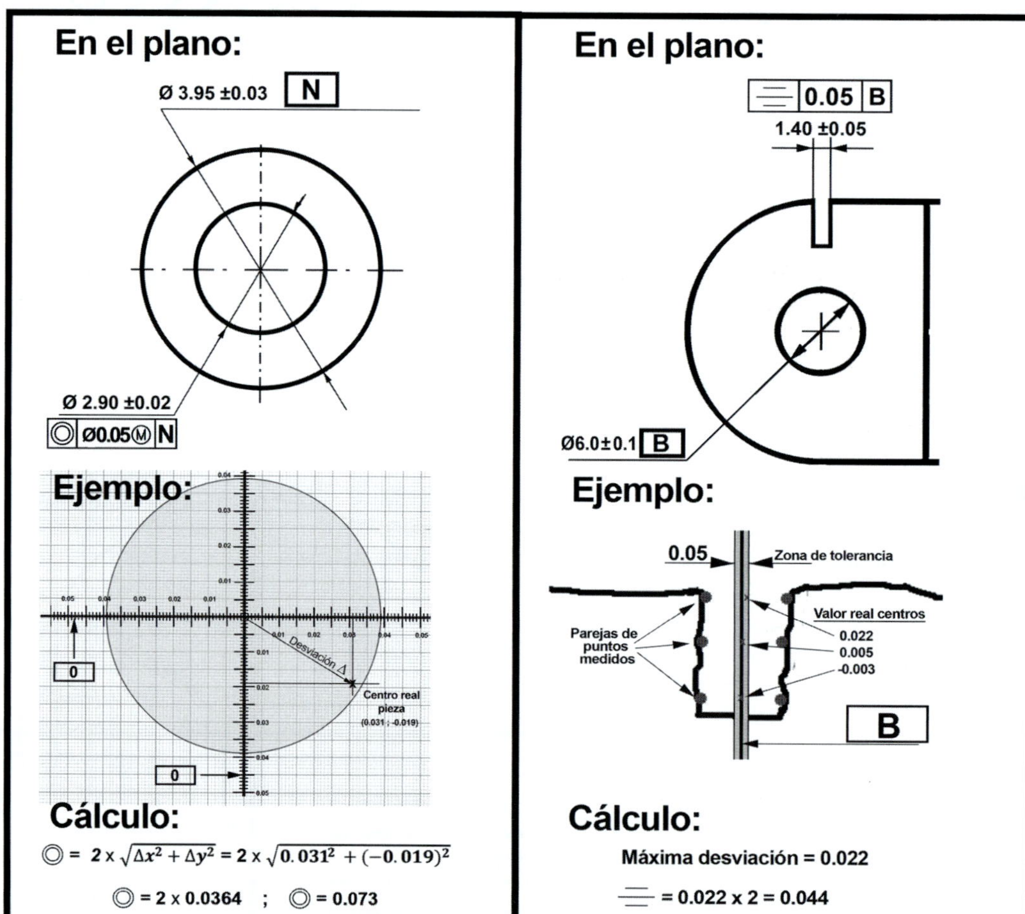

Figura 3.35. Interpretación de los errores de concentricidad y simetría.

Si se observa la Figura 3.35 se puede ver que el error de concentricidad es casi idéntico a la posición verdadera en diámetro y el de simetría al de posición verdadera con una referencia. La diferencia radica en que no van acompañados de dimensiones teóricas TED ya que estas son cero, por lo que no se indica en el plano. Cuando se indica una concentricidad entre dos eje recibe el nombre de **coaxialidad.**

Sabías que

Las tolerancias de concentricidad/coaxialidad y simetría desaparecieron de la norma norteamericana ASME 14.5 en 2018 al considerarse lo mismo que posición verdadera. Esto es así ya que en los planos 2D se tiende a poner el mínimo de dimensionado posible y utilizar como nominal el fichero CAD 3D, por lo que las dimensiones teóricamente exactas tienden también a desaparecer de los planos 2D y a acotarse todo con tolerancias geométricas.

□ Tolerancias de oscilación

Las tolerancias de oscilación, aunque pueden tener otras aplicaciones, están muy especialmente pensadas para piezas de revolución: son piezas que funcionan girando, que tienen algo que da vueltas a su alrededor, o que en el momento de su instalación tienen 360° grados de libertad (aunque una vez instaladas queden fijas).

Oscilación	Oscilación circular	↗
	Oscilación total	⇗

Figura 3.36. Errores de oscilación.

La norma establece que para su verificación hay que hacerlas rotar. Estas tolerancias deben evaluarse en dinámico.

Seguidamente se presenta un ejemplo de verificación usando como complementos bloques de acero en V (muy utilizados en talleres de mecanizado), una mesa de planitud como base y un reloj comparador como instrumento de medida.

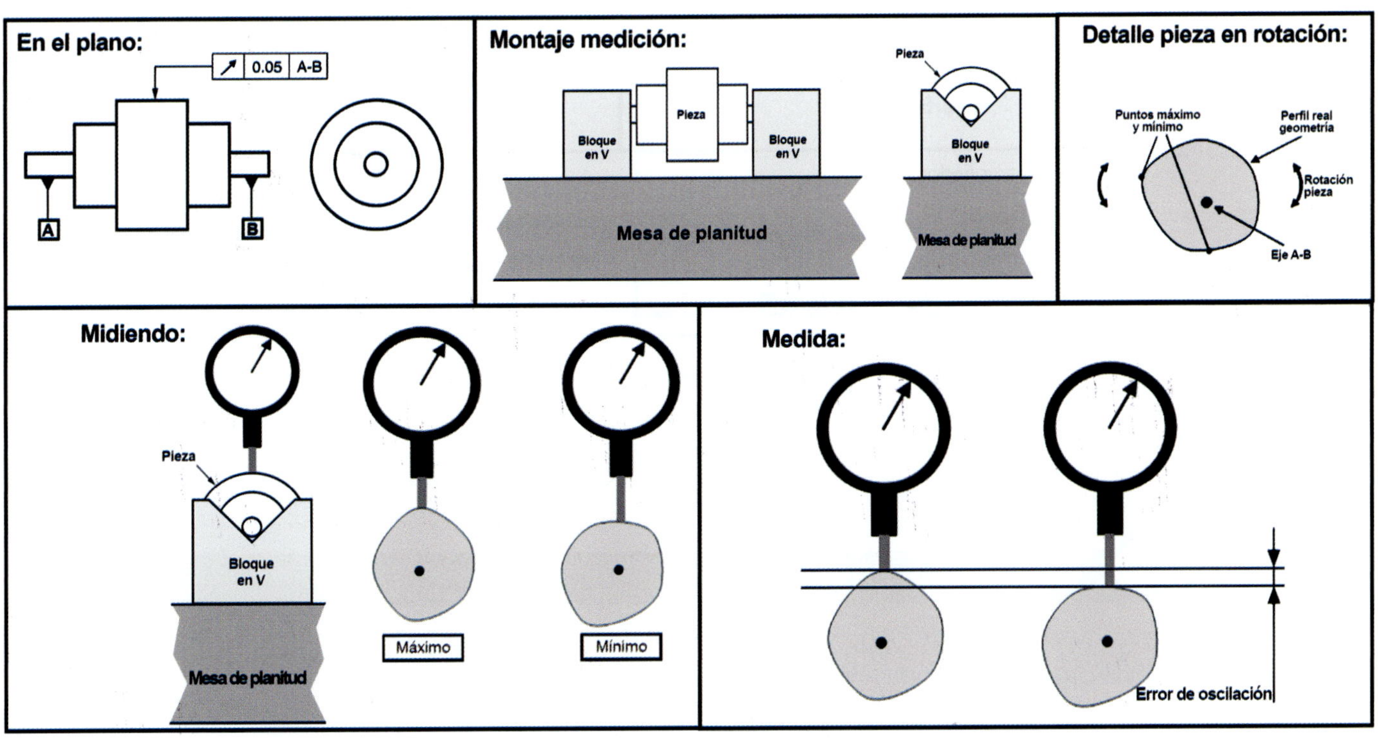

Figura 3.37. Medición del error de oscilación.

Sabías que

La tolerancia geométrica, además de lo visto en esta unidad, tiene distintos aspectos y modificadores (condición del material, zona común de tolerancia, medición en estado libre y un larguísimo etcétera) que la convierten en una verdadera filosofía de diseño, acotación, interpretación y medición de piezas.

En la Figura 3.37 se puede ver un ejemplo de medición e interpretación del error de oscilación. Se ve que el plano indica un error de oscilación circular o sección. Esto quiere decir que para cada revolución que se aplique a la pieza en las distintas secciones que se analicen, se realizará la diferencia entre los valores máximo y mínimo y se obtendrá el valor de oscilación, es decir, se obtienen tantos valores de oscilación como secciones analizadas.

Cuando se analiza la oscilación total o de superficie, todo el proceso será idéntico, pero con una importante diferencia: la operación a realizar será la diferencia entre el valor máximo de todas las secciones analizadas y el valor mínimo también de todas las secciones analizadas, por lo que se obtiene un único valor de error de oscilación para toda la geometría analizada.

3.5.5. Estados superficiales

El acabado superficial que tiene una pieza viene determinado básicamente por el material de esta, por el proceso de fabricación y los parámetros de este (velocidades, temperaturas, etc.). Como es lógico, también será un parámetro que debe tenerse muy en cuenta y se debe tener bajo control, ya que siempre afectarán los cambios de lote de la materia prima, los desgastes de los útiles de fabricación y las desviaciones en los procesos.

El parámetro más eficaz para su control es la evaluación de la rugosidad. Aunque en el Apartado 3.3.3 ya se ha visto su simbología, en este apartado se va a profundizar más en su significado.

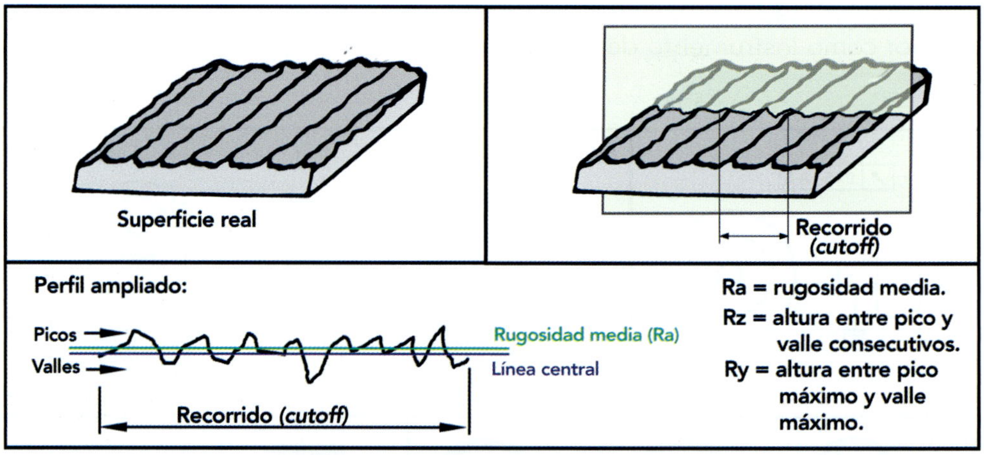

Figura 3.38. Valores de rugosidad.

En la Figura 3.38 se ve de forma gráfica el significado de los valores de rugosidad. En las Figuras 3.7 y 3.8 se recoge la simbología utilizada en los planos para su indicación.

Enlaces web de interés

https://www.une.org/ - Agencia reguladora de normas española.
https://dibujotecni.com/ - Web divulgativa de dibujo técnico.
https://www.youtube.com/channel/UCDjXzAc22V-7-7derf7h2hA
Canal de YouTube divulgativo de tolerancias geométricas.

Caso práctico RESUELTO

Identificación de tolerancias de dimensiones y formas

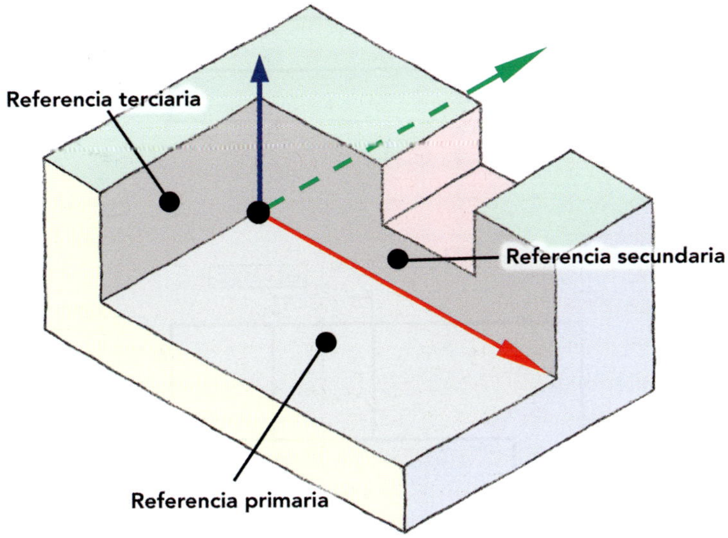

En la pieza de la figura se debe acotar en tolerancias geométricas lo siguiente:

a) Referencias.
b) Planitud, máximo de 0,1 de las caras de referencia.
c) Paralelismo máximo de 0,2 de la cara verde con referencia primaria.
d) Perpendicularidad, máximo de 0,2 de la cara azul con referencia secundaria.
e) Perfil en forma y posición máxima de 0,3 de la cara amarilla respecto a la referencia secundaria.
f) Posición verdadera máxima de 0,25 de la ranura roja respecto a la referencia terciaria.

Si se necesita alguna dimensión se utilizará la solución de la Actividad resuelta 3.1.

Solución:

a) Se han indicado las siguientes referencias: A como primaria, B como secundaria y C como terciaria.
b) A cada una de las referencias se le aplica una restricción de error en planitud de un máximo de 0,1 mm.
c) A la cara azul se le da una restricción de error de perpendicularidad máxima de 0,2 mm respecto a la referencia primaria A. El modificador CZ (zona común) se utiliza para que, aunque existan dos superficies distintas y separadas, estas se analicen como una única geometría.
d) A la cara verde se le da una restricción de error de paralelismo máxima de 0,2 mm respecto a la referencia secundaria B.
e) A la cara amarilla se le da una restricción de error de perfil de superficie (se trata de una superficie con un máximo de 0,3 mm respecto a la referencia secundaria B). Esta tolerancia va acompañada de una dimensión TED de 55 que es la que fija el centro de la tolerancia.
f) A la ranura roja se le da una restricción de error de posición máxima de 0,25 mm respecto a la referencia terciaria C. Esta tolerancia va acompañada de una dimensión TED de 55 que es la que fija el centro de la tolerancia.

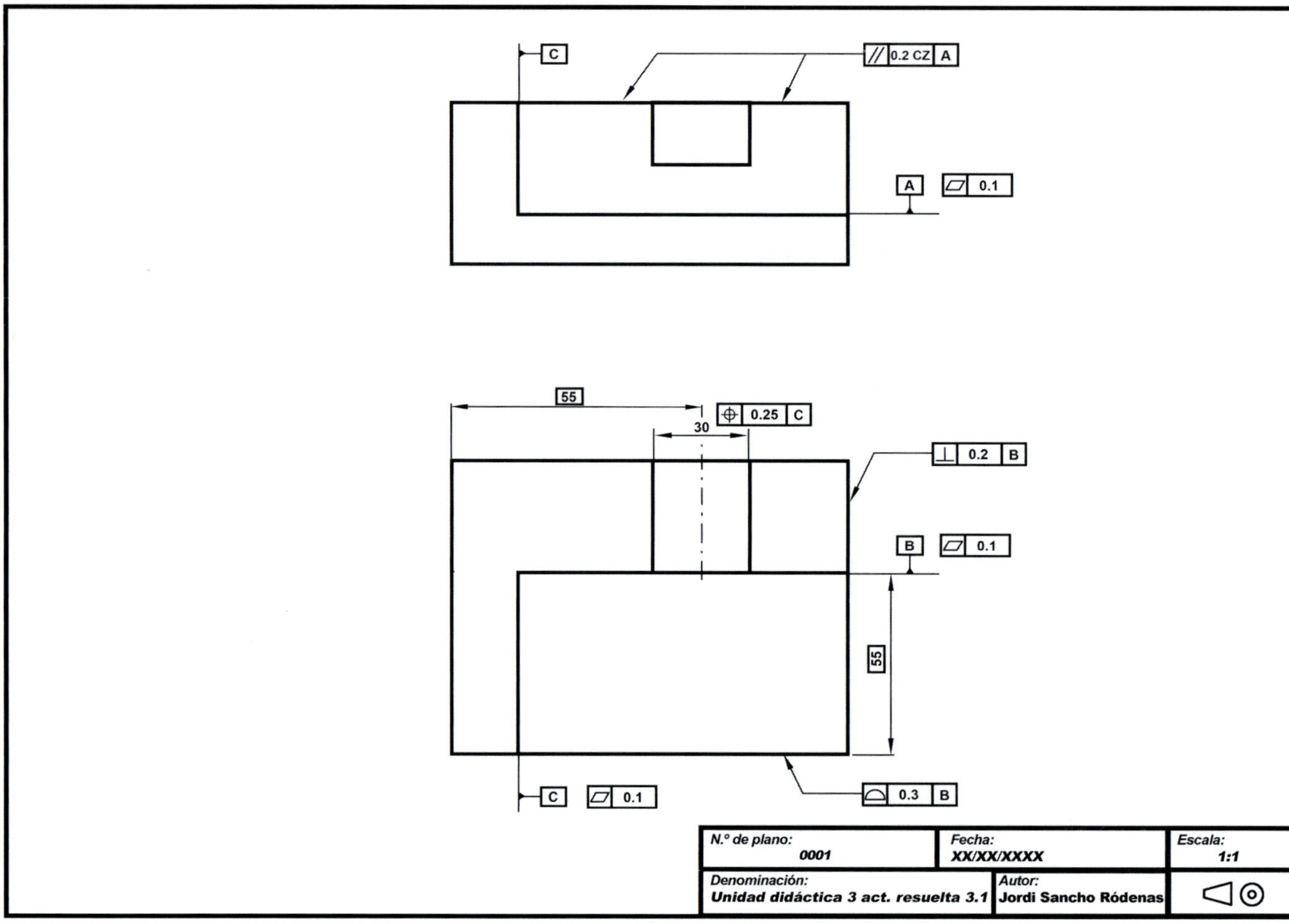
C
0.2 CZ
A
A
0.1
55
0.25
C
30
0.2
B
B
0.1
55
C
0.1
0.3
B
N.º de plano:
0001
Fecha:
XX/XX/XXXX
Escala:
1:1
Denominación:
Unidad didáctica 3 act. resuelta 3.1
Autor:
Jordi Sancho Ródenas

Caso práctico PROPUESTO

Identificación de tolerancias de dimensiones y formas

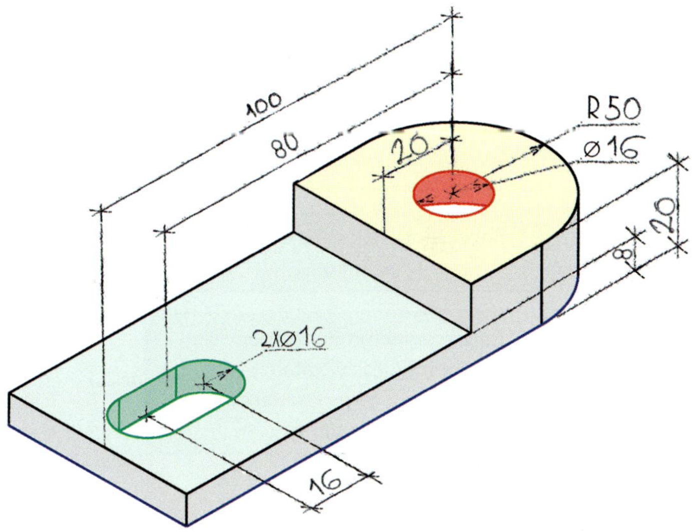

En un formato A4 con su cajetín debidamente cumplimentado acota los siguientes datos de la pieza de la figura en tolerancias geométricas:

a) Referencias haciéndolo por geometrías:

- Base delimitada en azul como principal.
- Diámetro de 16 (rojo) como segunda en importancia.
- Ranura de 16x16 (verde) como tercera en importancia.

Debes tener en cuenta que cuando se especifica una línea o eje entre dos geometrías se indica separando sus letras identificativas mediante un guion. Por ejemplo, la línea formada por la geometría N y la geometría M es la línea N-M.

b) Planitud, con un máximo de 0,1 de la cara de referencia primaria.

c) Paralelismo, con un máximo de 0,2 de la cara amarilla con referencia primaria.

d) Simetría, con un máximo de 0,2 del ancho de la pieza con el eje formado por el diámetro de 16 (rojo) y la ranura de 16x16 (verde).

e) Concentricidad del radio de 50 con el diámetro de 16 (rojo) de un máximo de 0,2.

Mapa conceptual

IDENTIFICACIÓN DE TOLERANCIAS DE DIMENSIONES Y FORMAS

- **Normalización. Concepto y tipos**
- **Nociones básicas sobre las normas: ISO, EN y UNE**
  - Normas nacionales, regionales e internacionales
- **Interpretación de los símbolos utilizados en planos de fabricación**
  - Representación de materiales
  - Representación de elementos de unión
    - Uniones desmontables
    - Uniones fijas
  - Representación de acabados, recubrimientos y tratamientos térmicos, termoquímicos y electroquímicos
    - Acabados
    - Recubrimientos
    - Tratamientos térmicos o termoquímicos
  - Representación de formas normalizadas (chavetas, roscas, guías, soldaduras y otros elementos normalizados)
- **Acotación**
  - Elementos de acotación
    - Cota
    - Referencia de cota
    - Línea de cota
    - Extremo de cota
  - Normas de acotación
  - Proceso de acotación
    - Acotación en serie
    - Acotación en paralelo
    - Acotación por coordenadas
- **Representación de tolerancias dimensionales, geométricas y superficiales**
  - Sistemas de acotación
  - Tolerancias lineales y angulares
  - Ajustes
    - Ajuste con juego
    - Ajuste con interferencia
    - Ajuste indefinido
  - Tolerancias geométricas
    - Referencias (*datums*)
    - Puntos de referencia (*target points*)
    - Dimensiones teóricamente exactas (TED) en norma ISO (dimensión básica en norma ASME)
    - Tolerancia de errores de forma
    - Tolerancias de errores de perfil
    - Tolerancias de orientación
    - Tolerancias de localización
    - Tolerancias de oscilación
  - Estados superficiales

DE COMPROBACIÓN

3.1. La normalización en una empresa viene establecida por:

a) Su dirección.

b) Las agencias de normalización reconocidas.

c) Las acordadas entre proveedor y cliente.

3.2. ¿Qué aporta la normalización?

a) La confianza necesaria entre proveedores, fabricantes y clientes.

b) Burocracia innecesaria.

c) La razón al cliente.

3.3. En la actualidad las normas de referencia son:

a) Internas de la empresa.

b) Únicamente nacionales.

c) Internacionales.

3.4. ¿Quién ejerce la representación española en las agencias internacionales de normalización?

a) ISO.

b) ASME.

c) AENOR.

3.5. ¿Cuál es la agencia de normalización de ámbito mundial?

a) XISO.

b) ASME.

c) AENOR.

3.6. ¿Está normalizada la simbología en el dibujo técnico?

a) No.

b) Únicamente a nivel europeo.

c) Sí, a nivel mundial.

3.7. Una cota es:

a) El valor numérico expresado normalmente en mm que debe cumplir una geometría.

b) El tamaño exacto que debe tener una geometría.

c) Valores orientativos de tamaño para fabricación.

3.8. La representación de los distintos materiales puede realizarse en el plano con:

a) El tipo de rayado en cortes y secciones.

b) Únicamente indicándolo en el cajetín.

c) Anotaciones al margen.

3.9. Las roscas en los planos:

a) Se dibujan siempre triangulares.

b) Se indican con línea fina sin dibujarlas.

c) Se representan según el tipo de rosca.

3.10. Los elementos de unión normalizados, en secciones y cortes:

a) Se rayan en sentido contrario al resto de las piezas.

b) No se seccionan.

c) No se dibujan.

3.11. En los sistemas de acotación, ¿cuál irá acumulando las tolerancias?

a) Sistema paralelo.

b) Sistema por coordenadas.

c) Sistema en serie.

3.12. ¿Cuál es el ajuste en el que siempre existirá holgura entre eje y agujero?

a) Ajuste indefinido.

b) Ajuste con interferencia.

c) Ajuste con juego.

3.13. ¿Qué es la tolerancia geométrica?

a) Un lenguaje de acotación y tolerancias.

b) Una simbología adicional.

c) Una indicación geométrica.

3.14. ¿Cuál es el parámetro más utilizado para evaluar la rugosidad?

a) R media.

b) Ra.

c) Pulgada.

Actividades finale

DE APLICACIÓN

3.15. Dibuja un tornillo de métrica 10 de 15 mm de longitud con cabeza hueca hexagonal.

3.16. Dibuja la tuerca correspondiente al tornillo de la Actividad 3.15.

3.17. Dibuja e identifica los distintos elementos de una cota.

3.18. ¿Qué es una tolerancia y por qué es imprescindible?

3.19. Representa una dimensión que puede ser admisible entre los valores 20,0 y 20,30 como:
- Tolerancia lineal simétrica.
- Tolerancia lineal asimétrica con límite inferior de -0.

3.20. Analiza los siguientes ajustes:
- 50 G7/f7
- 25 H7/g6

3.21. Enumera los distintos grupos de errores clasificados en tolerancias geométricas.

3.22. En cuanto a las referencias en una pieza:
- ¿Qué son y cómo se representan?
- ¿Y las geometrías de referencia?

3.23. En los errores de orientación, ¿qué representa el máximo error permitido, grados?

3.24. ¿A qué tipo de piezas se aplican principalmente los errores de oscilación?

3.25. Dibuja el perfil ampliado de una superficie e indica qué es Ra, Rz y Ry.

DE AMPLIACIÓN

3.26. Describe un ajuste con interferencia de diámetro 18. Pon un ejemplo.

3.27. Referencia la pieza del caso práctico propuesto utilizando puntos de referencia.

3.28. En el plano realizado del caso práctico propuesto, en norma ASME:
- ¿Cómo indicarías la concentricidad de máximo 0,2 del radio 50 con el diámetro de 16 (rojo)?
- ¿Cómo indicarías la simetría de máximo 0,2 del ancho de pieza con el eje formado por el diámetro de 16 (rojo) y la ranura de 16x16 (verde)?

3.29. En el plano realizado del caso práctico propuesto, añade la perpendicularidad, máximo 0,1 del diámetro de 16 (rojo) respecto a la base de la pieza (perfilada en azul).

Realización de croquis de utillajes y herramientas

4

Principalmente en el taller, en muchas ocasiones es preciso saber desenvolverse realizando un croquis constructivo a mano alzada sin ningún otro utensilio que un lápiz y un cuaderno. Para la realización de un croquis se puede partir bien de una idea, o bien de algo físico, pero al igual que un plano servirá como herramienta de comunicación para la elaboración de un utillaje o herramienta. En este caso, será una herramienta de comunicación interna.

El hecho de ser una herramienta de comunicación interna no significa que sea algo que no se rige por normas, orden o limpieza, por lo que debe prestarse mucha atención en su elaboración.

El croquis de un utillaje o herramienta puede convertirse en un plano o directamente en el producto croquizado, por lo que es importante prestarle una especial atención.

Contenidos

Objetivos

- Aprender las técnicas de croquización a mano alzada.
- Desarrollar las vistas adecuadas partiendo de un modelo o idea.
- Aplicar la croquización a mano alzada al desarrollo de utillajes y herramientas.
- Realizar la croquización de forma limpia y ordenada.

4.1. Técnicas de croquización a mano alzada

El hecho de trabajar sin apenas útiles de dibujo técnico, normalmente con papel y lápiz, no significa que el resultado esperado pueda ser un mal dibujo sin unas formas realmente geométricas. Para poder conseguir un resultado óptimo existen unas técnicas que se deben aprender y entrenar.

En la croquización siempre hay un primer paso que debe tenerse en cuenta y que, aunque sea evidente, en ocasiones se olvida. No será lo mismo dibujar con lápiz o portaminas, que dibujar con bolígrafo o rotulador. Si elegimos el uso de lápiz o portaminas podremos borrar y rectificar nuestro croquis, mientras que la opción del bolígrafo o rotulador no nos lo permite. Es por este motivo que el croquizado con bolígrafo o rotulador únicamente es usado por personas que ya tienen una destreza muy desarrollada ya que en caso de error deberá repetirse todo el croquis.

Si somos precisos y sistemáticos desde el principio, tendremos mayores posibilidades de conseguir un buen resultado.

También se puede croquizar directamente con bolígrafo o rotulador, pero esto se hará siempre que esté muy desarrollada la destreza de la persona que dibuja.

Todo lo ya visto en la Unidad 2 en cuanto a normas de líneas, despliegues, cortes, secciones, roturas, etc., es válido también para un croquis, ya que igualmente hay que regirse por las normas de dibujo técnico.

Figura 4.1. Sujeción correcta del lápiz.

☐ Sujeción del lápiz y postura

La postura y sujeción del lápiz serán factores determinantes en el buen trazado y resultado final del croquis. Son las primeras técnicas que deben practicarse.

Los dedos deberán estar a unos tres o cuatro centímetros de la punta del lápiz o portaminas y el brazo relajado sin estar apoyado en la mesa. La mano nunca se deberá deslizar por encima de la hoja, ya que se podría ensuciar el dibujo al arrastrar el carboncillo de lo ya dibujado.

El trazado debe realizarse intentando flexionar el brazo lo menos posible, de modo que actúe como una única herramienta.

Importante

Las técnicas de trazado a mano alzada deben practicarse para desarrollar la habilidad y llegar a obtener resultados óptimos. Conseguiremos realizar buenos croquis a mano alzada, usando las técnicas adecuadas a cada trazado, habiendo adquirido la habilidad suficiente por medio de la práctica.

4.1.1. Técnica para el trazado de líneas rectas

El trazado de una línea recta debe hacerse de forma decidida habiendo planificado mentalmente cuáles serán sus puntos inicial y final. A modo de práctica inicial, estos puntos de inicio y final se pueden marcar físicamente en el papel. También a modo de práctica ayudará hacer el movimiento de trazado dos o tres veces sin marcar en el papel, para marcarlo realmente en el siguiente movimiento.

Los diestros trazarán las líneas de izquierda a derecha, mientras que los zurdos lo harán de derecha a izquierda, siempre con la idea de que la mano pase por encima de lo ya dibujado el menor número de veces posible y, de este modo, minimizar el riesgo de ensuciar el croquis. Las líneas verticales y diagonales se dibujarán de arriba abajo.

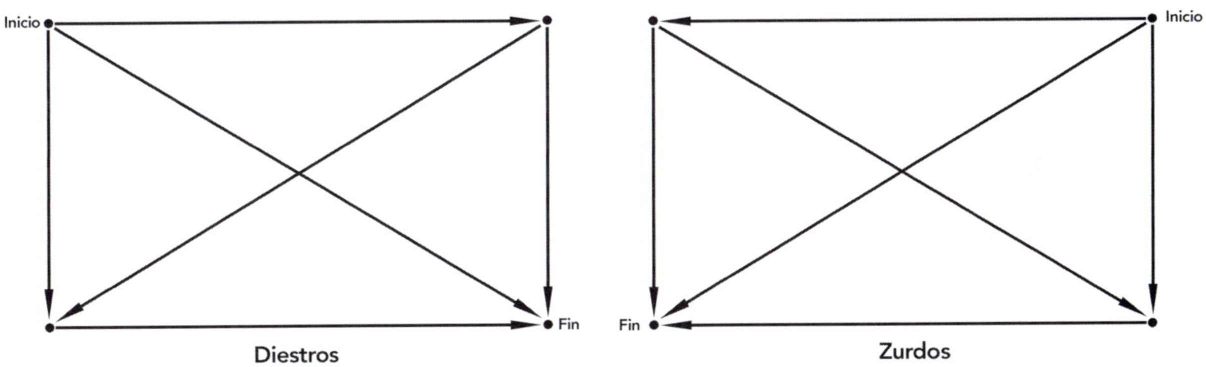

Figura 4.2. Dirección del trazado de líneas rectas.

Mentalmente hay que haber planificado la progresión que se irá realizando en el croquis, siempre con la idea de evitar deslizar la mano por encima de la parte ya dibujada el menor número de veces posible para conseguir la máxima limpieza.

Cuando las líneas sean muy largas se pueden realizar con varios trazos cortos, por ejemplo, de unos cinco centímetros. Para que no se aprecien tonalidades más oscuras ni diferentes grosores no se deben superponer los distintos trazos, sino que se dejará un espacio entre ellos tan estrecho que apenas resulte perceptible.

Actividad resuelta 4.1

Dibuja cuatro cuadrados en hojas diferentes de aproximadamente 20 mm x 20 mm.

a) Rellena el primero de líneas horizontales paralelas con una separación de 10 mm entre ellas.

b) Rellena el segundo de líneas diagonales paralelas con 10 mm de separación entre ellas, de izquierda a derecha y de arriba abajo.

c) Rellena el tercero de líneas diagonales paralelas con 10 mm de separación entre ellas de izquierda a derecha, y de abajo arriba.

d) Rellena el cuarto de líneas verticales paralelas con 10 mm de separación entre ellas.

Para lograr una correcta ejecución puedes marcar los puntos inicial y final de cada una de las rectas.

Solución:

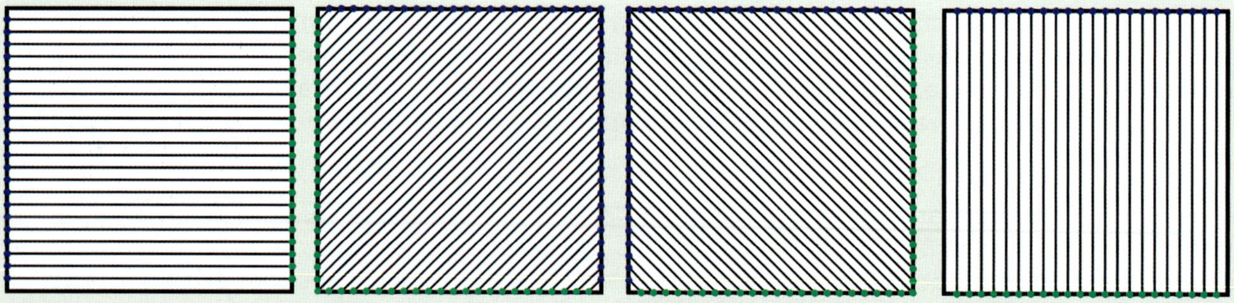

Diestros
Inicio azul, final verde, de arriba abajo.
Zurdos
Inicio verde, final azul, de arriba abajo.

Diestros
Inicio azul, final verde, de arriba izquierda abajo derecha.
Zurdos
Inicio azul, final verde, de abajo derecha arriba izquierda.

Diestros
Inicio azul, final verde, de abajo izquierda arriba derecha.
Zurdos
Inicio azul, final verde, de arriba derecha abajo izquierda.

Diestros
Inicio azul, final verde, de izquierda a derecha.
Zurdos
Inicio azul, final verde, de derecha a izquierda.

Importante

Con la práctica se mejoran el pulso y la destreza, lo que proporcionará una muy buena base para el croquizado. Las direcciones indicadas son una recomendación que, en la mayoría de los casos, son muy útiles, pero no son invariables ya que la destreza individual puede hacer que varíen en algún caso.

4.1.2. Elementos para el croquizado

Como ya se ha definido anteriormente, un croquis es un dibujo técnico realizado a mano alzada y no por ello debe ser subestimado. Debe ser un dibujo que permita la construcción de utillajes y herramientas, por lo que deberá incluir ciertos elementos fundamentales, que se detallan a continuación.

☐ Proporcionalidad

El croquis debe mantener una proporcionalidad en sus formas. Si bien es imposible exigirle una escala al tratarse de un dibujo a mano alzada, sí deberá mantener una proporcionalidad en sus tres ejes que ofrezca una idea clara a quien deba interpretarlo.

☐ Acotación/medidas

La acotación es el dimensionado gráfico del dibujo por medio de líneas indicativas donde se expresan las medidas reales de cada geometría del elemento dibujado. Estas líneas indicativas suelen transcurrir de forma paralela al propio dibujo con un trazado más suave para su fácil y perfecta distinción.

Como puede observarse en la Figura 4.3, el croquis no es necesariamente un dibujo perfecto, pero sí debe ser limpio, proporcionado y debe estar perfectamente acotado en todas sus dimensiones y con medidas exactas. Hay que pensar que el croquis puede derivar en un dibujo técnico normalizado e, incluso, en la elaboración práctica de lo croquizado, por lo que siempre deberá tener totalmente completa toda la información necesaria.

Las líneas de cota deben distinguirse claramente de las geometrías de pieza, por lo que serán líneas más suaves y delgadas. También se les trazarán líneas de corte para la perfecta distinción de los extremos de cota.

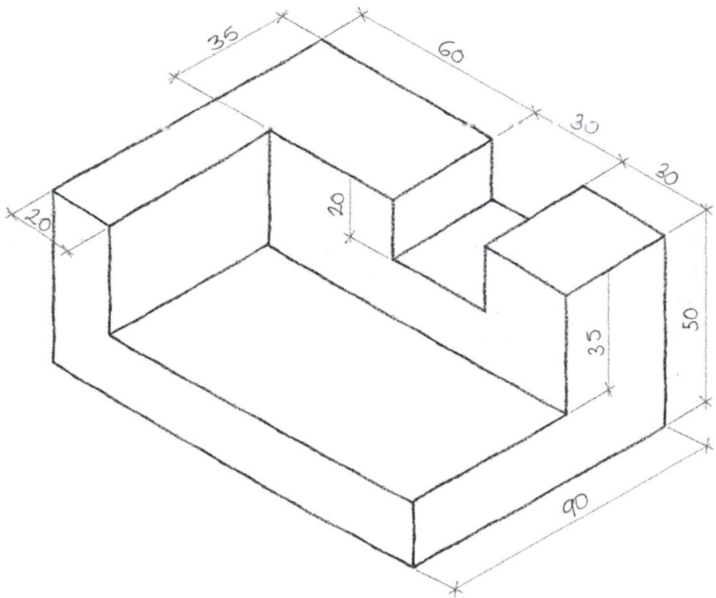

Figura 4.3. Croquis a mano alzada acotado.

□ Anotaciones

En los casos que se considere oportuno se pueden realizar anotaciones al margen, o bien acompañando alguna cota para que en el resultado final no pueda existir duda.

4.1.3. Croquizado de figuras planas, arcos y circunferencias

Después de haber practicado y adquirido cierta destreza con el trazado de líneas rectas se puede afrontar el trazado de figuras planas. Este trazado puede ser dividido en dos etapas fundamentales:

1. Realizar líneas de apoyo que ayudarán en la elaboración de la figura, tales como paralelas, tangentes, vértices, divisiones, etc. Estas líneas deben ser trazadas muy suavemente para que únicamente sean perceptibles a la propia vista y que una vez finalizada la figura puedan se borradas sin dejar rastro alguno (consultar el Apartado 4.1.5).
2. Una vez que se tengan todos los apoyos necesarios, se trazará la figura, ahora sí, con trazo firme y fuerte.

□ Trazado de rectángulos y cuadrados

En el trazado de estas figuras se tendrá en cuenta lo siguiente:

1. En este caso las líneas de apoyo serán líneas paralelas horizontales y verticales. Para conseguir una correcta proporcionalidad se pueden realizar líneas divisoras intermedias.

2. Se reforzarán con trazo firme y fuerte las líneas de contorno del rectángulo o cuadrado sin perder nunca de vista el punto final de la línea que se está trazando.
3. En el caso de que las líneas auxiliares no requieran volver a ser utilizadas deben ser borradas una vez terminada la figura.

Figura 4.4. Croquizado de un cuadrado.

□ Trazado de polígonos

En el trazado de polígonos conviene tener lo siguiente en cuenta:

1. Con líneas de apoyo se trazan los ejes y los vértices del polígono poniendo especial cuidado en que todo quede debidamente proporcionado.
2. Se trazará con línea suave, como si fuera de apoyo, el polígono a croquizar, comprobando que quedará como se desea.
3. A continuación se reforzará con trazo firme y fuerte el polígono deseado.
4. Por último se procederá a borrar las líneas auxiliares que ya no vayan a ser utilizadas.

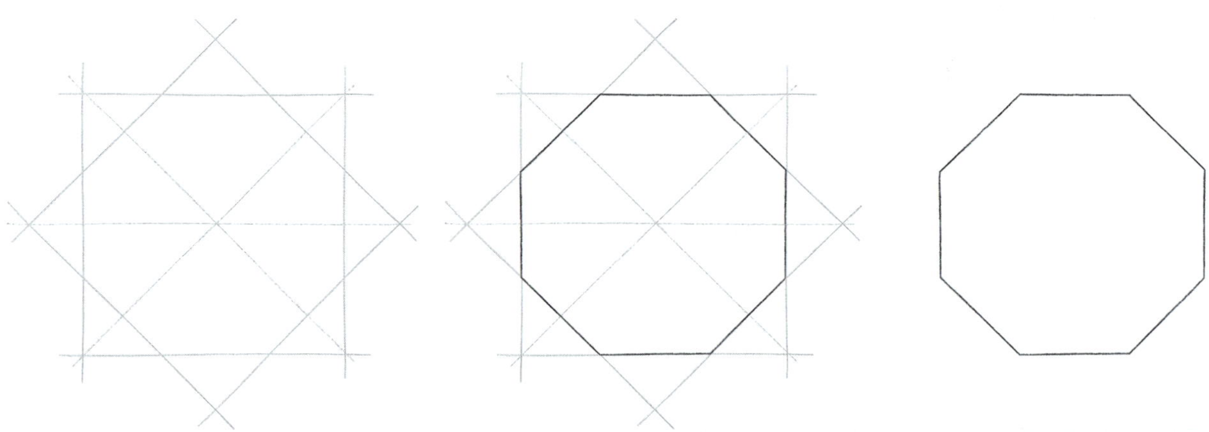

Figura 4.5. Croquizado de un polígono.

☐ Trazado de circunferencias

Para el trazado de circunferencias también se deberá tener en cuenta el tamaño de estas. En los tres casos que se verán a continuación, al finalizar se borran las líneas auxiliares que ya no vayan a ser utilizadas.

Circunferencia de pequeño diámetro

1. Se dibuja con líneas de apoyo un cuadrado del tamaño por lado igual al diámetro de la circunferencia a trazar.
2. Se inscribirá la circunferencia dentro del cuadrado dibujado, primero con línea suave para reforzarla una vez que se compruebe que la circunferencia queda como se desea.

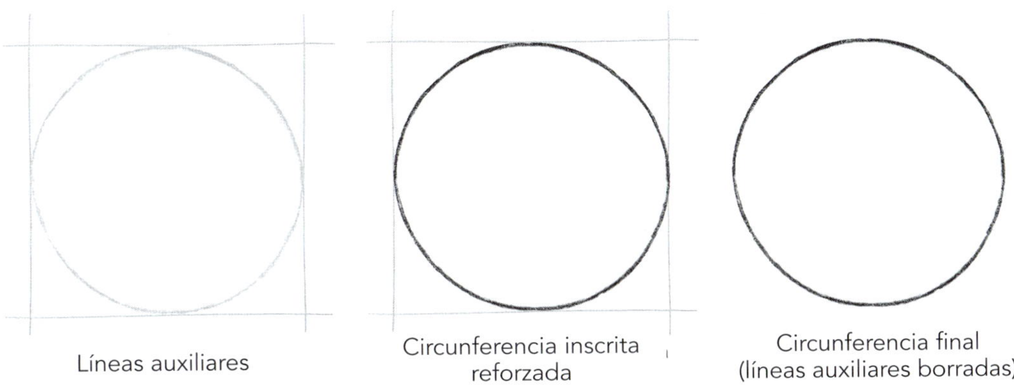

Figura 4.6. Croquizado de una circunferencia de pequeño diámetro.

Circunferencia de diámetro mediano

1. Se dibuja con líneas de apoyo un cuadrado del tamaño por lado igual al diámetro de la circunferencia a trazar.
2. Este cuadrado se divide por sus mitades horizontal y vertical, con lo que se obtienen los puntos tangenciales que tendrá la circunferencia dentro del cuadrado.
3. Se trazarán con línea suave los cuatro arcos que unen los puntos tangenciales, obteniendo en su conjunto una circunferencia inscrita dentro del cuadrado de apoyo.
4. Se reforzará con trazo firme y fuerte la circunferencia obtenida una vez que se compruebe que la circunferencia queda como se desea.

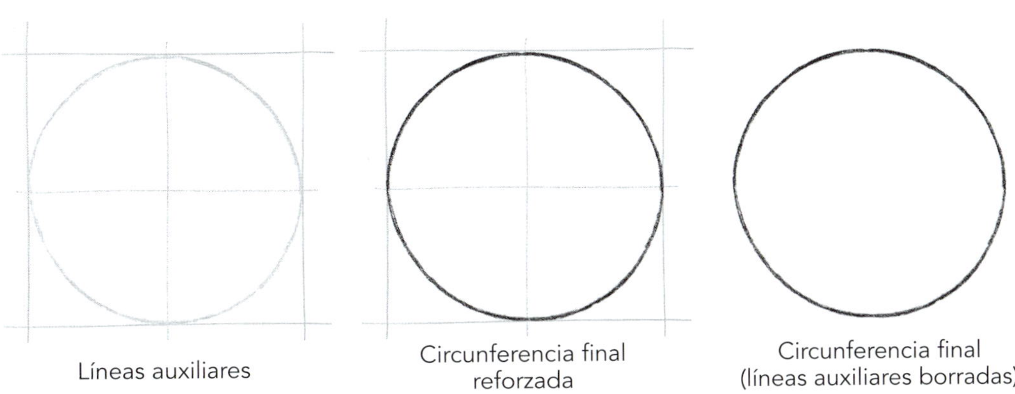

Figura 4.7. Croquizado de una circunferencia de diámetro mediano.

Circunferencia de diámetro grande

1. Se dibuja con líneas de apoyo un cuadrado del tamaño por lado igual al diámetro de la circunferencia a trazar.
2. El cuadrado se divide por sus mitades horizontal y vertical, con lo que se obtendrán los puntos tangenciales que tendrá la circunferencia dentro del cuadrado.
3. Se trazan como líneas de apoyo también las diagonales del cuadrado.
4. Se marca en las diagonales con trazo suave el radio de la circunferencia desde el centro del cuadrado.
5. Se traza muy suavemente cada porción de arco hasta completar la circunferencia.
6. Se reforzará con trazo firme y fuerte la circunferencia obtenida una vez que se compruebe que la circunferencia queda como se desea.

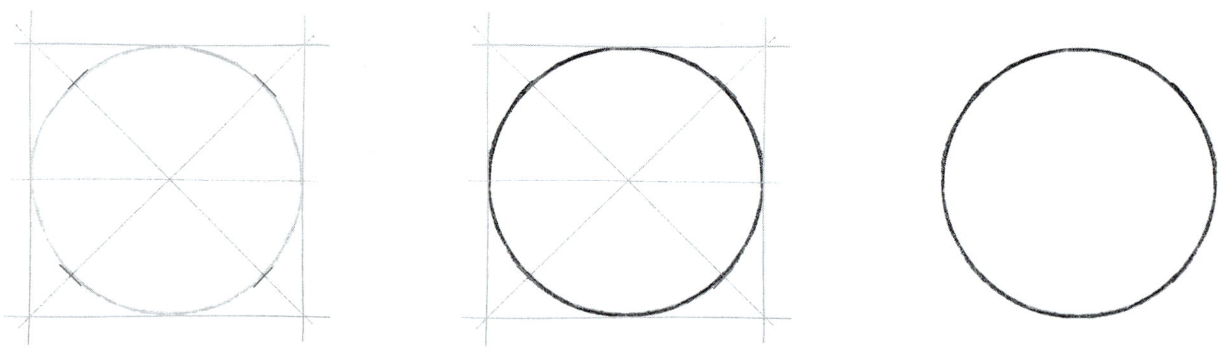

Líneas auxiliares | Circunferencia final reforzada | Circunferencia final (líneas auxiliares borradas)

Figura 4.8. Croquizado de una circunferencia de diámetro grande.

Actividad resuelta 4.2

Dibuja a mano alzada:

a) Un cuadrado.
b) Un octógono.
c) Una circunferencia pequeña.
d) Una circunferencia mediana.
e) Una circunferencia grande.

Solución:

a) Figura 4.4.
b) Figura 4.5.
c) Figura 4.6.
d) Figura 4.7.
e) Figura 4.8.

4.1.4. Toma de datos necesarios para la croquización

Antes de comenzar el croquis de una pieza, utillaje o conjunto se deberá comenzar por una toma exhaustiva de datos, anotando partes, formas, medidas, detalles, etc., todo lo que se pueda necesitar. La observación será en este momento la mejor herramienta. Para esta tarea se debe invertir el tiempo que sea necesario, sin prisas. Lo verdaderamente importante es que cuando se comience a realizar el croquis ya se tenga una imagen clara en la imaginación del objeto y del resultado final que se le imprimirá al croquis.

Figura 4.9. Observación detallada previa al croquizado.

4.1.5. Trazados preparatorios proporcionales

Previo a la realización del croquis, se deben realizar las líneas auxiliares que se consideren oportunas y que ayudarán en la buena realización del croquis. Estas líneas serán realizadas con trazo muy suave, casi imperceptible, ya que deberán borrarse tras la finalización del croquis.

Las líneas auxiliares serán tanto horizontales como verticales o diagonales y, sobre ellas, es habitual realizar marcas igualmente suaves a medidas concretas; en realidad, cualquier línea, punto, cruz, etc., que pueda resultar de apoyo, así como para asegurar la proporcionalidad de lo que se tenga que croquizar.

Importante

Remarcar que las líneas y marcas auxiliares deben realizarse de forma muy suave, prácticamente imperceptibles a la vista, ya que deberán borrarse a la finalización sin dejar rastro alguno.

4.1.6. Distribución de la representación en el formato

Previo a comenzar la realización del croquis, se deben haber planificado muy bien las vistas, los detalles y los cortes a representar, así como su distribución sobre el papel.

Hay que seleccionar el tipo de despliegue de vistas que se vaya a utilizar, europeo o americano, y que este quede perfectamente indicado en el croquis. Teniendo claro el tipo de despliegue y las vistas se determina su posición en el papel.

Importante

No hay que excederse con las vistas, los detalles, los cortes y las secciones a representar; únicamente se utilizará lo justo y necesario, ya que el exceso puede generar confusión.

La incorporación de alguna vista en perspectiva siempre ayudará a una correcta interpretación del objeto o conjunto representado.

El tamaño del papel debe permitir dibujar cada geometría y detalle con la suficiente resolución para una clara interpretación. Para ello, será determinante la escala de representación que se utilice. Esta escala no tiene por qué ser una escala estandarizada, pero sí debe guardar proporcionalidad en todos los ejes del objeto o conjunto representado. Usar ampliaciones en piezas o zonas con geometrías pequeñas siempre será aconsejable.

4.1.7. Dibujo a mano alzada de cuerpos tridimensionales

Como ya se ha dicho en apartados anteriores, un croquis donde aparezca una vista en perspectiva para dar mayor claridad a lo croquizado, e incluso el croquis de una pieza no muy compleja ya acotado como única vista (Figura 4.3), puede ser un recurso a tener muy en cuenta.

En dibujo técnico mecánico, las perspectivas más utilizadas son la caballera y la isométrica. La proyección cónica suele ser más utilizada en arquitectura. En este apartado se verá cómo convertir las figuras planas en elementos tridimensionales.

☐ Trazado de cubos y poliedros

Para el trazado de poliedros se debe partir de la representación plana de una de sus caras. Tomaremos como ejemplo la elaboración de un cubo. Como siempre, se comienza a croquizar con trazos muy suaves, casi imperceptibles.

1. En primer lugar, se procede a la representación plana de un cuadrado como la cara frontal del cubo.
2. Desplazado en diagonal se replica la representación plana del cuadrado que se convertirá en la cara posterior del cubo.
3. Se unen las aristas vistas.
4. Se borran ahora las partes no visibles.
5. Se refuerzan con trazo fuerte las líneas vistas finales del cubo.

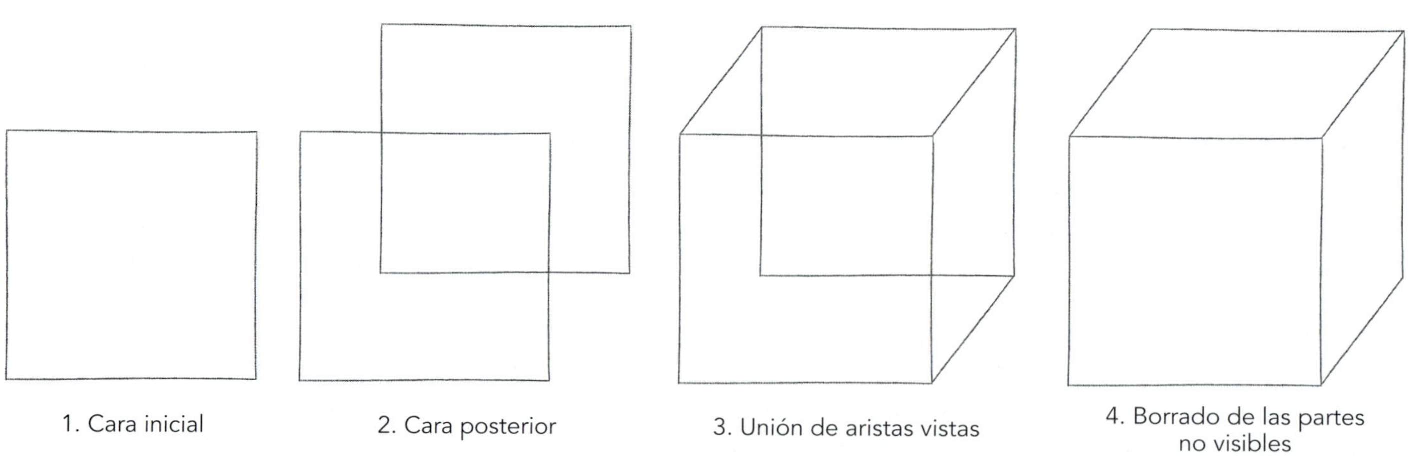

Figura 4.10. Croquizado de un cubo.

Si en lugar de partir de un cuadrado horizontal se hiciera aplicándole algo de inclinación, el resultado sería más realista.

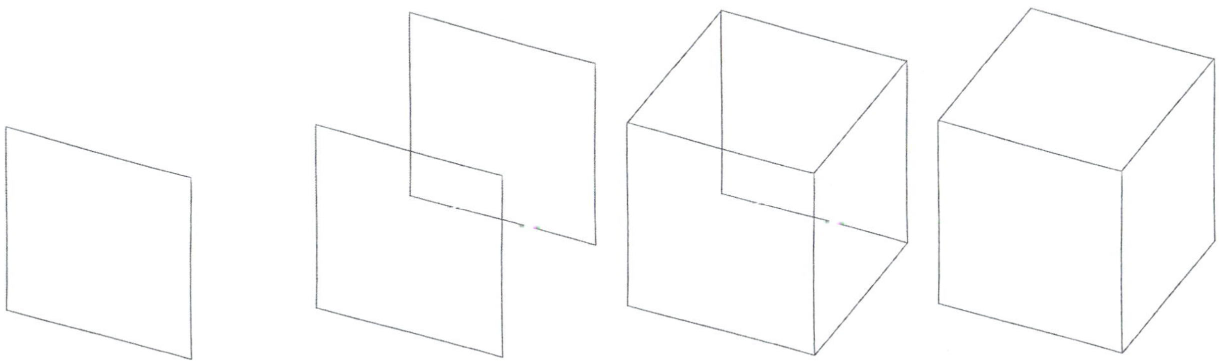

Figura 4.11. Croquizado de un cubo inclinado.

Para el croquizado de poliedros siempre se utiliza la misma técnica; la única diferencia será el número de aristas a unir.

Actividad resuelta 4.3

Dibuja a mano alzada el mismo croquis que aparece en la Figura 4.3.

Solución:

Figura 4.3.

☐ Trazado de cilindros y conos

Para croquizar un cilindro se debe partir de un cubo o de un prisma con dos de sus caras cuadradas, dibujado frontalmente (Figura 4.10), trazando líneas auxiliares (trazo suave casi imperceptible) y con todas sus aristas visibles o no.

1. En primer lugar se procede a la representación de un prisma completo.
2. Se dibuja una circunferencia en perspectiva en dos de sus caras opuestas. Para ello, hay que fijarse primero en una de las caras inclinadas del prisma.
   a) Se marca el centro de cada uno de sus cuatro lados.
   b) Se unen los puntos marcados con curvas.
3. Se unen las dos tangentes visibles.
4. Se refuerzan con trazo fuerte las líneas vistas finales del cilindro.
5. Por último, se borran todas las líneas auxiliares.

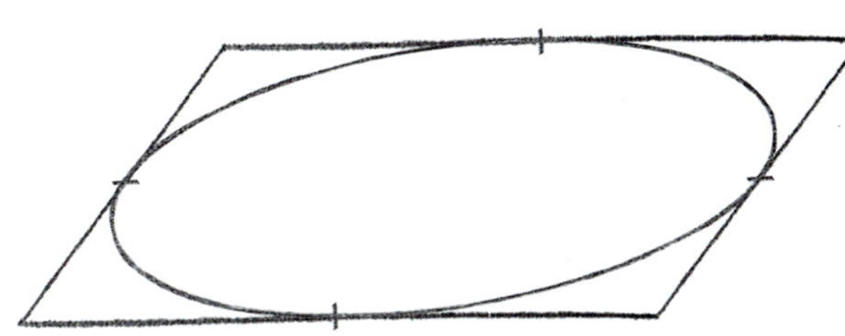

Figura 4.12. Circunferencia en perspectiva.

Para croquizar un cono, el procedimiento es muy similar al del cilindro, pero se sustituye la circunferencia inclinada superior por un punto central, que será el punto de unión de las aristas del cono (Figura 4.14).

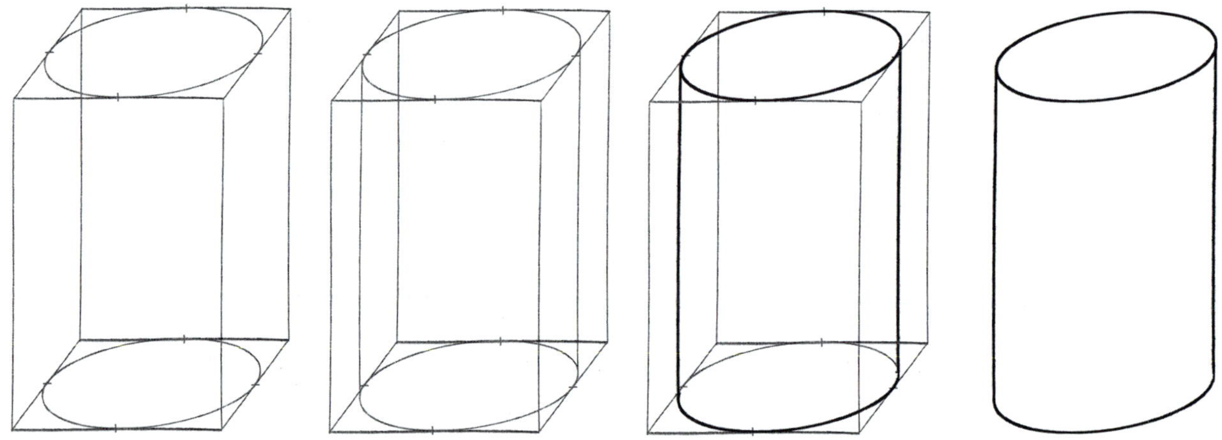

Figura 4.13. Fases del croquizado en perspectiva de un cilindro.

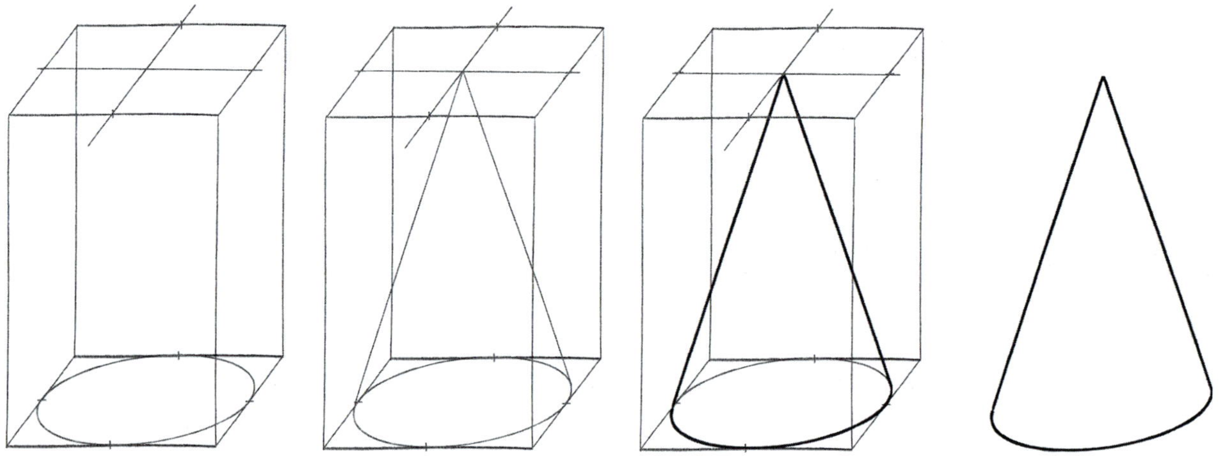

Figura 4.14. Fases del croquizado en perspectiva de un cono.

Importante

Cuando se croquizan útiles o herramientas, e incluso piezas, es importante intentar descomponerlas en las geometrías estudiadas de forma que uniéndolas se logre el objetivo final.

4.2. Croquización a mano alzada de soluciones constructivas de herramientas y utillajes para procesos de fabricación

Una vez que se conocen las técnicas básicas para la realización de un croquis a mano alzada se deben dominar las pautas necesarias para la obtención de un croquis con toda la información necesaria.

Como ya se ha visto, un croquis puede derivar en la fabricación directa de lo croquizado, o en la elaboración de un plano estandarizado. Sea cual sea el uso definitivo que se le vaya a otorgar, el croquis deberá reflejar todos los aspectos del utillaje o herramienta.

4.2.1. Obtención de vistas a partir de modelos y maquetas

Se deben seleccionar las vistas necesarias para poder ver todas las geometrías que componen el objeto, así como su dimensionado o acotado. Todo lo estudiado en la Unidad 2 será también perfectamente válido para este trabajo.

Aunque se tienen dos proyecciones principales, cilíndrica y cónica, siempre se usará la proyección cilíndrica para representar las vistas planas. Aunque en alguna ocasión se puede llegar a utilizar la proyección cónica para conjuntos o elementos de gran tamaño, este tipo de proyección no se suele utilizar en dibujo técnico mecánico y queda relegado a la representación de espacios (locales, salas, etcétera).

Se debe partir de una exhaustiva toma de datos (ver Apartado 4.1.4) para ser capaces de determinar las vistas necesarias a representar teniendo en cuenta que el exceso de estas también podría llevar a la confusión.

Actividad propuesta 4.1

Realiza el croquis acotado de la pieza siguiente en un formato ISO A4:

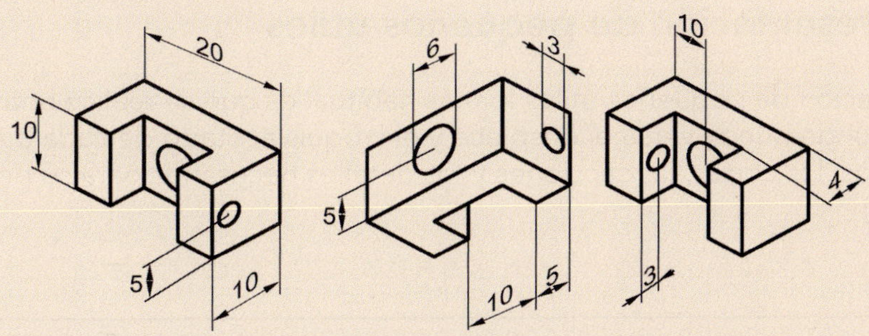

Deberás seleccionar las vistas necesarias y añadir una vista en perspectiva. Utiliza el despliegue europeo.

4.2.2. Casos prácticos de croquizado basado en conjuntos y utillajes

Al afrontar el croquizado de un utillaje o conjunto deberemos poner en práctica todo lo visto hasta ahora de forma organizada. La práctica en el dibujo a mano alzada es sin duda una gran herramienta, pero la observación de otros casos prácticos nos hará tener una visión global de las distintas técnicas que podemos utilizar.

Por medio de ver casos prácticos se podrán apreciar los detalles y técnicas utilizados en el croquizado.

En la Figura 4.15 se puede observar un croquis de conjunto de un útil. Para los conjuntos se suelen utilizar vistas en perspectiva en las que se ve cada una de las piezas que lo componen. Para apreciar las piezas ocultas también se realizan secciones en algunas de sus partes.

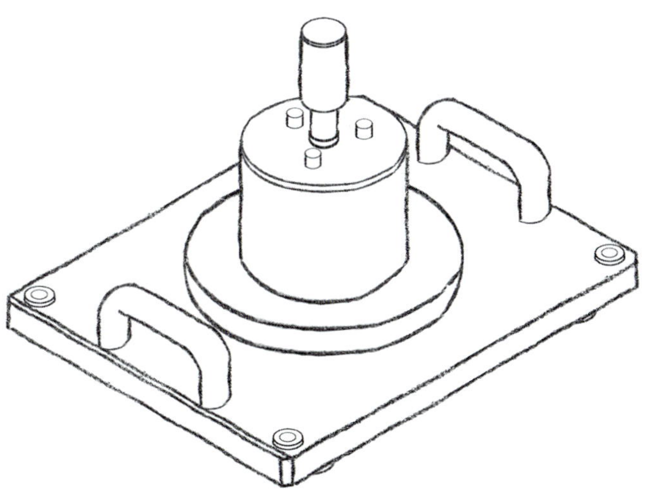

Figura 4.15. Útil de posicionado de piezas para su verificación dimensional. Croquis de conjunto en perspectiva.

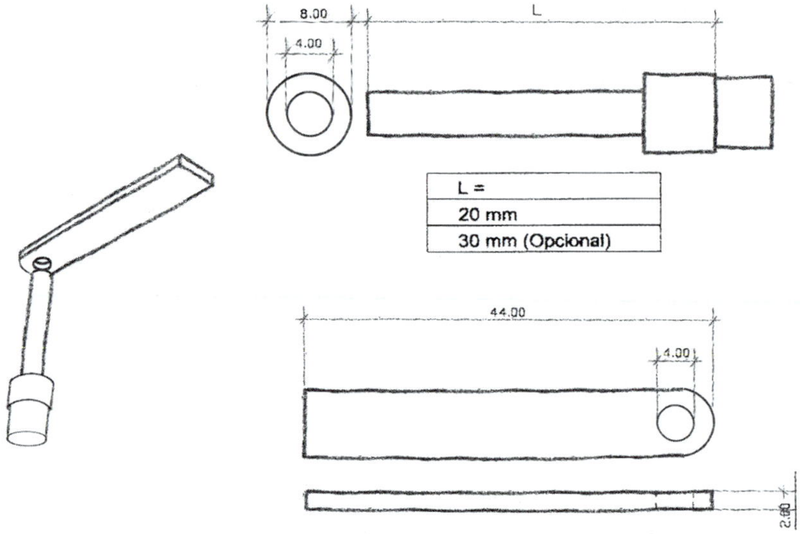

Figura 4.16. Croquis de una pinza de apriete.

4.2.3. Representación de pequeños útiles

Para la croquización de pequeños útiles lo más habitual es que se realice una vista en perspectiva del conjunto donde pueda verse el despiece y el croquis acotado de cada pieza individual acotada, con las vistas, los cortes, las secciones y los detalles necesarios para su perfecto entendimiento (Figura 4.17).

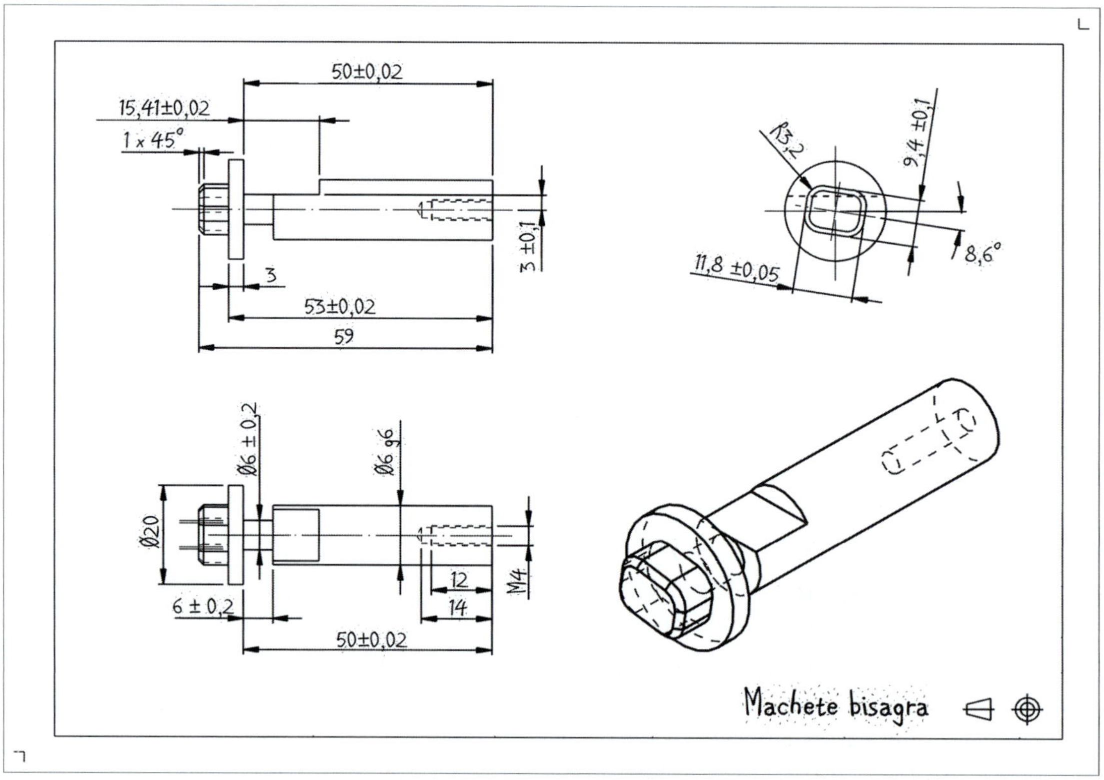

Figura 4.17. Croquis de un machete para útil (plano en 2D).

Actualmente, el croquis a mano alzada suele ser el primer paso esquemático como toma de los datos necesarios para el dibujo en CAD 2D o 3D, como se vio en la Unidad 2. Hay que dominarlo, aunque sea como combinación de ambas herramientas.

4.3. Reglas de orden y limpieza en la realización del croquis

Durante toda esta unidad se han aportado una serie de instrucciones que en este apartado se resumen.

- Previo al croquizado se deben haber planificado las vistas, los detalles y las secciones a realizar. Esto es importante para que el resultado sea un dibujo ordenado y perfectamente entendible.
- Se debe plantear el croquis en un escalado lo más grande posible para el tamaño de hoja donde se vaya a realizar el dibujo.
- Se trazan las líneas de apoyo o auxiliares que se necesitan de forma muy suave, casi imperceptibles a la vista, ya que como finalización del croquis deberán ser borradas sin que dejen marcas visibles.
- La mano deberá apoyar lo menos posible por encima de la hoja de papel para no arrastrar el grafito del lápiz manchando la hoja.
- Una técnica de croquizado muy válida es la de dividir el útil o pieza a croquizar en figuras geométricas simples (cuadrados, triángulos, circunferencias, cilindros, etc.); de este modo se croquizan de manera simple a la vez que se intenta mantener la máxima proporcionalidad en el dibujo.
- Una vez dibujado el útil o pieza se debe acotar en todas sus dimensiones. Para ello se toman todas las medidas necesarias.
- Se hace necesario incluir las anotaciones aclaratorias que se consideren oportunas, así como indicaciones de acabados y materiales.

Importante

Para la realización de un buen croquis es imprescindible un lugar bien iluminado junto a una mesa espaciosa.

Enlaces web de interés

https://es.slideshare.net/aguino38/croquizado
Web de intercambio de conocimientos profesionales.

https://www.youtube.com/channel/UC-LDVcoMfBHnZmhTB7J2cPw
Canal de dibujo en YouTube.

https://dibujotecnico.com/
Web de aprendizaje de dibujo técnico.

Caso práctico RESUELTO

Realización de croquis de utillajes y herramientas

Observa con atención la pieza siguiente y realiza un croquis a mano alzada en un formato de dibujo ISO A3. Dibuja en despliegue europeo las vistas necesarias para el perfecto entendimiento y fabricación de la pieza. Ten en cuenta que la pieza debe quedar acotada en todo su dimensionado.

En el mismo plano dibuja también una vista en perspectiva. Croquiza en una escala proporcionada y adecuada para el tamaño del papel de dibujo. Acota la pieza en todo su dimensionado necesario.

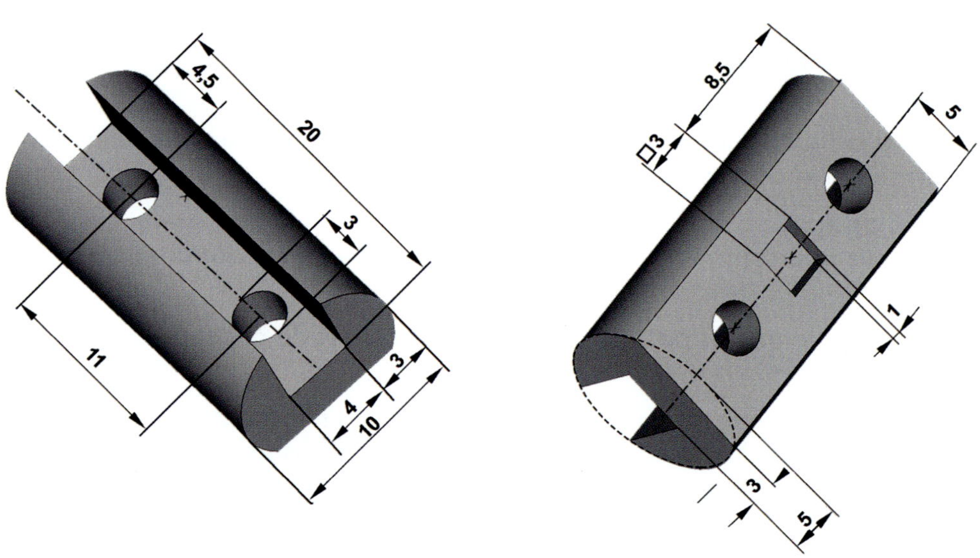

Solución:

Lo primero que debes hacer es seleccionar las vistas que vas a representar y decidir su ubicación en el formato de papel. Es importante que para ello tengas en cuenta el tipo de despliegue, en este caso el europeo, así como separar las vistas entre ellas de forma que puedas realizar el acotado sin que las cotas de una vista queden excesivamente cerca de las cotas de otra vista.

Debes tomar en consideración dónde posicionar la vista en perspectiva, así como la escala que le vas a aplicar, ya que no tiene por qué ser la misma escala que la del resto de vistas.

Selecciona la vista en planta como la vista plana más cercana al lateral izquierdo y, a la derecha de esta vista, representarás la vista lateral izquierda. El corte transversal por el centro de la pieza lo situarás encima de la vista en planta. Esta distribución deja libre la parte superior derecha del papel para la representación de la vista en perspectiva.

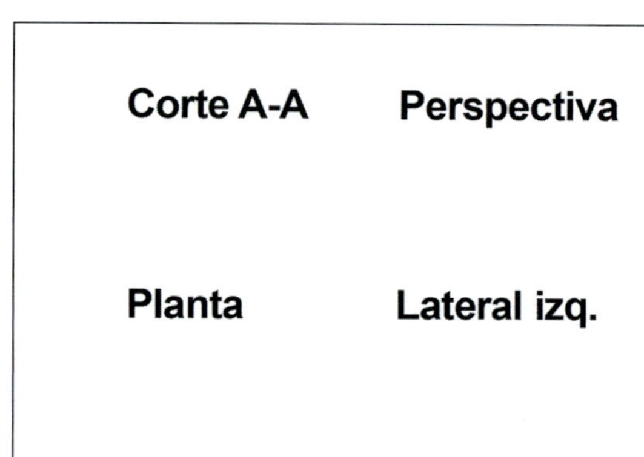

Traza las líneas auxiliares necesarias; siempre de forma muy suave, casi imperceptibles a la vista. Se trata de realizar las líneas que ayuden con los contornos de la pieza, geometrías internas, circunferencias, etc. Comienza por la vista en planta, pero extiéndelas en horizontal y en vertical para que también sean de ayuda para la vista lateral y el corte. Estas líneas auxiliares las puedes realizar en varios tramos si así te resulta más sencillo, y no te preocupes si no te quedan muy bien ya que su utilidad es que te ayuden en el croquizado y al finalizar las borrarás.

El primer trazado de cada una de las vistas se realiza con trazo suave, ya que es muy probable que tengas que mejorarlo y utilizar este primer croquizado como un auxiliar.

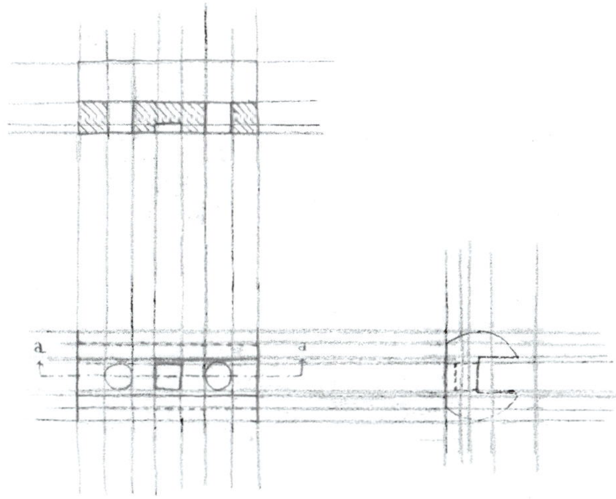

Refuerza con trazo fuerte las líneas que finalmente conformen la pieza, trazando también las circunferencias, y borra todas las líneas auxiliares.

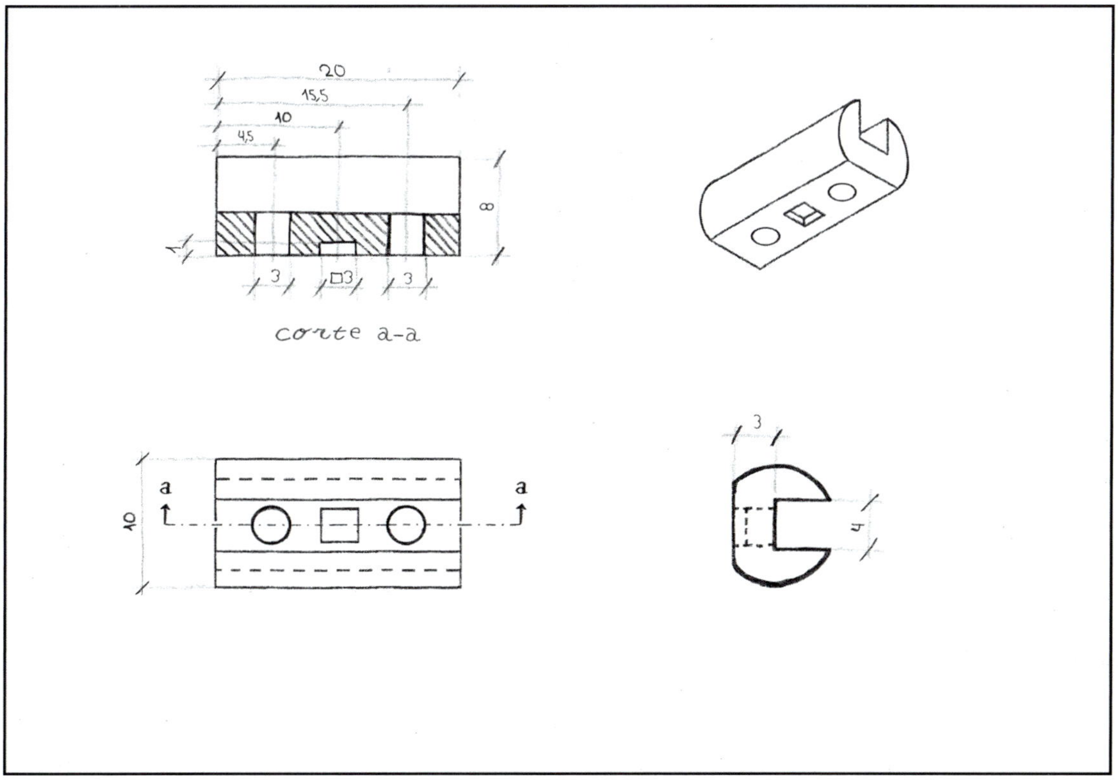

El último paso será croquizar la vista en perspectiva y acotar el croquis, con lo que este quedará finalizado.

Caso práctico PROPUESTO

Realización de croquis de utillajes y herramientas

Observa con atención la pieza siguiente y realiza un croquis a mano alzada en un formato de dibujo ISO A4. Dibuja en despliegue europeo las vistas necesarias para el perfecto entendimiento y fabricación de la pieza. Ten en cuenta que la pieza debe quedar acotada en todo su dimensionado.

En el mismo plano dibuja también una vista en perspectiva. Croquiza en una escala proporcionada y adecuada para el tamaño del papel de dibujo. Acota la pieza en todo su dimensionado necesario.

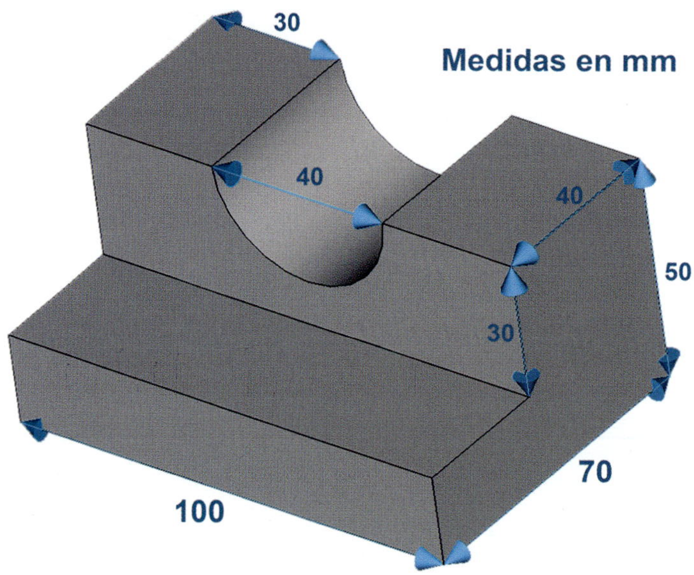

Mapa conceptual

REALIZACIÓN DE CROQUIS DE UTILLAJES Y HERRAMIENTAS

- Técnicas de croquización a mano alzada
  - Técnica para el trazado de líneas rectas
  - Elementos para el croquizado
    - Proporcionalidad
    - Acotación y medidas
    - Anotaciones
  - Croquizado de figuras planas, arcos y circunferencias
    - Trazado de rectángulos y cuadrados
    - Trazado de polígonos
    - Trazado de circunferencias
  - Toma de datos necesarios para la croquización
  - Trazados preparatorios proporcionales
  - Distribución de la representación en el formato
  - Dibujo a mano alzada de cuerpos tridimensionales
    - Trazado de cubos y poliedros
    - Trazado de cilindros y conos
- Croquización a mano alzada de soluciones constructivas de herramientas y utillajes para procesos de fabricación
  - Obtención de vistas a partir de modelos y maquetas
  - Casos prácticos de croquizado basado en conjuntos y utillajes
  - Representación de pequeños útiles
- Reglas de orden y limpieza en la realización del croquis

Actividades finales

DE COMPROBACIÓN

4.1. ¿Qué útiles utilizarás para la realización de un croquis?

a) Sistema de CAD 2D.

b) Lápiz y papel.

c) Rotuladores calibrados, reglas, compás y escalímetro.

4.2. ¿Para qué se usa un croquis?

a) Únicamente para fabricar lo croquizado.

b) Únicamente para elaborar el plano definitivo.

c) Para fabricar lo croquizado o elaborar el plano definitivo.

4.3. En un croquis, ¿el trazado de líneas es libre?

a) Sí, tienes total libertad, ya que se trata de un dibujo artístico.

b) No, debes ceñirte a lo establecido en las normas de dibujo técnico.

c) Sí para líneas de geometrías de piezas, pero el resto es libre.

4.4. Para dibujar a mano alzada, ¿debes apoyar la mano con la que dibujas en el papel?

a) No, ya que podrías arrastrar grafito de líneas ya dibujadas y ensuciar el croquis.

b) Dependerá de si dibujas líneas verticales u horizontales.

c) Debes apoyarla únicamente para dibujar circunferencias o arcos.

4.5. ¿Qué es fundamental para convertirte en un buen croquizador?

a) Tener una habilidad innata.

b) La práctica.

c) Disponer de unos buenos útiles de dibujo.

4.6. ¿Cuál de las siguientes afirmaciones es correcta?

a) Ser diestro o zurdo no afecta en las direcciones del trazado de líneas.

b) Los zurdos tienen más habilidad para el trazado de líneas rectas.

c) Ser zurdo o diestro influye directamente en el trazado de líneas rectas.

4.7. ¿Existen métodos para dibujar figuras planas, arcos y circunferencias?

a) No.

b) Sí.

c) Únicamente para arcos y circunferencias.

4.8. ¿Cuál de las siguientes afirmaciones es correcta?

a) Un croquis no está sometido a escala, pero debe ser proporcional en sus tres ejes.

b) Las vistas de despliegue deben estar a una escala especificada y exacta.

c) Un croquis debe estar realizado a una escala concreta.

4.9. ¿Qué proyección utilizarías para el despliegue de vistas?

a) Cilíndrica.

b) Cónica.

c) Puedes usar indistintamente la proyección cónica o la cilíndrica.

4.10. ¿Qué tipo de despliegue debes usar en un croquis?

a) Del primer cuadrante o europeo.

b) Del tercer cuadrante o americano.

c) Puedes usar tanto el despliegue europeo como el americano.

DE APLICACIÓN

4.11. Dibuja un cilindro y un cono en perspectiva con el mismo diámetro de base y la misma altura. Dibújalos en hojas diferentes en formato ISO A4. No borres las líneas ni las figuras auxiliares que uses.

Las actividades que se describen a continuación debes realizarlas a mano alzada únicamente usando lápiz y papel. Planifica bien los espacios en el papel indicado para cada caso.

4.12. Realiza un croquis de una vista en perspectiva caballera de la pieza siguiente en un papel de formato ISO A4:

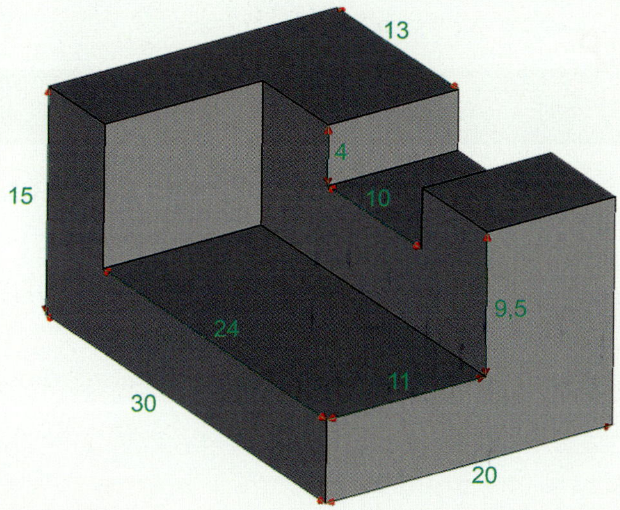

4.13. Realiza un despliegue de vistas suficientes en tercer cuadrante de la pieza de la Actividad 4.12 en un papel de formato ISO A3.

4.14. Acota suficientemente el plano realizado en la Actividad 4.13.

4.15. Acota suficientemente el croquis en perspectiva realizado en la Actividad 4.12.

4.16. En una hoja de tamaño ISO A3, dibuja a mano alzada en perspectiva isométrica la pieza siguiente:

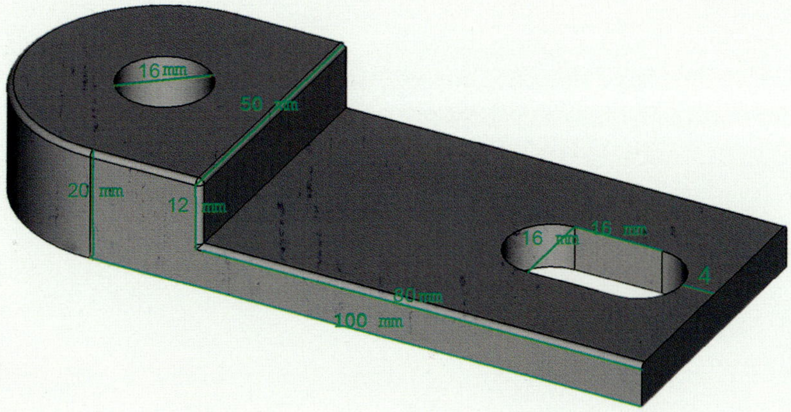

4.17. Acota suficientemente el croquis realizado en la Actividad 4.16; deberás acotar los círculos como diámetros y en el caso de la ranura redondeada también la distancia entre centros.

4.18. En un formato de papel ISO A4 dibuja la pieza de la Actividad 4.16 en despliegue del primer cuadrante con las vistas suficientes para su perfecta comprensión.

4.19. Acota suficientemente el croquis realizado en la Actividad 4.18 teniendo en consideración las indicaciones sobre los círculos y la ranura comentadas en la Actividad 4.17.

4.20. Dibuja el croquis del corte de la pieza de la Actividad 4.16 que pasa por el centro del diámetro de 16 y la ranura en una hoja de tamaño ISO A4.

DE AMPLIACIÓN

4.21. Sombrea el cilindro realizado en la Actividad 4.11 para darle efecto tridimensional suponiendo un foco de luz elevado a la derecha.

4.22. Sombrea el cono realizado en la Actividad 4.11 para darle efecto tridimensional suponiendo un foco de luz elevado a la derecha.

4.23. Dibuja una esfera con efecto tridimensional sombreándola.

Selección de materiales de mecanizado

5

La importancia de los materiales en la evolución humana es innegable. El descubrimiento y desarrollo de estos han sido determinantes en el avance tecnológico y, en consecuencia, la propia evolución de la sociedad. A lo largo de la historia se ha ido evolucionando desde la Edad de Piedra hasta lo que se podría denominar como la era del plástico. Es más, en la actualidad la investigación, desarrollo y uso de nuevos materiales impulsa tecnológicamente hablando a nuevas eras. Sin apenas darnos cuenta se han ido integrando materiales semiconductores como el silicio, la fibra óptica y el magnesio, entre otros, sin olvidar las nuevas aleaciones metálicas.

Hay que ser conscientes de que los nuevos materiales revolucionarán el futuro, cosa que sin duda alguna nos obliga a conocer perfectamente los que ya tenemos a nuestra disposición en la industria de la fabricación.

Contenidos

Objetivos

- Conocer las características técnicas de los materiales más usados en la industria actual.
- Distinguir la variedad de formatos de las materias primas.
- Valorar las ventajas y los inconvenientes del uso de cada material.
- Aprender las distintas composiciones químicas y sus cualidades físico-mecánicas.

5.1. Estructura atómica de la materia

Conocer la estructura atómica de la materia ayuda enormemente a entender sus características y cómo utilizarla en propio beneficio.

El átomo es la porción más pequeña de la materia que conserva sus características. Es invisible al ojo humano. Todo lo que existe está compuesto de átomos. Los átomos se juntan formando las moléculas, que son las que conforman todos los materiales existentes. Cada material posee características físicas y químicas diferenciadas.

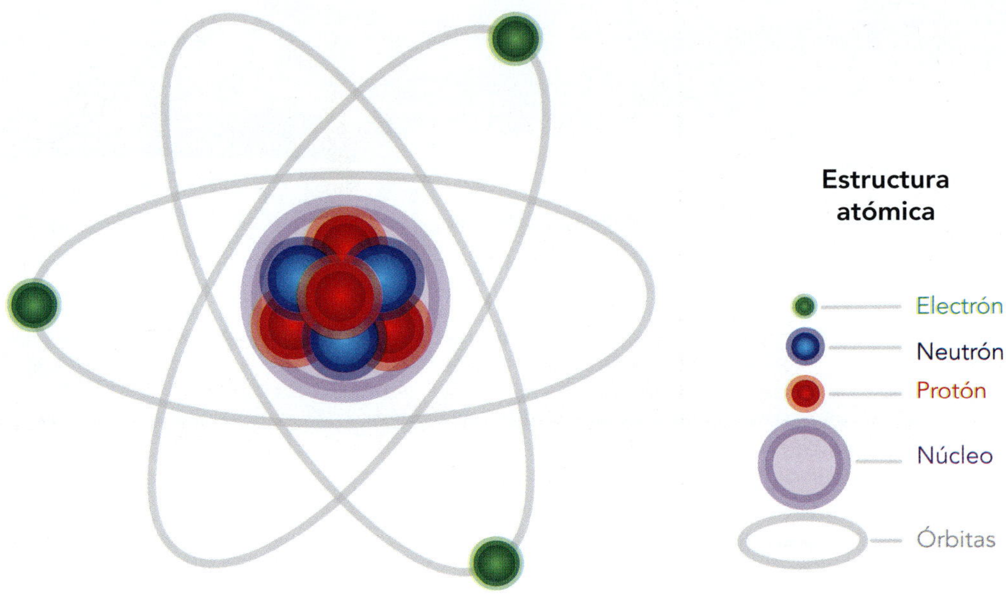

Figura 5.1. Representación esquemática de la estructura atómica.

A pesar de ser el átomo la porción más pequeña de la materia, este se compone de:

- **Núcleo.** El núcleo del átomo a su vez está integrado por:
  - ››› **Neutrones:** partículas sin carga eléctrica.
  - ››› **Protones:** partículas con carga eléctrica positiva.
- **Corteza.** La corteza es la nube de electrones que orbitan alrededor del núcleo:
  - ››› **Electrones:** partículas con carga eléctrica negativa que orbitan alrededor del núcleo.

La mayor parte de la masa de un átomo se concentra en su núcleo, es decir, en los protones y neutrones. Un protón tiene aproximadamente 1800 veces la masa de un electrón. Dependiendo del número de protones y electrones que tenga el átomo, materializará cada uno de los elementos de la tabla periódica que se representa como un número atómico.

Importante

La regla del octeto definida en 1917 por el fisicoquímico Gilbert Newton Lewis dice que los átomos tienen la propiedad de completar su último nivel de energía (capa de valencia) con ocho electrones para así alcanzar estabilidad y que tenderán a ceder, admitir o compartir los electrones de la capa de valencia para ello.

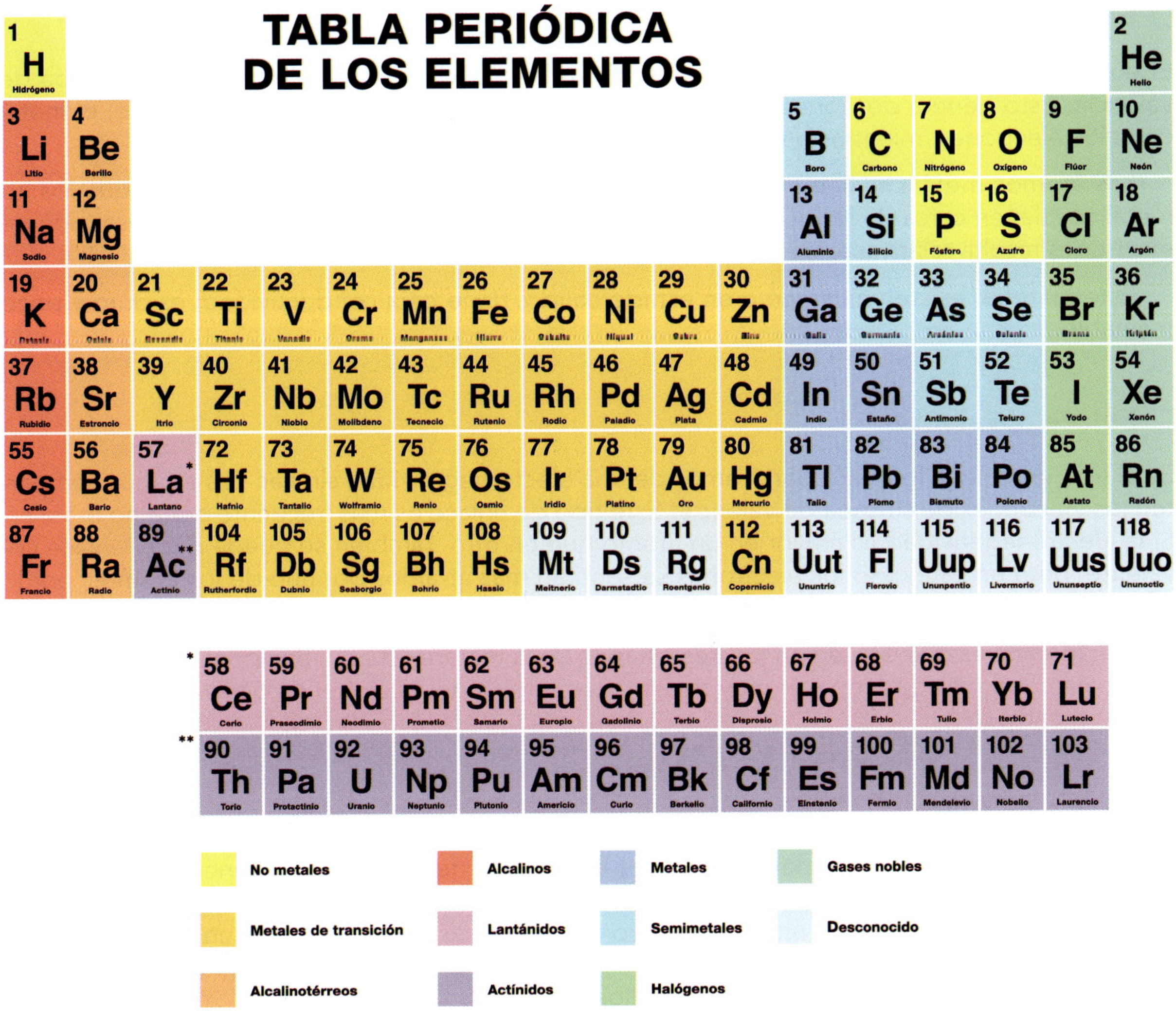

Figura 5.2. Clasificación de la materia elemental en la denominada «tabla periódica de los elementos».

Los electrones orbitan por distintas capas más alejadas o cercanas al núcleo. Los átomos que orbitan en la última capa más alejada del núcleo son los que menos fuerza de atracción tienen con él y, por tanto, los que mucho más fácilmente pueden transferirse de unos átomos a otros. Esta última capa más externa de electrones es la que se denomina **capa de valencia.**

5.2. Tipos de enlaces: iónico, covalente y metálico

Los enlaces químicos son las diferentes formas en las que los átomos se conectan entre sí para formar una molécula. Conocer los diferentes tipos de enlaces ayuda a entender las propiedades de los materiales.

Se puede decir que un átomo no tiene carga eléctrica cuando no ha transferido ni recibido ningún electrón. Cuando un átomo transfiere uno o más electrones, este queda con carga positiva y se denomina **ion positivo o catión.** Por el contrario, si un átomo recibe uno o varios electrones, este átomo quedará con carga negativa y se denomina **ion negativo o anión.**

☐ Enlace iónico

El enlace iónico es aquel en el que se transfiere la totalidad de los electrones de la capa de valencia. Esto genera dos iones de cargas eléctricas opuestas. En este tipo de enlace, el metal cede los electrones, mientras que el no metal los acepta.

Los átomos metálicos tienen pocos electrones en su capa de valencia, mientras que los no metálicos tienen cerca de los ocho electrones en esa misma capa, por lo que esta transacción de electrones resulta relativamente sencilla.

Este material existe únicamente en estado sólido, tiene baja conductividad, es duro y poco maleable.

☐ Enlace covalente

Es el tipo de enlace formado por átomos de una electronegatividad similar. Los átomos comparten los electrones de su capa de valencia. Este tipo de enlace es más frecuente entre no metales. Si la electronegatividad es mayor en un átomo que en otro, también se puede dar el enlace covalente, pero en este caso los electrones se sentirán más atraídos por uno de los átomos, por lo que orbitarán mayor tiempo alrededor de este. Es lo que se denomina **enlace covalente polar.**

Son materiales que existen en los tres estados de la materia (sólido, líquido y gaseoso), tienen muy baja conductividad, no son muy duros (a excepción del silicio, el carbono y el diamante) y nada maleables.

☐ Enlace metálico

Los enlaces metálicos se forman cuando los electrones de la capa de valencia se comparten entre más de un átomo colindante. Forman grandes estructuras atómicas entre las que los electrones se mueven libremente; un gran número de electrones orbitando entre un gran número de iones positivos. Aunque los iones positivos tienden a repelerse entre sí, los mantienen unidos los electrones que orbitan alrededor de todos ellos.

Son materiales que existen en estado sólido, tienen alta conductividad térmica y eléctrica, no son duros y sí maleables y dúctiles.

5.3. Características, propiedades físicas, mecánicas y tecnológicas de los materiales

Para el buen entendimiento de las distintas aplicaciones y el uso correcto de materiales, es indispensable conocer el significado de sus características. Las propiedades de los materiales se dividen por categorías.

5.3.1. Propiedades físicas de los metales

Las propiedades físicas definen la respuesta de los materiales a los distintos fenómenos físicos en sus procesos de manipulación y posterior uso. Cuando la materia está sometida a las distintas condiciones físicas, como, por ejemplo, la temperatura o el magnetismo, reaccionará. En función de su reacción se podrá actuar e, incluso, sacar provecho de estas reacciones.

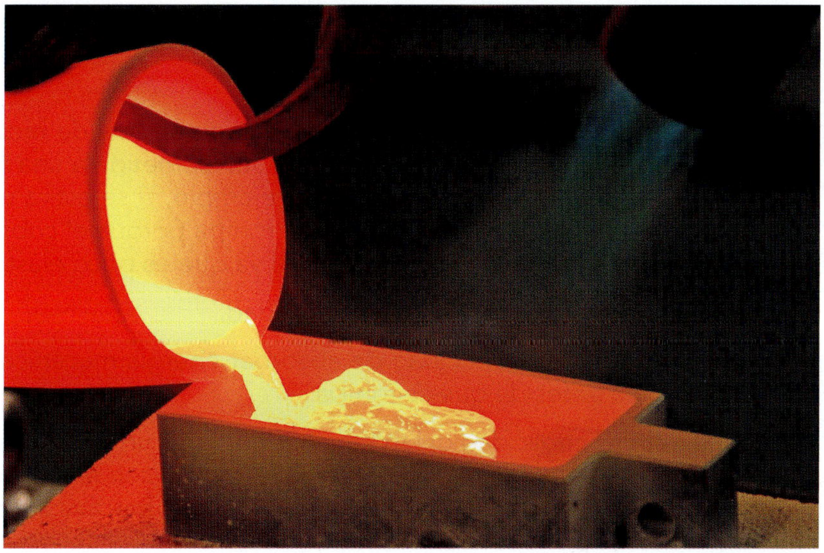

Figura 5.3. Los metales reaccionan a las altas temperaturas entrando en estado líquido (fusión).

Las principales propiedades físicas de los metales son las siguientes:

- **Calor específico:** energía necesaria para que un kilo del material aumente 1°. Este dato dará a conocer los consumos necesarios para la transformación de los materiales, por ejemplo, para la fusión de metales.
- **Conductividad:** es la facilidad que tiene la materia de permitir el paso a través suyo de la temperatura o la electricidad; de hecho, se divide en conductividad térmica y conductividad eléctrica. La propiedad opuesta es la resistividad.
- **Densidad:** es la relación existente entre masa y volumen; indicará, por tanto, el volumen que ocupa un peso determinado. Por ejemplo, lo que ocupa 1 kg de hierro, 1 kg de aluminio o 1 kg de los plásticos.
- **Dilatabilidad:** es el aumento dimensional (o reducción) que tienen los materiales por el incremento (o reducción) de la temperatura. Esta propiedad da origen al coeficiente de dilatación. Es de gran importancia ya que afecta directamente a la precisión dimensional y más cuando las piezas o productos pueden estar sometidos a variaciones de temperatura.
- **Fusión:** la temperatura de fusión es la temperatura a la que el material pasa del estado sólido al líquido. Como denominación genérica de propiedad se usa el término **fusibilidad.**
- **Magnetismo:** es el fenómeno de atracción o repulsión que poseen algunos metales. Esta propiedad es aprovechada en la industria para múltiples aplicaciones. Una muy común es su uso en los detectores.

5.3.2. Propiedades mecánicas

Las propiedades mecánicas son, sin lugar a duda, propiedades importantísimas que deben tenerse en cuenta a la hora de elegir el material de la pieza final y del proceso productivo para su elaboración. A continuación, se ven las más importantes:

- **Ductibilidad:** capacidad de deformación plástica que tienen los materiales hasta romperse. Si se somete a un material a tracción (estiramiento), hace referencia a cuánto se podría estirar antes de romperse.

Figura 5.4. Ensayo de dureza en metales con un equipo específico para tal fin (durómetro).

- **Dureza:** resistencia que opone un material al rayado o deformación permanente. En la Figura 5.4 se puede observar un ensayo de dureza en metales.
- **Elasticidad:** es la capacidad que tiene un material de recuperar su forma y tamaño originales cuando cesa de estar sometido a una fuerza. No debe confundirse con la ductibilidad. Por ejemplo, si se estira un hilo de cobre alargándolo 5 mm, puede que no se rompa porque el cobre es muy dúctil, pero no recuperará su longitud inicial ya que es poco elástico.
- **Fragilidad:** es lo opuesto a la elasticidad.
- **Tenacidad:** es la capacidad de absorber energía mecánica durante su deformación antes de que se rompa.
- **Resiliencia:** capacidad del material de soportar un impacto sin sufrir una deformación permanente. No debe confundirse con resistencia, ya que este término englobaría además otras propiedades mecánicas; en general, sería la resistencia a la rotura.
- **Maleabilidad:** la facilidad que tiene un material de poder extenderse en láminas sin romperse. Si se aplasta un material, la capacidad que este tiene de soportar el aplastamiento, deformándose sin romperse.
- **Plasticidad:** capacidad de adquirir deformaciones permanentes. Es muy parecida a la maleabilidad, pero en cualquier dirección. Un ejemplo cotidiano muy ilustrativo es la plastilina que usan los niños, que la pueden convertir en infinidad de formas.
- **Fatiga:** es la rotura que puede sufrir un material por la aplicación de una fuerza intermitente. Estas fuerzas no tienen por qué ser iguales, ni con la misma cadencia. Este efecto es causa de la mayoría de los fallos de roturas en máquinas y piezas durante su uso.

5.3.3. Propiedades químicas

En función de la reacción de los metales a agentes externos, como los que proporciona el propio clima o incluso la capacidad o no de mezclarse con otras materias, presentan distintas reacciones químicas. A continuación, las más significativas:

- **Oxidación:** es la combinación química de la materia base con el oxígeno, que provoca la creación de una capa de espesor variable en el material (óxido). Para nuestra aplicación, este efecto se produce con los metales y en cierto grado puede ser beneficioso, como en el aluminio o el cobre, ya que su óxido es duro e impermeable y puede ser protector, pero nunca en el hierro, cuyo óxido es blando y poroso. Como curiosidad tenemos el acero inoxidable, que en realidad sí se oxida, pero su óxido es tan duro e impermeable que una mínima capa de este óxido es el que lo protege frente a los agentes externos.
- **Corrosión:** es la tendencia que tienen los materiales a la oxidación. Esta se produce de forma natural, pero puede acelerarse por procedimientos industriales.
- **Aleabilidad:** es la capacidad que tienen los materiales para combinarse o mezclarse con productos distintos a ellos, normalmente de su misma naturaleza. En realidad, en la industria se usan prácticamente siempre aleaciones metálicas para mejorar las propiedades del material base, como por ejemplo el acero, que es una aleación de hierro con pequeñas cantidades de carbono.

5.3.4. Propiedades medioambientales

En la actualidad la industria debe prestar especial cuidado con las propiedades medioambientales de los materiales, tanto en lo que se refiere a su extracción y uso, como en lo referido al reciclaje y la contaminación. Este apartado es de especial sensibilidad para la conservación eficaz y eficiente del planeta.

Figura 5.5. La separación de los distintos materiales cuando estos son desechados permitirá su reciclaje.

- **Biodegradabilidad:** capacidad que tiene la materia y sus compuestos para desintegrarse de forma natural en condiciones ambientales naturales. Los materiales que no tienen esta capacidad se denominan recalcitrantes.
- **Toxicidad:** es la peligrosidad que tienen los materiales frente a su ingestión por personas y animales, así como para el medio ambiente (agua, tierra, aire, etc.) por su descomposición. Coloquialmente se denominan productos venenosos. Un ejemplo industrial son los metales pesados como el plomo, el mercurio o el níquel.
- **Reutilizabilidad:** capacidad que tienen los materiales de ser reciclados y poder reutilizarse conservando sus características originales. Esta característica es muy elevada en los metales, pero los materiales cerámicos y plásticos suelen perder calidad, por lo que se acostumbra a mezclar una proporción de material reciclado con material original. Por ejemplo, no superar el 30 % de material reciclado (dependiendo del tipo de material).

Importante

Las propiedades aquí definidas son las más importantes, pero no son la totalidad de las existentes. En algunos casos y aplicaciones concretas también deben tenerse en cuenta propiedades como la viscosidad, la solubilidad, la alcalinidad y la inflamabilidad, por citar algunas.

Sabías que

Además de las propiedades del material se pueden definir una serie de características sensoriales como el color, el brillo, la transparencia, la textura, etc. Debe tenerse en cuenta que desde el punto de vista del usuario estas características son las primeras que se perciben y pueden dar lugar a la «evaluación» o «descarte» de un producto. ¿Comprarías un producto cuyo color, textura o brillo exterior no fuera uniforme? Seguramente no. Estas características están sujetas no solamente al gusto personal, sino también a la sensación de calidad.

5.4. Identificación de materiales en bruto para mecanizar

En la industria actual existen multitud de materiales para el mecanizado, incluidas las aleaciones o nuevos materiales. Tampoco hay que olvidar el uso de otros procesos de fabricación como material base para el mecanizado, como se vio en la Unidad 1. Es necesario conocer los materiales que pueden utilizarse en mecanización, así como sus ventajas y sus desventajas.

Figura 5.6. Máquina herramienta en proceso de mecanizado.

5.4.1. Metales férricos

Siempre que se habla de mecanizados, y en especial de materiales, automáticamente se piensa ya de entrada en los metales férreos, pero no son los únicos, además de no ser todos iguales, como es el caso del hierro de símbolo químico Fe y sus aleaciones.

Se trata del grupo de metales más utilizado con mucha diferencia (más del 90 %), aunque hay una ligera tendencia a la baja con el auge del aluminio y sus aleaciones, así como por la introducción de nuevos materiales.

El uso del hierro se remonta a la prehistoria, y precisamente dio nombre a su última etapa, la Edad del Hierro. Su uso permitió la fabricación de utensilios mucho más resistentes, al igual que la elaboración de nuevas herramientas, muchas de ellas destinadas a tareas agrícolas, lo que permitió un gran avance como sociedad.

Es un metal alotrópico, es decir, cambia su estructura molecular en función de su temperatura. A temperatura normal, su estructura tiene forma de cubo con un átomo en el centro, pero si su temperatura aumenta, los átomos se irán desplazando hacia los vértices del cubo.

Las características principales del hierro son: maleabilidad, alta conductividad térmica, dureza, alta densidad y gran magnetismo. Como inconveniente reseñar que posee una alta facilidad de oxidación.

- **Acero:** el acero es una aleación de hierro con carbono. El carbono le aporta una mayor resistencia manteniendo la posibilidad de ser trabajado en caliente. Hay que destacar que la proporción de hierro de esta aleación es altísima, superior al 98 %. Es un material muy tenaz, relativamente dúctil, maleable y permite su mecanización. Es un buen conductor térmico y eléctrico. Resaltar también que se puede soldar con facilidad. Su principal desventaja es que se corroe con facilidad.

- **Acero inoxidable:** a diferencia del acero común, el acero inoxidable posee una porción de cromo como parte de su aleación para evitar la oxidación. En realidad, lo que sucede es que el cromo tiene una muy alta afinidad con el oxígeno, formando una película de óxido de cromo que evita que el oxígeno continúe penetrando en la aleación y, por tanto, evitando la oxidación del hierro. Esta película se denomina capa pasiva y para que el acero sea inoxidable la proporción de cromo debe ser superior al 10,5 %. El acero inoxidable conserva las características del acero común.
- **Fundición:** son aleaciones con proporciones de hierro entre el 93 % y el 98 %, carbono entre el 2,5 % y el 4 %, y silicio entre el 1 % y el 3 %. Suele ser una composición muy fluida, por lo que resulta relativamente sencillo rellenar los moldes para la obtención de piezas. Su punto de fusión se sitúa entre 1200 °C y 1500 °C. La obtención de la materia prima es también muy sencilla, utilizándose casi en su totalidad material reciclado de la chatarra. No deja de ser un acero, por lo que sus características mecánicas son las de estos.

5.4.2. Metales no férricos

En las últimas décadas metales como el aluminio, el zamac o el magnesio han adquirido gran importancia y han ido ganando terreno en la industria. Su bajo peso, conductividad y resistencia a la oxidación, junto con su facilidad de manipulación, los convierte en los preferidos en muchas aplicaciones.

Figura 5.7. Bloque de aluminio dispuesto en una mesa de mecanizado.

En industrias de la movilidad, como la automotriz o la aeroespacial, estos materiales son muy apreciados, donde los más utilizados por rendimiento y coste son los siguientes:

- **Aluminio:** es un metal muy abundante en la corteza terrestre; sin embargo, su uso en la industria es relativamente reciente ya que fue aislado por primera vez en 1825, siendo considerado entonces como un metal precioso. Desde hace décadas ha ido ganando importancia industrialmente hablando, imponiéndose a otros materiales en innumerables aplicaciones. En la actualidad se encuentra en el entorno cotidiano sin necesidad de tener que rebuscar. Su uso abarca desde perfiles de ventanas y puertas, pasando por las latas de conservas, hasta multitud de piezas y carrocerías de vehículos. Su bajo peso es un gran contribuidor a que este metal sea uno de los preferidos en la industria actual, aunque todavía muy lejos del uso del acero.

En su uso industrial se alea con otros materiales para aumentar sus características físico-mecánicas, sobre todo, su resistencia. Sus aleaciones más comunes son con cobre, manganeso, sílice, magnesio y zinc. Con cada uno de estos componentes gana diferentes características. Por ejemplo, el zinc le aporta una alta resistencia.

Tiene un bajo punto de fusión, de unos 660 °C. Es muy fácil de manipular, blando y maleable, por lo que es fácilmente mecanizable. Es un buen conductor eléctrico y sobre todo térmico, motivo por el que es muy utilizado en elementos que deban disipar calor. Tiene un excelente comportamiento frente a la corrosión gracias a la película natural que crea en reacción con el oxígeno.

Su reciclaje es prácticamente total, pudiéndose reciclar tantas veces como se requiera y consumiendo tan solo un 5 % de la energía necesaria para su obtención de la naturaleza. Algo que debe tenerse en consideración es que el aluminio reacciona fácilmente con el oxígeno, lo que hace que su polvo sea inflamable.

- **Zamac o zamak:** es una aleación compuesta por aluminio, zinc, magnesio y cobre. Su nombre es un acrónimo en alemán de estos metales (*Zink, Aluminium, Magnesium y Kupfer*). El aluminio y el zinc hacen de agentes endurecedores de la aleación, el magnesio es de muy bajo peso y el cobre aporta colabilidad. El resultado es un metal fundible, ideal para la elaboración de piezas técnicamente complejas, de precisión y duraderas. Al no corroerse mantiene su atractivo inicial, antialérgico, al que se le pueden aplicar técnicas de acabados vistosos, lo que hace que esta aleación se use frecuentemente en bisutería y piezas cosméticas. Se consume poca energía en su elaboración y tratamiento. Es duro y resistente, pero fácilmente mecanizable. Conserva las cualidades físico-mecánicas del aluminio, pero con un peso sustancialmente más bajo.
- **Magnesio:** aunque el magnesio se encuentra en multitud de ámbitos de la vida cotidiana, incluida la alimentación, cuando se habla de él como material industrial en realidad se trata de una aleación de este con aluminio. El magnesio en estado puro no tiene unas propiedades físico-mecánicas idóneas para la fabricación de piezas industriales por su elevada rigidez y reducida plasticidad. Sin embargo, estas mismas características, unidas a su muy baja densidad y a su capacidad de generar una película protectora contra la corrosión, lo convierten en un componente ideal para alearse con el aluminio. Esta aleación es muy valorada en equipos de alta gama. El polvo de magnesio es altamente inflamable, hasta el punto de explosión, por lo que su mecanización es de elevada especialización y debe ser realizada con unas medidas de seguridad muy altas.
- **Titanio:** tiene unas propiedades físico-mecánicas excepcionales. Combina gran resistencia, rigidez, tenacidad, baja densidad y muy buena resistencia a la corrosión tanto a muy baja como a elevada temperatura. Permite ahorrar peso en estructuras aeroespaciales y otras aplicaciones de alto rendimiento. Es altamente hipoalérgico, lo que lo hace ideal también en muchas aplicaciones médicas, como en implantes dentales o prótesis. Su principal inconveniente es su elevado coste.

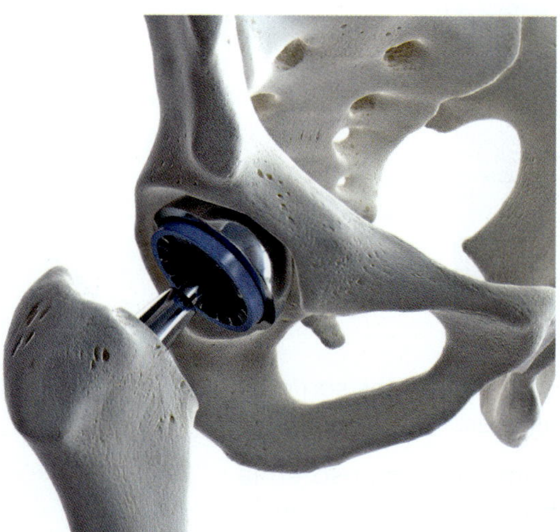

Figura 5.8. Prótesis de cadera fabricada en titanio.

Actividad resuelta 5.1

Enumera las principales propiedades del hierro (hierro dulce).

Solución:

El hierro dulce es el hierro más puro y sus propiedades son:

- Color plateado y relativamente blando.
- Tenaz.
- Dúctil.
- Maleable.
- Baja resistencia eléctrica.
- Magnético.
- Fácil oxidación.
- Punto de fusión: 1538 °C.

Actividad propuesta 5.1

Enumera las principales propiedades del acero inoxidable.

5.4.3. Polímeros o plásticos

Los plásticos comenzaron a usarse en el siglo XX, por lo que se trata de un material moderno. Desde su introducción hace décadas, los plásticos han proliferado y se han apoderado del entorno hasta el punto en el que a esta época son muchos los que la denominan la era del plástico, aunque sobre esto también se puede decir que se está o se ha entrado ya en la era de los nuevos materiales. Es indudable que los plásticos o polímeros van evolucionando, ofreciendo cada día más y mejores prestaciones a un reducido coste.

Figura 5.9. Gránulos de plástico base para un proceso de inyección.

El plástico es un material orgánico que proviene del petróleo y está compuesto por polímeros de carbono. Tanto su obtención como su manipulación son relativamente económicas. Aunque existe una variedad muy extensa de ellos, se pueden definir unas características comunes:

- Es un material muy ligero con una excelente aleabilidad, por lo que se le suelen añadir distintos aditivos (también denominados cargas), como fibra de vidrio o carbono para mejorar sus características mecánicas. Sus propiedades mecánicas son, por tanto, muy variables en función de su mezcla con aditivos o cargas.
- Es un muy buen aislante térmico, eléctrico y acústico. Totalmente inmune a la corrosión, fácilmente maquinable y en su mayoría fundible. Su mayor inconveniente es que suele degradarse con los rayos UV.
- Es un material reciclable, aunque no al 100 % como suele ocurrir con la mayoría de los metales. El material reciclado debe ser mezclado con materia prima original en proporciones que nunca suelen superar el 30 %.

Se pueden realizar tres grandes grupos de plásticos según su proceso de obtención:

- **Termoplásticos:** los termoplásticos son polímeros unidos mediante fuerzas intermoleculares que forman estructuras lineales o ramificadas. Sometidos a temperaturas relativamente bajas (suelen fundir a partir de los 85 °C) se vuelven flexibles o deformables. Los termoplásticos de uso más frecuente son el PVC (cloruro de polivinilo), el PP (polipropileno), el PS (poliestireno) y el PET (tereftalato de polietileno). Los termoplásticos más técnicos que suelen utilizarse en la elaboración de piezas para máquinas y equipos son el PA (poliamida), el PC (policarbonato) y el ABS (acrilonitrilo butadieno estireno).
- **Termoestables:** su estructura es altamente reticulada, lo que hace de ellos unos plásticos de alta resistencia a esfuerzos y temperatura, a la vez que de baja elasticidad, por lo que son materiales frágiles. Un parámetro característico de los materiales termoestables es su punto de gelificación (punto en el que el material pasa de manera irreversible de un estado líquido a gel elástico) ya que una vez que se ha traspasado, el material deja de fluir y no puede ser moldeado o procesado de nuevo. En esta categoría tendríamos al poliéster, las resinas epoxi y el poliuretano.
- **Elastómeros:** se encuentran unidos por medio de enlaces químicos adquiriendo una estructura final ligeramente reticulada. Sus principales características son su elevada elasticidad y su flexibilidad frente a cargas antes de romperse o fracturarse. En su mayoría no se funden o se deforman al calentarse, sino que se degradan. El caucho sintético, la goma, el neopreno y las siliconas son materiales de esta categoría.

5.4.4. Materiales cerámicos

Los materiales cerámicos también son materiales que proceden de la prehistoria, cuando ya se utilizaban para la elaboración de recipientes. Su evolución y mejora, así como la incorporación de otros materiales de esta categoría como el vidrio o la porcelana, fueron añadiendo usos y prestaciones a esta categoría. Ya en nuestros días han tenido incorporaciones de altas prestaciones, como la fibra de vidrio, los semiconductores o la fibra óptica, entre otros.

Los materiales cerámicos son inorgánicos de estructura cristalina, con enlaces muy fuertes. Esto los hace muy duros y duraderos, pero frágiles y poco tenaces. Por lo general, son altamente aislantes térmicos y eléctricos. Funden a altas temperaturas, por encima de 1000 °C. Existen materiales cerámicos totalmente opacos, traslúcidos y transparentes.

Figura 5.10. Manipulación de la fibra de vidrio.

La extremada dureza de algunos materiales cerámicos los hace ideales para fabricar herramientas para la mecanización de metales u otros sólidos. También suelen ser materiales abrasivos, con los cuales pulir superficies.

La gran variedad de este tipo de materiales hace que estén presentes en sectores tan dispares como la construcción, los utensilios de cocina, la medicina, la electrónica o la automoción, además de lo ya mencionado para la elaboración de herramientas.

5.4.5. Composites o compuestos

El composite o compuesto es en realidad el constituido por dos componentes o más de forma que potencian las prestaciones que tendrían por separado. A diferencia de los materiales analizados hasta ahora, en este caso no reaccionan químicamente entre ellos por lo que permanecen perfectamente identificables en el material resultante.

Normalmente uno de los materiales es el denominado base o matriz, cuyo origen puede ser uno de los ya estudiados: metálicos, poliméricos o cerámicos. Los materiales reforzantes quedarán firmemente adheridos a la matriz. Su origen puede ser de naturaleza diversa: carbono, silicio, boro, etc. Y su forma también es muy variable: fibras, plaquetas, mallas, partículas, etcétera.

Como ya se ha dicho, el material resultante tiene propiedades muy superiores a las de los materiales individuales; por ejemplo, la fibra de carbono tiene una dureza comparable a la del acero, pero es hasta ocho veces más ligera porque su componente matriz es un polímero reforzado con carbono. Este tipo de composite es muy apreciado en aeronáutica o automoción de alta gama o competición.

A esta categoría también pertenecen los ***cements,*** que son compuestos de material cerámico con metal, donde se combinan la dureza de la cerámica con la tenacidad del metal, por lo que resultan ideales para la fabricación de herramientas de corte.

5.5. Tratamientos térmicos y termoquímicos

El uso de los tratamientos térmicos y termoquímicos permite añadir o aumentar ciertas características a los aceros, aleaciones y metales en general. Es por este motivo que tienen una importancia extrema en la industria. Es preciso conocer los distintos tratamientos, cómo se realizan y el resultado obtenido con cada uno de ellos para entender plenamente lo que se puede esperar de cada proceso.

Figura 5.11. Recopilación de diferentes piezas mecanizadas en acero.

5.5.1. Fundamentos de los tratamientos térmicos y termoquímicos

Existen numerosos tratamientos térmicos en función del objetivo a lograr que se pueden aplicar a los distintos metales y aleaciones. Con ellos se consigue endurecer o ablandar, modificar total o parcialmente las características mecánicas, modificar la estructura cristalina, embellecer o proteger contra la oxidación al material.

En general, los tratamientos térmicos consiguen modificar la estructura cristalina del acero por medio de calentar la pieza para posteriormente enfriarla.

Importante

El templado hace variar dimensionalmente y produce deformaciones en las piezas a las que se les aplica. Para que esta variación sea lo más pequeña posible, en las ocasiones que así se requiere, se interrumpe este enfriamiento a temperaturas entre 180 °C y 500 °C.

5.5.2. Temple

El temple es un tratamiento de endurecimiento del acero; se le somete a una temperatura elevada, determinada por encima de su punto de transformación, para de este modo modificar su estructura cristalina debido a que durante este proceso se incorpora carbono. Seguidamente se le aplica un enfriamiento rápido a velocidad superior a la crítica. Para conseguir una dureza uniforme el acero debe calentarse y enfriarse en su totalidad a la misma temperatura y velocidad. En función del carbono adquirido por el acero durante este proceso, este acero tendrá una mayor o menor dureza.

Figura 5.12. Piezas de acero en un horno para aplicarles el tratamiento térmico de templado.

Sabías que

Hace años, e incluso en la actualidad, como reparación de urgencia se calentaba el acero por medios convencionales, como bien podría ser un soplete, e inmediatamente después se enfriaba con agua. Como este sistema no calienta ni enfría el material uniformemente ni a temperaturas controladas, no se puede asegurar un grado ni uniformidad en la dureza conseguida.

Los aceros templados son muy frágiles debido a la aportación del carbono, por lo que en muchos casos las piezas necesitarán un tratamiento posterior, como el revenido.

5.5.3. Revenido

Tal y como se ha explicado, el acero templado alcanza su máxima dureza dependiendo del carbono que incorpora, pero esto lo hace más frágil. El revenido consiste en volverlo a someter nuevamente a temperatura, pero en esta ocasión a temperaturas relativamente bajas. Un revenido a temperaturas entre 400 °C y 600 °C le otorga al acero una mayor elasticidad y resistencia a cambio de perder dureza, mientras que el revenido a temperaturas de entre tan solo 150 °C y 220 °C consigue eliminar parte de las tensiones adquiridas durante el enfriamiento sin apenas alterar la dureza alcanzada. El equilibrio entre la temperatura alcanzada y la duración del revenido será lo que determinará la pérdida de dureza alcanzada en el templado frente a la resistencia y eliminación de tensiones. En algunos casos pueden ser necesario dos y hasta tres revenidos consecutivos.

5.5.4. Cementación

Por medio de la cementación se logran durezas superficiales elevadas en el acero. Este proceso se basa en la aportación de carbono sobre la superficie del material.

En la cementación, las piezas son calentadas a una temperatura de unos 900 °C aportando carbono a la superficie para que este penetre en función del tiempo de aportación. Este procedimiento, aunque se puede efectuar con medios sólidos (carbón, sales, etc.), en la industria actual se realiza por medios gaseosos (CO, H2, N2, CmHn) ya que de este modo se puede controlar la profundidad del tratamiento.

Después del proceso de calentamiento y aportación del carbono se efectúa un enfriamiento rápido para alcanzar la dureza superficial necesaria. Los aceros con bajo contenido en carbono alcanzan una dureza superficial elevada con núcleo dúctil, obteniéndose así piezas de elevada resistencia.

5.5.5. Nitruración

En aleaciones del acero con cromo, vanadio o aluminio se puede aportar nitrógeno a la pieza durante su proceso de calentamiento, esta vez a una temperatura aproximada de 550 °C. Esta aportación de nitrógeno se efectúa sumergiendo las piezas en sales específicas o sometiéndolas a una atmósfera de amoniaco. Por medio de la nitruración se consiguen durezas superficiales extremadamente elevadas con deformaciones mínimas, ya que como hemos indicado la temperatura del tratamiento es relativamente baja.

5.5.6. Carbonitruración

En la carbonitruración la aportación al acero es, como su nombre indica, de carbono y nitrógeno. Este tratamiento tiene la ventaja de que pueden alcanzarse espesores de hasta 1,5 mm combinando la dureza de esta capa superficial con un núcleo tenaz y resistente tanto a fatiga como a torsión. La forma de aplicación de este tratamiento es prácticamente idéntica a la cementación con adición de nitrógeno.

5.5.7. Recocido

Al contrario que con el templado, con el recocido se pretende el ablandamiento del acero para eliminar deformaciones que podrían haberse generado por el templado o, incluso, por la temperatura alcanzada durante la mecanización. Para ello, se somete a las piezas a temperaturas de unos 800 °C que se alcanzan en un periodo breve, para llevarlas lentamente a temperatura ambiente.

Actividad resuelta 5.2

Explica esquemáticamente el proceso del templado.

Solución:

El templado es un proceso de endurecimiento del hierro en el que lo calentaremos por encima de su punto de transformación para después enfriarlo rápidamente.

5.6. Formas comerciales de los materiales

Es muy importante conocer los distintos formatos comerciales en los que se pueden encontrar los distintos materiales en bruto. El formato ideal de entrada dependerá del tipo de industria, tipo de material, características físico-mecánicas requeridas, geometrías piezas, etc. Por ejemplo, es muy diferente un taller de calderería a un taller de mecanizado, o una pieza cilíndrica de una ortogonal, una pieza sometida a grandes esfuerzos que otra que no lo requiera.

Como se puede ver, el tipo de manipulación, geometría y destino final son parámetros fundamentales para determinar el formato de material en bruto que será el apropiado.

En el mercado se pueden encontrar múltiples formas de los materiales en bruto para trabajar con ellos, pero las más comunes son las que se verán en los siguientes apartados.

Figura 5.13. Materiales en bruto listos para mecanizar.

Bobina

Es un rollo de chapa de acero o aluminio de espesor uniforme. Puede tener distintos espesores dependiendo del material, aunque nunca llegará a tener grandes espesores. Por ejemplo, el espesor máximo del acero inoxidable en bobina suele ser de 2 mm.

Se utilizan en infinidad de ámbitos industriales como, por ejemplo, en la estampación metálica, estructuras, cubiertas, soportes y un largo etcétera. También pueden ser bobinas de plástico que se utilizan para los termoconformados.

Figura 5.14. Bobinas de chapa de acero en bruto utilizadas en estampación metálica.

Chapa

Plancha rectangular que puede llegar a tamaños de 2000 x 6000 mm. A diferencia del material en bobina, en chapa existen espesores mucho mayores que llegan a superar los 30 mm. Al igual que el material en bobina, este formato también se utiliza en múltiples aspectos industriales, incluidos los talleres de mecanizado. Cuando la chapa tiene un formato estrecho, se denomina pletina.

Barra

Material largo, estrecho y macizo. Puede tener distintas secciones geométricas en función del uso posterior (cuadrada, hexagonal, redonda). Por ejemplo, una barra de sección redonda es

Figura 5.15. Barras de acero utilizadas como materia base en mecanizados.

muy utilizada en talleres de mecanizado para la elaboración de piezas de revolución con un torno. En este formato también se encuentran las denominadas barras calibradas de elevada calidad y mínima tolerancia dimensional.

□ Tubo

Al igual que la barra, hablamos de material en un formato largo y estrecho, pero en este caso hueco. También se puede encontrar con distintas secciones geométricas. Es material en bruto muy utilizado también en los talleres de mecanizado.

□ Perfiles

En este caso también hablamos de barras, pero en esta ocasión de secciones más complejas (L, T, U, H, etc.), igualmente macizas.

Todos los formatos descriptos se pueden encontrar tanto metálicos como plásticos.

Importante

No hay que olvidar que para mejorar las características dimensionales de las piezas obtenidas por otros procesos (fundición, inyección, estampación, etc.), estas se utilizan como materia base para su posterior mecanización.

5.7. Materiales y sus condiciones de mecanizado

Cuando se inician los trabajos de mecanizado, lógicamente se debe asegurar tanto el material a utilizar como las condiciones en la que se deberá realizar este trabajo.

No será lo mismo mecanizar un tipo de acero que otro, así como tampoco es lo mismo mecanizar aluminio, cobre, plásticos, etc. Tampoco será igual mecanizar con tolerancias dimensionales más o menos estrechas. Los diferentes materiales y condiciones harán que deban tomarse distintas estrategias.

Un término al que hay que acostumbrarse es **maquinabilidad** como una característica de los materiales. Esta dará idea de la facilidad o dificultad del corte, las temperaturas, el desgaste de las herramientas, la formación de virutas, la adhesión del material a la herramienta o, incluso, de la calidad esperada en el resultado final:

- Los materiales duros, como es lógico, se mecanizarán con herramientas más duras y a velocidades y avances medios.
- Si se tratan materiales blandos que suelen tener tendencia a la adhesión se deberán usar herramientas duras, normalmente con revestimientos y con velocidades de arranque de viruta altas.
- Los materiales con un alto índice de conductividad térmica se tratarán con herramientas de altos índices de dureza en caliente y velocidades y avances relativamente bajos.
- El material abrasivo requerirá lógicamente herramientas resistentes a la abrasión, adaptándose la velocidad y el avance al trabajo específico. Como puede intuirse, el cambio de

herramienta por su deterioro será un parámetro importante que debe tenerse en consideración.

- Los materiales con tendencia a endurecer se mecanizarán con herramientas de bordes agudos y con avances rápidos.

Figura 5.16. Máquina herramienta mecanizando con lubricante.

Además de estas observaciones, se deben considerar la lubricación y la refrigeración de la pieza durante el mecanizado para eliminar el material sobrante, a la vez que evitar el aumento excesivo de temperatura, así como incluso el control de la temperatura de la sala para mecanizados de alta precisión dimensional.

Como se puede ver no todo es mecanizado de hierro fundido o acero que, suele ser el más habitual y en el que tradicionalmente se suele pensar, ya que en realidad existen muchos más materiales con características muy diferentes a los aceros tradicionales, cada uno con sus condiciones de maquinabilidad.

La gran variedad de materiales existentes en la actualidad ofrece múltiples ventajas para infinidad de aplicaciones que además entran en combinación con los formatos en que pueden encontrarse estos materiales. También con el añadido ya comentado del uso de piezas obtenidas por las distintas tecnologías de fabricación de piezas como base de material a mecanizar. Esto nos obliga a un estudio y planificación detallada tanto del proceso a seguir como de las herramientas a utilizar en el mecanizado.

Todos los materiales estudiados, así como las distintas piezas obtenidas por las diferentes tecnologías de fabricación, son susceptibles de ser mecanizados.

Actividad propuesta 5.2

Para un mecanizado de alta precisión dimensional, ¿qué materiales pueden ser óptimos y qué consideraciones deberás tener en su mecanización?

5.8. Riesgos en el mecanizado y la manipulación de ciertos materiales: explosión, toxicidad y contaminación ambiental, entre otros

Antes de comenzar cualquier tipo de operación de fabricación se deben evaluar los posibles riesgos tanto de manipulación como de contaminación que se pudieran ocasionar. Durante la mecanización pueden producirse riesgos muy importantes que deben ser considerados.

Figura 5.17. La mecanización con aceites refrigerantes puede producir salpicaduras y contaminación.

5.8.1. Riesgos personales y materiales

Los primeros riesgos que se deben evaluar son los personales durante la manipulación de los materiales y los trabajos a realizar. Se estará expuesto a cortes y salpicaduras, por lo que será importante respetar y usar todos los equipos de protección individual (EPI).

- Ropa adecuada que proteja el cuerpo tanto de daños físicos como de suciedad.
- Guantes protectores contra cortes y golpes.
- Gafas protectoras contra salpicaduras de virutas y líquidos refrigerantes, así como de luz intensa en trabajos de soldadura.
- Auriculares o tapones auditivos de protección contra niveles elevados de sonido que se producen durante los trabajos de mecanizado.
- Mascarilla para proteger del polvo, el humo o los vapores tóxicos que se puedan producir.
- El calzado de seguridad es también muy importante, ya que protege ante las caídas de material, así como de incrustaciones inesperadas que pudieran producirse.

También hay una particularidad que se da con muchos de los materiales con los que se trabaja y que debe tenerse muy en cuenta. En los trabajos de mecanizado se producen temperaturas elevadas en las zonas de material que se están trabajando, bien sea por la abrasión, bien por el propio arranque de viruta. Esto puede producir un incendio accidental en estas zonas y la propagación del fuego en los materiales inflamables.

Muchos metales son inflamables si están en polvo, cosa muy habitual durante los trabajos de mecanizado. Por este motivo debe tenerse especial cuidado al trabajar con aluminio y sus aleaciones.

En el caso del magnesio el riesgo de incendio y explosión es elevado, por lo que su mecanización deberá realizarse con medidas excepcionales de protección, tales como la extracción continua del polvo y de las virutas que se producen durante el mecanizado, cabinas especiales y aplicación de refrigerantes especiales.

En general, estos riesgos siempre se deben tener en cuenta anticipadamente para así no lamentar daños materiales y mucho menos daños personales.

Figura 5.18. Trabajar con la protección adecuada minimiza el riesgo de accidentes.

5.8.2. Riesgos medioambientales

Siempre hay que tener un especial cuidado con el medio ambiente y evitar en lo posible cualquier posible contaminación. Al medio ambiente hay que evitarle especialmente los siguientes riesgos:

- **Residuos de líquidos refrigerantes y lubricantes:** hay que prestar atención a su manipulación, fugas, salpicaduras y desechos. Estos últimos deben ir a contenedores específicos.
- **Virutas producidas en la mecanización y sobrantes:** prácticamente todos los materiales utilizados actualmente son reciclables, sobre todo, los metales. Para ello, no se deberán mezclar los residuos producidos, que deberán mantenerse separados en contenedores específicos independientes.

Importante

Trabajar manteniendo limpios y ordenados los puestos de trabajo, y respetando la protección personal y la del medio ambiente, es garantía de un buen quehacer y, a la vez, una muestra de respeto hacia el entorno.

- **Emisiones de nieblas de aceites y gases:** el principal peligro es la ingestión y por eso es importante el uso de mascarillas, pero una emisión libre es un contaminante del medio natural, por lo que debe ser aspirada y filtrada adecuadamente.

Figura 5.19. Residuos industriales separados para su reciclaje o eliminación controlada.

5.8.3. Influencia ambiental del tipo de material seleccionado

Dependiendo del material seleccionado para realizar las piezas se tendrá una mayor o menor influencia sobre el medio ambiente. En la industria actual, esto es un parámetro importantísimo a tener en consideración; de hecho, existe incluso una certificación internacional que indica que las empresas están bajo unos estándares de baja o nula contaminación. La certificación ISO 14001, de sistemas de gestión ambiental, vela por el uso de herramientas que integren el medio ambiente en la gestión global de las empresas.

Sabías que

La implantación de un sistema de gestión ambiental según la certificación UNE-EN ISO 14001 posiciona a la empresa como socialmente responsable, diferenciándola de su competencia, reforzando de forma positiva su imagen delante de clientes y consumidores.

Todo lo expuesto hace que se deba ser muy cuidadoso con los materiales seleccionados para la fabricación, ya que eso determinará el tipo de gestión tanto de los residuos generados durante la fabricación como de la propia responsabilidad de la empresa en la reciclabilidad de los productos una vez que estos queden fuera de uso. Nunca será lo mismo tratar con materiales totalmente reciclables, como pueden ser metales como el acero o el aluminio y sus aleaciones, que trabajar con algunos plásticos como el PVC y el PS, que son de baja reciclabilidad.

Una consideración muy importante es que para la obtención de los materiales también se puede incurrir en contaminación, como ocurre con el acero, por ejemplo. Es cierto que el «resultado final» es totalmente reciclable y, por tanto, «no contaminante», pero durante su obtención se producen gases que sí lo son que deben ser tratados para no contaminar el medio ambiente.

La mentalización colectiva, sumada a la legislación que se va incorporando en relación con lo medioambiental y la reciclabilidad, hace de estos parámetros un factor fundamental a tener en cuenta en la industria.

5.9. Ventajas y problemas de la reducción de costes

Cuando se habla de reducción de costes industriales se suele pensar que esto va únicamente en beneficio del fabricante, pero aunque esta afirmación pueda tener algo de cierto, este objetivo no es el único. La industria está cada vez más comprometida en conseguir productos más económicos para que estos alcancen a un número mayor de destinatarios o clientes. Esto no quiere decir que esta reducción del precio final pueda afectar a la calidad del producto ni a los beneficios comerciales.

Figura 5.20. La diferente simbología que se aplica a la reducción de los costes industriales.

La rapidez en poner un nuevo producto en el mercado es un parámetro competitivo fundamental. El que llegue primero al mercado con un producto mejor y de unas prestaciones superiores a los existentes o, incluso, con un producto totalmente novedoso tiene casi garantizado el éxito. Este hecho es también uno de los motivos por el que diseños ya existentes en el mercado son objeto de un rediseño para mejorar la calidad y la fiabilidad, a la vez que reducir los costes para aumentar beneficios y abaratar el precio final. Conseguir esta ecuación es complejo; aportará grandes ventajas, pero no está exenta de riesgos.

> **Importante**
>
> La **calidad concertada** es un concepto previo al lanzamiento del producto. Cliente y proveedor deben acordar las características mínimas que deberán tener las piezas, subconjuntos o servicios contratados. Tener claramente definidos estos estándares de calidad permitirá, tras los diferentes estudios y experiencia adquirida durante las fabricaciones, aplicar las correcciones necesarias que posibiliten reducir costes sin afectar a la calidad acordada.

☐ Ventajas de la reducción de costes

Una de las principales ventajas será la disminución del coste derivado de la producción. En este aspecto cabe resaltar que esta reducción tiene diferentes derivadas. Las principales serán:

- Cambio de los materiales en las piezas. Un estudio más detallado de las funcionalidades, así como de las propiedades necesarias que deben tener las piezas, puede hacer posible el cambio de los materiales por otros más económicos sin alterar funcionalidades, fiabilidad o durabilidad.
- Los cambios en los diseños a productos más simples lograrán reducir los costes manteniendo la misma calidad.
- El estudio y optimización de los procesos logrará reducir los costes de fabricación sin alterar en absoluto el resultado final.

☐ Problemas de la reducción de costes

Los riesgos son los derivados de la precipitación o de no estudiar en profundidad las características en los cambios aplicados:

- **Pérdida de la calidad final del producto:** acabados inadecuados, debilidad, baja durabilidad. Cuando un producto está en el mercado, este no aceptará una pérdida de la percepción de la calidad.
- **Procesos inestables:** un proceso de fabricación inestable puede deberse a la falta de calidad de las piezas (por materiales o diseños inadecuados) que repercutirá en producciones más lentas y complejas. La baja calidad repercute en gastos.
- **Riesgos físicos:** los materiales frágiles o inadecuados pueden producir daños al poner en riesgo a personas o materiales frente a posibles roturas o malos funcionamientos de los equipos fabricados.
- **Contaminación ambiental:** como ya se ha mencionado, en la selección de los materiales debe tenerse muy en cuenta este parámetro y en los procesos de reducción de costes este factor se debe mantener como uno muy importante.

Enlaces web de interés

https://grupocarman.com/blog/2014/10/02/tipos-de-materiales-en-el-mecanizado/
Blog del grupo Carman sobre materiales en el mecanizado.

https://www.demaquinasyherramientas.com/mecanizado/materiales-segun-la-norma-iso
Web divulgativa de clasificación de materiales según las normas.

https://www.insst.es/materias/equipos
Web del Instituto Nacional de Seguridad y Salud en el Trabajo donde se explican los EPI.

Caso práctico RESUELTO

Selección de materiales de mecanizado

Realiza una pieza con geometrías muy complejas y de alta precisión dimensional, elevada resistencia a la oxidación y peso extremadamente bajo. La pieza, además, es de un alto volumen de producción. Determina el material, el proceso y las precauciones que debes tener en consideración.

Solución:

- Al tratarse de una pieza de formas geométricas y alto volumen de producción deberá ser una pieza cuya base sea por inyección de material en un molde.
- Por otro lado, debe tener una alta precisión dimensional, por lo que esta pieza base lograda por inyección deberá ser mecanizada ya que este proceso de mecanización es de mayor precisión dimensional.
- La pieza deberá ser metálica debido a que de este modo se consigue un mejor comportamiento durante el mecanizado y, por tanto, una mayor precisión y estabilidad dimensional.
- El hecho de que deba tener una elevada resistencia a la oxidación nos hace descartar el hierro y el acero.
- También se precisa un peso extremadamente bajo, por lo que un material adecuado podría ser el magnesio.

Estos puntos señalados pueden cumplir con los requisitos expuestos, pero el polvo de magnesio es altamente inflamable, por lo que los residuos que se produzcan durante su mecanizado deben ser aspirados de forma automática e inmediata y la pieza debe mantenerse refrigerada durante la mecanización.

Siempre se deberán cumplir todas las normas y precauciones de protección, tanto personales como medioambientales, y utilizar los EPI (equipos de protección individual) adecuados.

Caso práctico PROPUESTO

Selección de materiales de mecanizado

Realiza una pieza única con geometrías no demasiado complejas y de alta precisión dimensional, y elevada resistencia a la oxidación y a la rotura. El peso no es un inconveniente. Determina el material, el proceso y las precauciones que debes tener en consideración.

Mapa conceptual

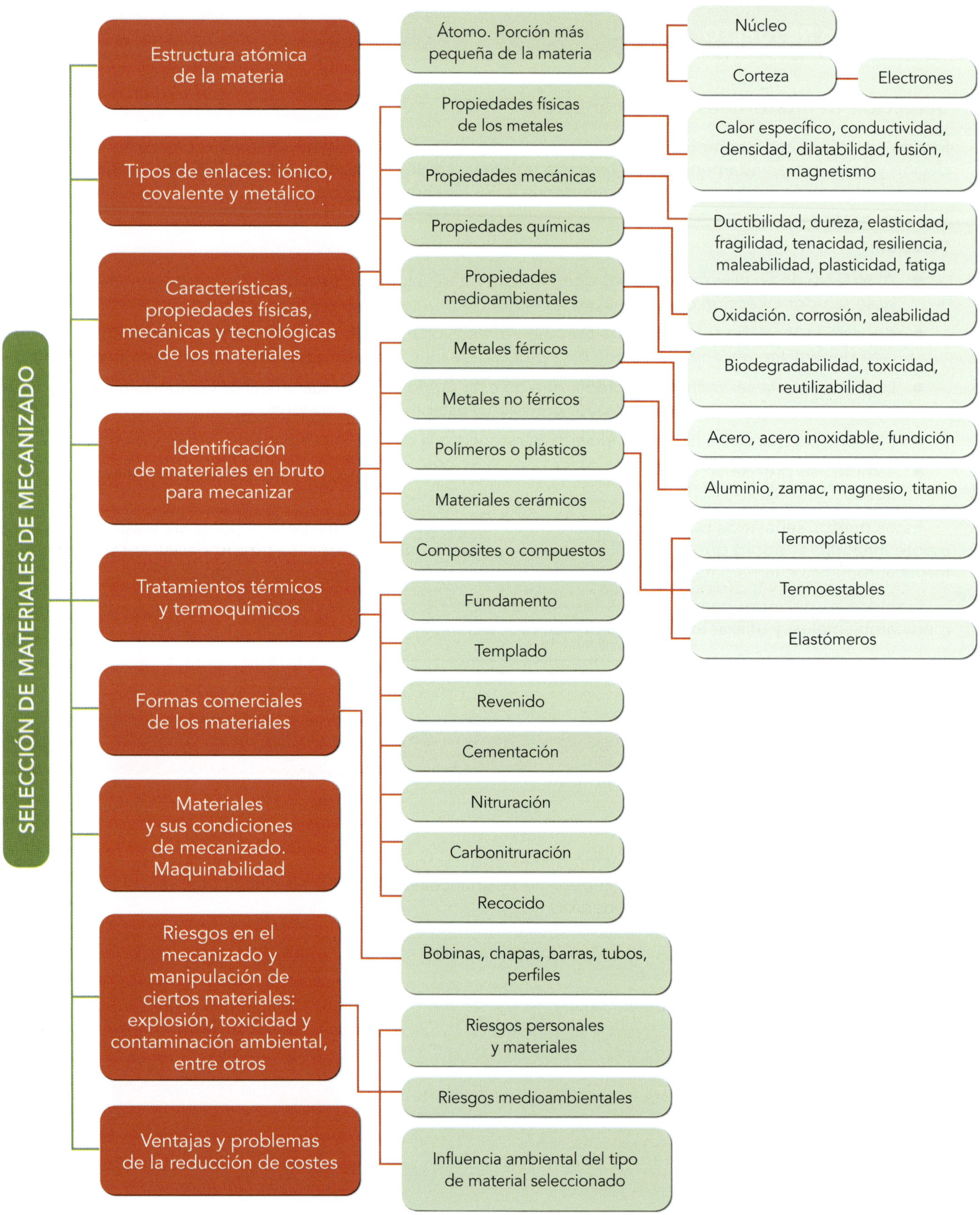

DE COMPROBACIÓN

5.1. ¿Cuál es la porción más pequeña de la materia que conserva sus características?

a) Electrón.

b) Protón.

c) Átomo.

5.2. El electrón tiene carga:

a) Positiva.

b) Negativa.

c) No tiene carga.

5.3. ¿Cómo se llama la facilidad que tiene la materia de permitir el paso a través suyo de la temperatura o electricidad?

a) Conductividad.

b) Dilatabilidad.

c) Magnetismo.

5.4. La capa exterior de la materia base con el oxígeno puede crear una capa denominada:

a) Óxido.

b) Corrosión.

c) Protección.

5.5. El aluminio es un material compuesto de:

a) Hierro y cromo.

b) Es un metal férrico puro.

c) Es un metal no férrico puro.

5.6. El acero inoxidable:

a) Es un acero que no se oxida.

b) Es hierro recubierto de una capa protectora.

c) Es un acero que crea una película muy delgada de óxido de cromo.

5.7. ¿Cómo se denominan las propiedades de los materiales relacionadas con su afectación contaminante?

a) Medioambientales.

b) Contaminantes.

c) Reciclables.

5.8. En un enlace iónico:

a) Se transfieren la totalidad de los electrones de la capa de valencia.

b) Los átomos son de una electronegatividad similar.

c) Los electrones de la capa de valencia se comparten entre más de un átomo colindante.

5.9. ¿Qué puedes afirmar de los plásticos como materiales?

a) Son los más idóneos para la fabricación de piezas.

b) Son inmunes a la corrosión.

c) No son contaminantes.

5.10. Los tratamientos térmicos y termoquímicos:

a) Añaden o aumentan ciertas características de los aceros.

b) Se utilizan para reciclar el acero.

c) Convierten el hierro en acero.

5.11. ¿Qué se busca con la reducción de costes?

a) Únicamente aumentar los beneficios de fabricación.

b) Aumentar la calidad del producto.

c) Aumentar beneficios sin disminuir la calidad.

Actividades finales

DE APLICACIÓN

5.12. Comenta de forma simplificada la estructura atómica.

5.13. Describe qué es la capa de valencia atómica.

5.14. Explica las propiedades siguientes indicando a qué categoría pertenecen:
Dilatabilidad.
Magnetismo.
Dureza.
Elasticidad.
Corrosión.
Reutilizabilidad.

5.15. Define y pon un ejemplo de los siguientes materiales:
Metales férricos.
Metales no férricos.
Composites.

5.16. Explica en qué consiste la cementación.

5.17. ¿Puede revertirse un proceso de templado? Si es así, ¿cómo y qué nombre tiene?

5.18. Enumera las principales formas comerciales en las que se encuentran los materiales.

5.19. Resume los principales riesgos y cómo protegerte de ellos en un proceso de mecanizado.

5.20. ¿Qué objeto tiene la reducción de costes en la fabricación de piezas y en qué formas se puede intervenir para lograrlo?

DE AMPLIACIÓN

5.21. Si decides mecanizar un polímero, ¿qué dificultades se han de afrontar y qué precisiones dimensionales se pueden lograr?

5.22. Además de los tratamientos térmicos o electroquímicos puedes aplicar recubrimientos. ¿En qué consisten? Pon un ejemplo.

5.23. Busca una noticia de algún accidente durante el mecanizado de magnesio y explícala.

5.24. Pon un ejemplo de gestión medioambiental de un material plástico y explícalo.

6 Verificación dimensional

En muchas ocasiones no se piensa en los procesos de medición o no se les da la importancia debida. La verificación dimensional es, en realidad, mucho más que la mera comprobación del resultado. Es la puesta en realidad de lo que hasta en ese momento era teoría. En los diseños, la fabricación de los útiles y máquinas de fabricación, la puesta en marcha de los equipos, en todas las tareas previas al resultado final, todo es «perfecto», todo hasta que se obtiene la pieza real. Sin embargo, no existe una pieza real perfecta. Siempre tendrá desviaciones con respecto a la pieza teórica. Asumiendo este hecho podemos ser capaces de determinar si estas desviaciones son o no admisibles para una correcta funcionalidad, pero para este fin es preciso medir y hacerlo con la efectividad y la fiabilidad necesarias.

Contenidos

Objetivos

- Concienciar de la importancia del proceso de medición dimensional.
- Conocer las posibilidades técnicas que existen para determinar las dimensiones.
- Distinguir los distintos equipos de medición y su clasificación.
- Aprender los términos que se utilizan en metrología y su significado.
- Obtener los conocimientos para una correcta selección del equipo idóneo para cada fin.
- Saber cuáles son los cuidados que se requieren para los fines metrológicos.
- Analizar los resultados obtenidos en una medición.

6.1. Instrumentos y equipos de medición

Lo primero que se debe conocer del mundo de la metrología dimensional son los equipos y los instrumentos que se utilizan y cómo se clasifican. Saber cuáles son sus características, ventajas e inconvenientes ayudará a decidir el mejor instrumento para cada uso.

Los parámetros o aspectos importantísimos que serán determinantes para seleccionar un equipo u otro serán su resolución y su campo o capacidad de medida. La **resolución** es la mínima división de escala del equipo de medida. Por debajo de esta división de escala no se pueden apreciar diferencias. El **campo o capacidad de medida** es el intervalo entre el mínimo valor y el máximo o fondo de escala, del que el equipo tiene capacidad de medición.

En los equipos de metrología dimensional se pueden definir distintas clasificaciones, tales como:

- Por tipo de medición.
- Por magnitud de medida.
- Características específicas.

Dentro de este apartado se verán los equipos más habituales por sus distintas clasificaciones.

6.1.1. Clasificación por tipo de medición

Una clasificación muy genérica es la de los equipos de medición por comparación o equipos de medición directa. Aunque posteriormente se profundizará en ese apartado, es interesante que se pueda empezar a distinguir por este aspecto.

□ Equipos de medición comparativa

Son equipos con los que en realidad no se obtiene una medición, sino que únicamente puede comprobarse si una geometría está o no dentro de la tolerancia esperada. Un ejemplo de este tipo de equipos son las galgas «pasa/no pasa», galgas de espesores, galgas (peines) de comprobación de roscas, galgas de radios, calibres fabricados específicamente, etcétera.

Figura 6.1. Verificación de una rosca con un juego de galgas por comparación.

Un equipo muy utilizado en metrología, prácticamente imprescindible, es el juego de bloques patrón longitudinales (Figura 6.2). Con estos bloques se podrá calibrar, es decir, ver la rigurosidad de los equipos de medición, o pueden utilizarse como patrón de una medida exacta para medir por comparación. Este sería otro caso de medición por comparación.

Figura 6.2. Juego de bloques patrón longitudinales.

Un ejemplo muy frecuente de medición por comparación lo tenemos en la medición con un reloj comparador. Es un equipo de un campo de medición pequeño, no más de 10/12 mm, pero de resoluciones elevadas, normalmente de 0,01 mm o 0,001 mm.

Si hubiera que realizar mediciones rápidas de precisión y de un valor mayor a su campo de medición, se usaría un bloque patrón o una combinación de estos para componer el valor nominal esperado y cuando se pusiera una pieza real, el reloj comparador indicaría entonces las desviaciones de esta respecto al nominal.

En la Figura 6.3 puede verse un ejemplo del proceso de comparación con un reloj comparador. Suponiendo que la altura de una pieza que debe medirse tiene un nominal de 71,5 mm:

a) Con los bloques patrón se compone esta dimensión. Se puede realizar con la suma de tres bloques: 50 + 20 + 1,5.

b) Se ajusta el reloj comparador a cero.

c) Se mide la longitud de la pieza por comparación con la dimensión ajustada.

Figura 6.3. Un reloj comparador proporciona las desviaciones respecto a un patrón.

Importante

Con los equipos de medición digitales es una práctica muy utilizada la medición por comparación, ajustando el «cero» con un patrón para comparar las piezas a evaluar. Un patrón puede estar constituido por uno o varios bloques patrón unidos, uno construido a tal efecto e, incluso, una pieza utilizada con este fin y verificada anteriormente.

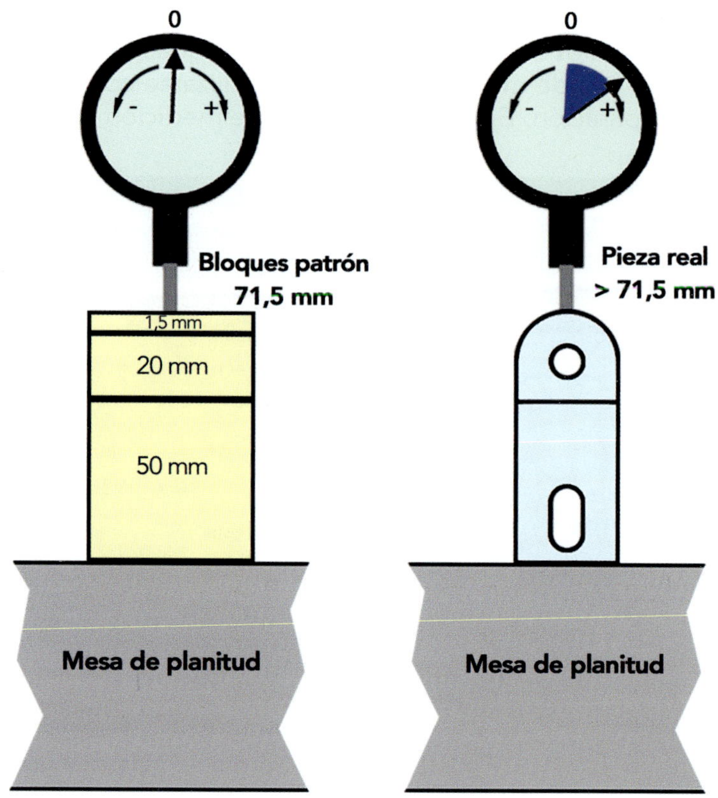

Figura 6.4. Proceso de medición por comparación con un reloj comparador.

Sabías que

La combinación o suma de distintos patrones debe realizarse frotándolos entre sí para desalojar el aire existente entre ellos, ya que este se sumaría a la medida total. Las caras de los bloques patrón que materializan su nominal están lapeadas, es decir, pulidas a espejo, por lo que al frotarlas entre sí desalojan el aire existente entre dos bloques y quedan adheridos.

En el ejemplo de la Figura 6.4 se aprecia que la medición real es superior a la del patrón utilizado, por lo que a la dimensión de 71,5 mm habrá que sumar tantas divisiones de escala como indique el reloj comparador.

Actividad resuelta 6.1

Tienes un juego de bloques patrón longitudinales con los siguientes bloques:

5; 10; 20; 30; 50; 100 y 1,1; 1,2; 1,3 ...; hasta 1,9

a) ¿Qué bloques usarías para componer un patrón de 36,7 mm? (Utiliza el mínimo posible).

b) Si realizas una medición con un reloj comparador y este indica -0,2, ¿cuánto mide la pieza?

Solución:

a) 30 + 5 + 1,7

b) 36,5

Actividad propuesta 6.1

Utilizando el mismo juego de bloques patrón de la Actividad resuelta 6.1, responde:

a) ¿Qué bloques usarías para componer un patrón de 32,4 mm? (Usa el mínimo posible).

b) Si has «patronado» un pie de rey y este indica 0,1 sobre una pieza real, ¿cuánto mide esta?

□ Equipos de medición directa

Son equipos en los que el resultado de la medición será una cifra numérica sin necesidad de ningún *set-up*, a excepción de su puesta a cero. Ejemplos muy sencillos e ilustrativos de este tipo de equipos son una cinta métrica, una regla, un pie de rey, un micrómetro, etcétera.

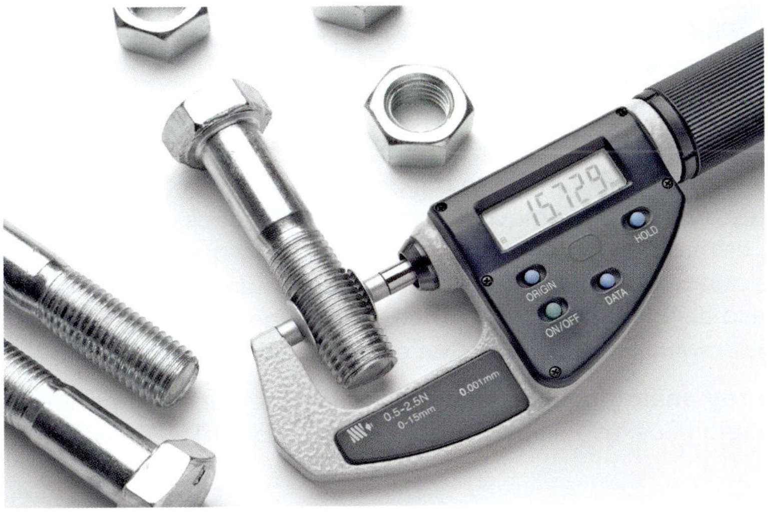

Figura 6.5. Medición con un micrómetro digital.

6.1.2. Clasificación por magnitud de medida

Cuando se piensa en una medición dimensional lo primero que viene a la mente son las medidas de longitud. De hecho, históricamente es donde siempre han existido equipos de mayor precisión.

□ Equipos de medición de longitudes

Para la medición de longitudes se dispone de equipos con capacidad de medición de una, dos o tres coordenadas. En general, todos los equipos suelen tener escalas de medición en milímetros y pulgadas. Se exponen a continuación unos ejemplos.

Figura 6.6. Cinta métrica.

Figura 6.7. Regla graduada.

- **Equipos de medición de una coordenada:** estos equipos, además de los utilizados en los laboratorios de metrología, que suelen ser de mayor precisión, son muy habituales a pie de máquina para las comprobaciones en continuo de la producción. Suele tratarse de equipos robustos y de uso no demasiado complejo. Los de configuración digital combinan la facilidad de lectura y la adquisición de datos automatizada.
  - **Cinta métrica:** es uno de los equipos más conocidos, aunque en el ámbito de la metrología industrial mecánica no tenga apenas uso por su baja resolución y precisión. Su resolución más común es de 1 mm. Su campo de medida es muy amplio: 3, 5 o más metros.
  - **Regla graduada:** también es un equipo muy popular, pero es otro de los instrumentos muy poco utilizados en el ámbito de la fabricación mecánica, aunque las reglas de acero en ocasiones se utilizan como apoyo para la realización de alguna medición. Las reglas de acero

suelen tener una resolución de 0,5 mm. Los campos de medida más comunes de las reglas son de 100, 300 o 1000 milímetros, pero los hay muy variados.

››› **Pie de rey o calibre:** es un instrumento de acero con reglas graduadas. Es muy versátil, ya que combina robustez, precisión y posibilidad de medición de exteriores, interiores y alturas. Existen pies de rey analógicos con lectura a través de nonios, o digitales de lectura directa. Su campo de medida habitual, aunque no es el único, es de 150 mm; además, los hay con bocas de medición especiales para muy distintas aplicaciones (medición de roscas, engranajes, etcétera).

En la lectura de medidas con pies de rey, aunque también con otros equipos, será necesario conocer cómo funciona un nonio. El **nonio** es la combinación de dos reglas graduadas, una fija y otra móvil. En la Figura 6.8 se puede apreciar una lectura de 25,4 mm. La primera división de la escala en la regla móvil supera los 25 milímetros de la regla fija, pero no llega a 26; por tanto, es más de 25. Para saber cuánto más, hay que fijarse en la división de la escala móvil que queda perfectamente en línea con cualquiera de las divisiones de la regla fija, en este caso el 4. Por tanto 25,4 mm. En el margen derecho de la regla móvil del nonio se indica la resolución del equipo, en este es 1/20 (0,05 mm).

›› **Pie de rey analógico:** su lectura se realiza mediante un nonio, aunque también los hay de reloj. Sus resoluciones más comunes son 0,1; 0,05 y 0,02 milímetros.

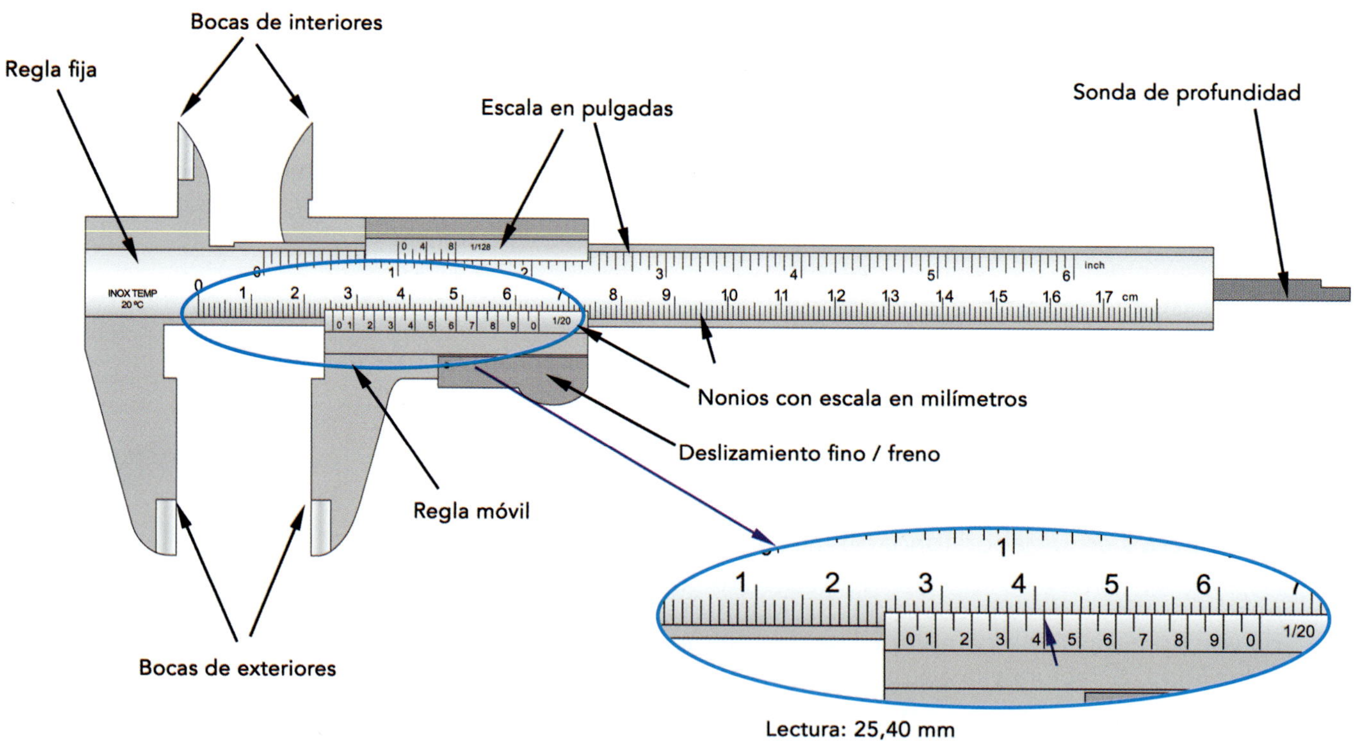

Figura 6.8. Pie de rey analógico con nonio.

›› **Pie de rey digital:** tiene las mismas capacidades y construcción que el analógico, con la única diferencia de que sustituye el nonio por un sistema de lectura digital directa (Figura 6.9). En estos casos su resolución suele ser centesimal, de 0,01 mm.

Figura 6.9. Pie de rey digital.

››› **Micrómetro:** es un instrumento de medición de precisión basado en el avance de un tornillo. Al igual que el pie de rey, es un instrumento muy robusto, de acero y usado desde hace muchos años. Como limitaciones tiene su campo de medida, normalmente de 25 milímetros, y que su configuración estándar es para medir únicamente en exteriores. Sus ventajas son la ya mencionada robustez y su resolución y precisión, que como su nombre indica puede ser micrométrica. Existen tanto de lectura analógica como digital:

›› **Analógico:** su lectura se hace por medio de un nonio, pero en lugar de un desplazamiento longitudinal como en el caso del pie de rey, es un desplazamiento rotacional, ya que su avance es por medio de la acción de un tornillo.

En la Figura 6.10 se puede ver el nonio de micrómetro analógico indicando una medición de 4,68 mm. En la parte del nonio del tambor fijo hay visibles 4 divisiones de milímetros (inferiores) y se llega a ver la siguiente división de los medios milímetros (superiores). Por tanto, en el nonio del tambor fijo hay una indicación de 4,5 mm, pero a estos se debe sumar lo que indica la escala centesimal del nonio del tambor móvil que, en este caso, es de 18 centésimas (0,18 mm). Esto da un resultado de 4,68 mm (4,5 + 0,18).

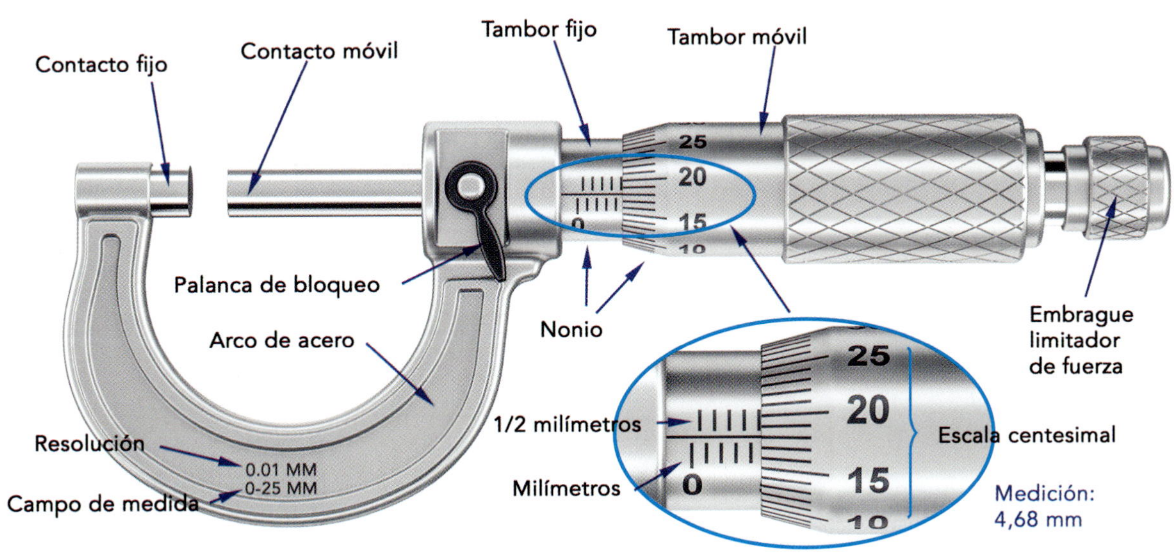

Figura 6.10. Micrómetro analógico.

» **Digital:** el micrómetro digital tiene las mismas capacidades y construcción que el analógico, con la única diferencia de que sustituye el nonio por un sistema de lectura digital directa (Figura 6.11). En los micrómetros digitales la precisión suele ser milesimal, de 0,001 mm.

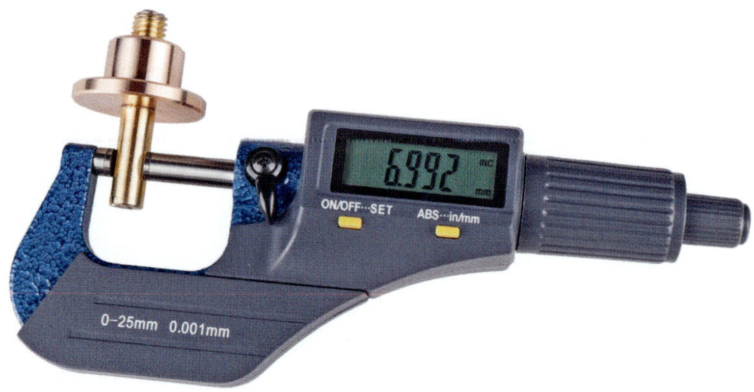

Figura 6.11. Micrómetro digital.

Actividad propuesta 6.2

Interpreta las siguientes mediciones realizadas con un nonio.

- En pie de rey.

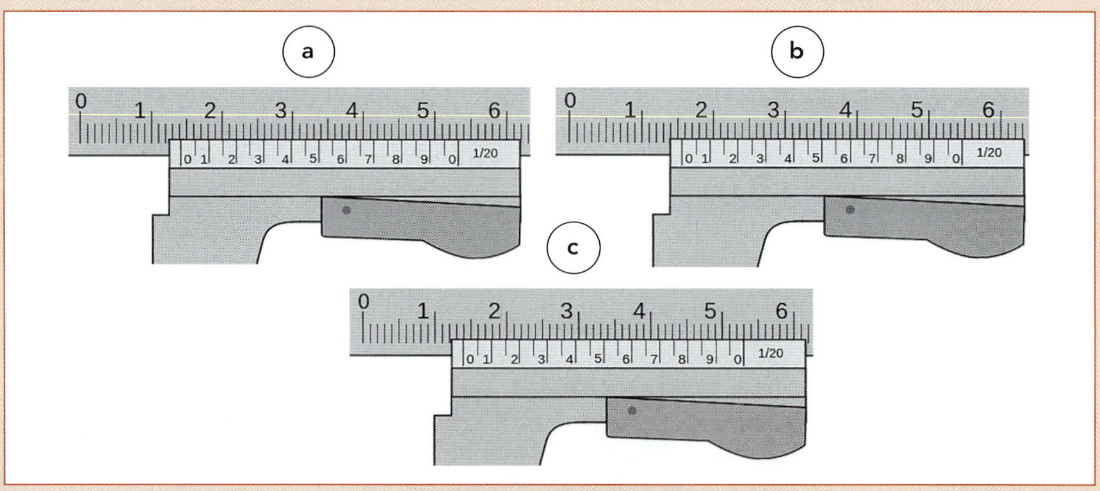

- En micrómetro.

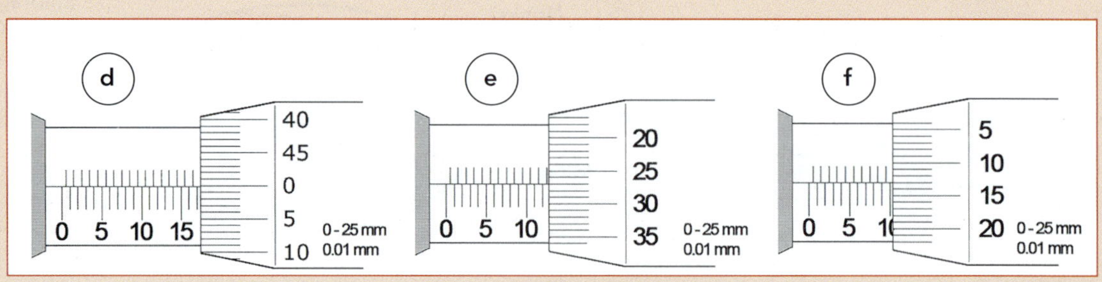

››› **Reloj comparador:** es un instrumento de precisión que normalmente tiene campos de medida muy pequeños (recorridos). Los más habituales no suelen sobrepasar los 2 o 3 milímetros, aunque cada vez son más comunes los de recorridos de 10 a 12 milímetros (Figura 6.3 y Apartado 6.1.1). Existen tanto en ejecución analógica como digital y con resoluciones de 0,01 mm a 0,001 mm. Siempre deben ser utilizados con algún tipo de soporte de sujeción. Son equipos que también se utilizan mucho para la puesta en marcha de máquinas herramientas.

››› **Columna de alturas:** es un equipo que sobre la mesa de planitud ofrece una medida rápida y de precisión. Su campo de medida puede superar los 1000 mm, aunque lo más habitual es que no supere los 700 mm. Las hay de resolución micrométrica, tanto analógicas como digitales. Son las herederas de los trazadores, usados para marcar alturas de referencia para los mecanizados.

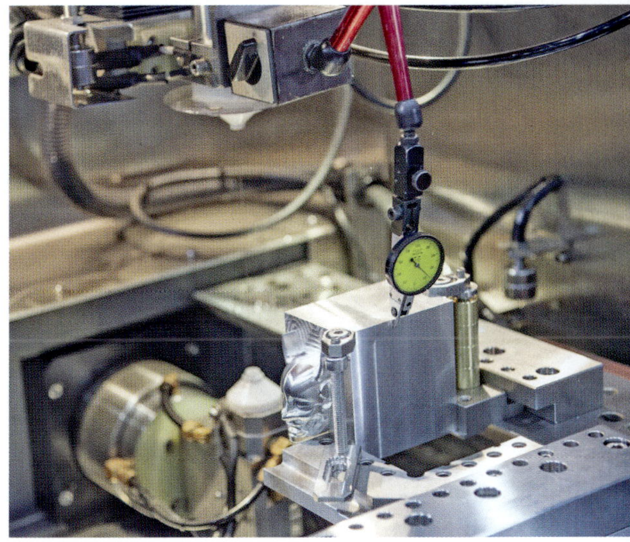

Figura 6.12. *Set-up* con reloj comparador de palanca de una máquina herramienta.

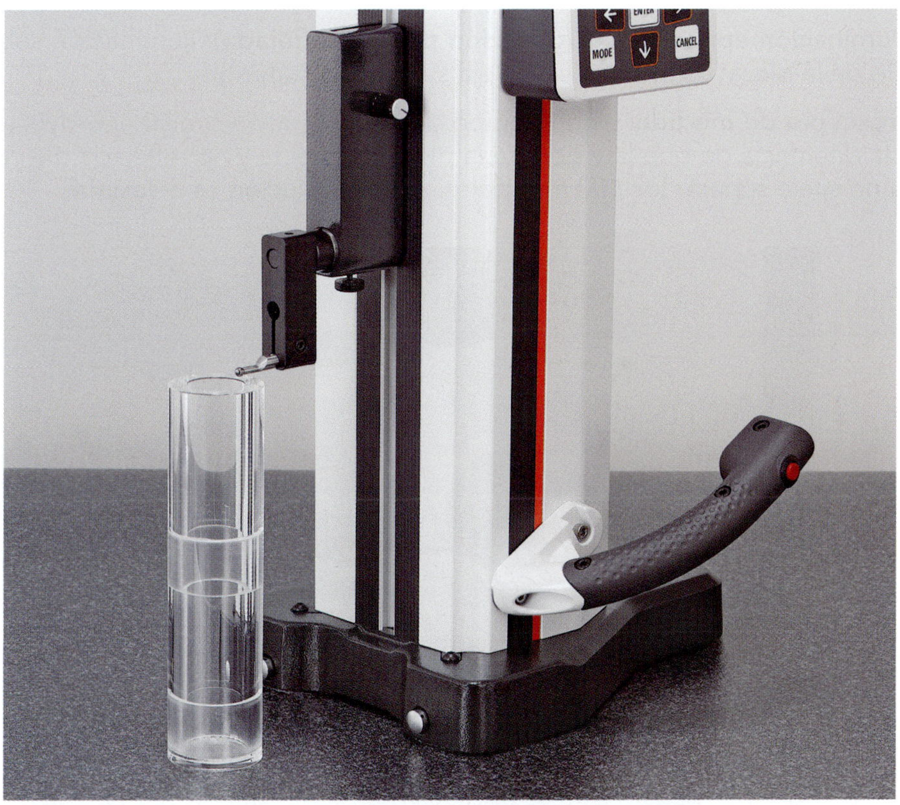

Figura 6.13. Columna de alturas.

- **Equipos de medición de dos coordenadas:** estos equipos suelen ser de uso más habitual en los laboratorios de metrología y no tanto en producción, ya que su uso es más especializado y requieren una mayor protección y cuidado, además de estabilidad ambiental. Esto no quiere decir que su uso en producción esté descartado, ya que esta es cada vez más especializada, requiere de operarios más expertos y ambientes controlados.

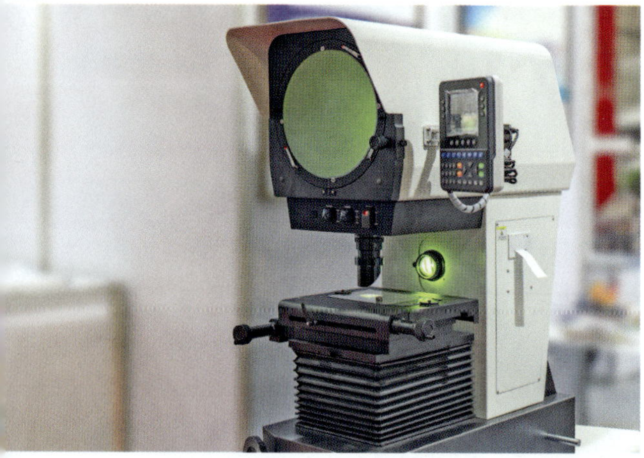

Figura 6.14. Proyector de perfiles.

››› **Proyector de perfiles:** es un equipo que dispone de una mesa que se desplaza en los ejes X e Y donde el apoyo de la pieza es un cristal de alta calidad en esta mesa y que hace de referencia en el plano. Un haz de luz emitida desde debajo de la mesa y que atraviesa el cristal proyecta la sombra de la pieza a través de espejos y objetivos a una pantalla a unos aumentos que determina el objetivo. Esta pantalla tiene una cruz grabada que servirá de referencia para la selección de los puntos a medir. Los movimientos que se hacen al desplazar los ejes son captados por la unidad de control y mostrados en la pantalla digital. Para lograr enfocar la pieza se debe acercar o alejar la mesa al objetivo, pero este movimiento no es de precisión, por lo que no es válido para medición. Su campo de medida es muy variado, aunque los más comunes suelen estar entre 100 mm y 200 mm por eje. La resolución suele ser milesimal.

En realidad, los proyectores de perfiles poseen capacidad para dos tipos de iluminación:

›› **Iluminación diascópica (proyección por luz transmitida):** desde debajo de la pieza, con lo que proyecta su sombra y se ve su contorno.

›› **Iluminación episcópica (proyección por luz reflejada):** iluminación sobre la superficie de la pieza, con lo que se refleja su imagen superior.

››› **Microscopio de medida:** es un equipo de configuración similar al proyector de perfiles con la diferencia de que la visión de la pieza es directa y no reflejada. Su campo de medida no suele superar los 100 mm por eje y su resolución es milesimal.

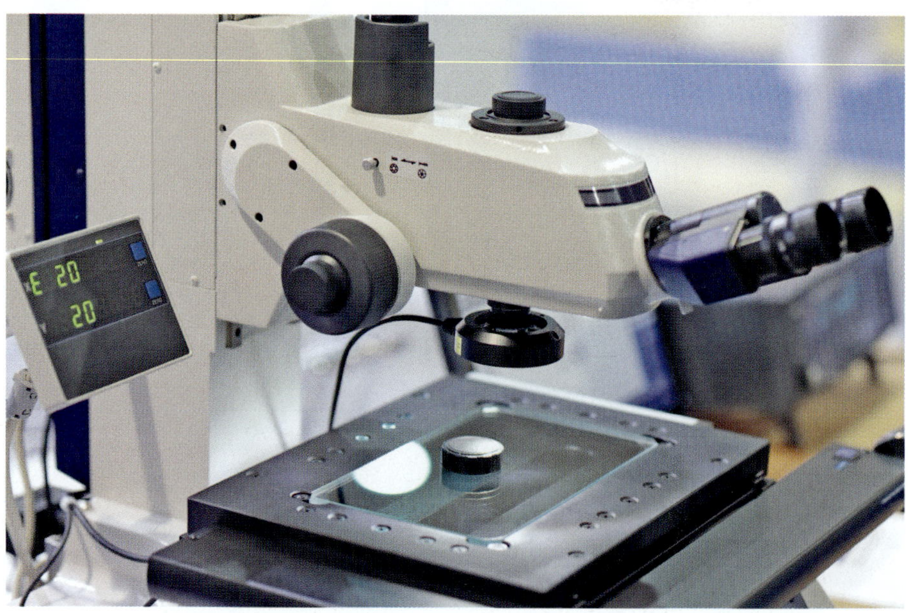

Figura 6.15. Microscopio de medida.

En los últimos años han proliferado multitud de equipos basados en estas tecnologías y añadiendo la visión por cámara CCD. Con este tipo de equipos, con *software* de control cada vez más avanzado, sumado a la incorporación del tercer eje, se ha dado un salto tecnológico en este tipo de mediciones.

- **Equipos de medición de tres coordenadas:** estos equipos son, sin lugar a duda, los de mayor rendimiento y efectividad en la industria actual cuando se trata de control dimensional. Son equipos de laboratorio que deben estar en manos expertas por su elevada cualificación. Tanto estos equipos como su *software* de control avanzan a pasos agigantados y, en la actualidad, lo más habitual es que trabajen directamente con el fichero CAD 3D en comparativa directa con la pieza real.

  ››› **Máquina de medición por coordenadas MMC (CMM, por sus siglas en inglés):** las máquinas de medición por coordenadas, o tridimensionales, como se las conoce habitualmente, son equipos de alta tecnología que suelen ser la herramienta sobre la que se vertebra un laboratorio de metrología industrial. Su campo de medida es muy variado y adaptado a las necesidades específicas de la empresa, desde los 500 mm por eje hasta 6 y más metros, como las usadas para la medición de carrocerías de vehículos.

  Existen en varias configuraciones, de brazo, de columnas o de puente, siendo estas últimas las más populares por su combinación de capacidad, robustez y precisión.

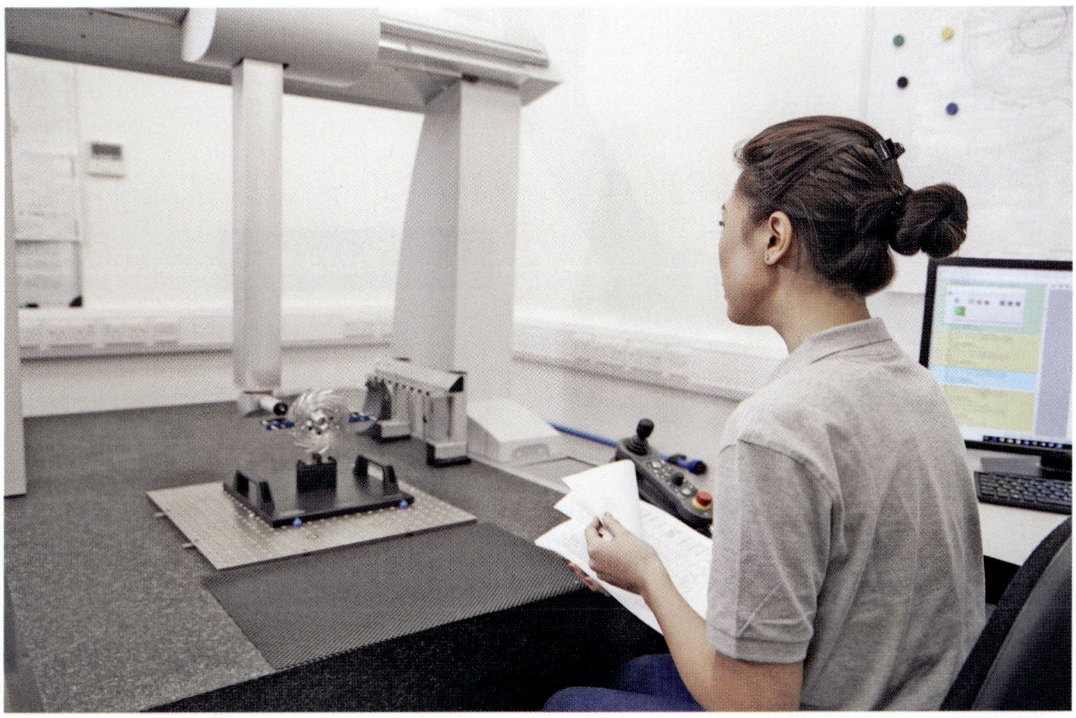

Figura 6.16. Máquina de medir por coordenadas de tipo puente.

En la configuración de puente, este se desliza por una mesa de planitud de granito materializando un eje (normalmente el Y). Una columna se desliza a lo largo del puente materializando un segundo eje (normalmente el X). Además, esta columna sube y baja materializando el eje Z. El *software* de control puede invertir o rotar los ejes para adaptarlos a la orientación de la pieza real y trasladarlos sobre esta. En la actualidad, como ya se ha comentado, tienen capacidad de trabajar directamente con el CAD 3D y realizar medición comparativa directa, comparando la pieza real con el fichero 3D. La captación de las medidas se realiza por la palpación física de puntos, aunque también existen palpadores de tipo láser u ópticos que son mucho más veloces, aunque de menor precisión. La palpación por contacto físico es hoy en día la más robusta y precisa. Su resolución es milesimal.

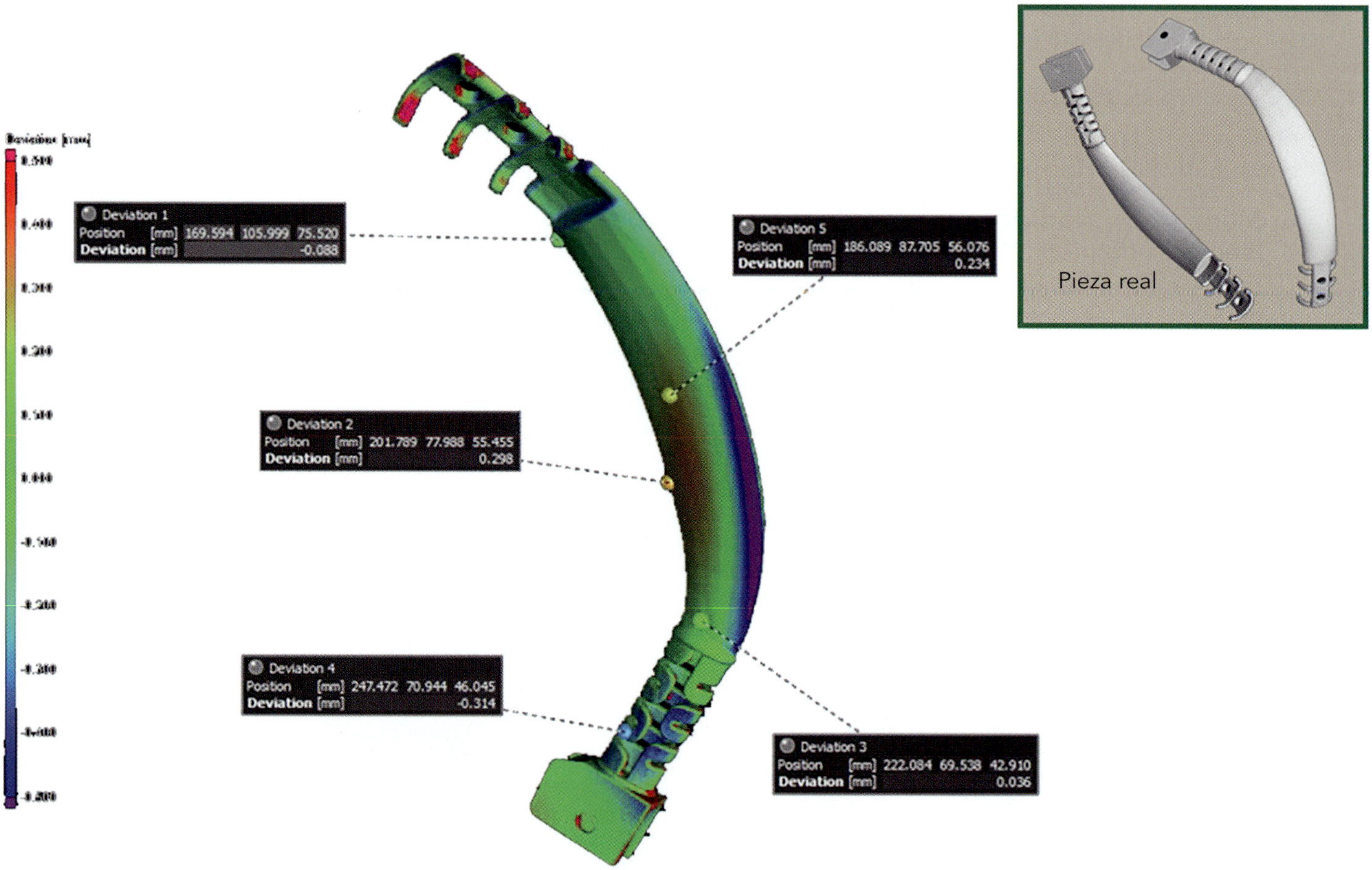

Figura 6.17. Ejemplo de un informe en comparativa CAD 3D.

Figura 6.18. Máquina de medición 3D por visión combinada con palpación.

La máquina deberá estar en un ambiente controlado de temperatura, polvo, luz y vibraciones. El operar una máquina CMM es un trabajo cualificado que requiere de especialización.

››› **Máquina de medición 3D por visión:** este tipo de máquinas combina las últimas tecnologías de los microscopios de medida incorporando la visión por cámara CCD y las CMM. Por tanto, se vuelve a hablar de equipos de alta tecnología y especialización que también deben estar en laboratorios de metrología bien controlados. Su campo de medida suele ser pequeño, de entre 100 mm y 400 mm, pero existen configuraciones más grandes, de aproximadamente un metro.

También son muy comunes las máquinas de visión que combinan la palpación física y que intercambian los distintos palpadores, como la que se muestra en la Figura 6.18.

□ Equipos de medición angular

Lo cierto es que estos equipos en la actualidad son usados únicamente en taller, ya que las prestaciones de los equipos de medición con *software* ya incorporan este tipo de medición de una forma muy versátil y precisa.

- **Goniómetro:** es un equipo de taller para la medición de ángulos. Los utilizados en metrología industrial constan de dos reglas de acero, una recta y otra circular (normalmente semicircular) con graduación angular. Entre ellas existe una articulación que les permite girar entre sí y de este modo poder materializar los ángulos. Además de para medición, también se utiliza para el trazado de ángulos.

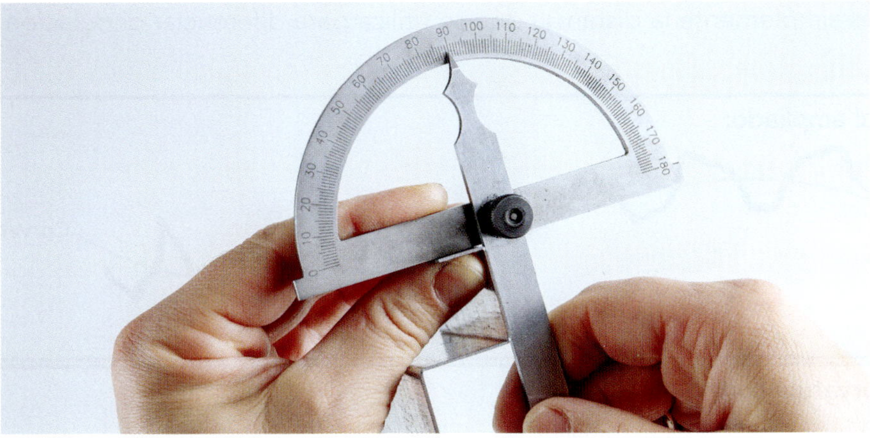

Figura 6.19. Goniómetro simple.

- **Inclinómetro:** se puede decir que se trata de la versión digital del tradicional nivel de burbuja. Aporta una medida directa del ángulo al que se encuentra y no únicamente de su horizontalidad.

□ Equipos de apoyo

En metrología, además de los propios equipos de medición, se utilizan multitud de equipos de apoyo a la medida, tales como mesas de planitud, soportes de reloj comparador, escuadras, bloques de acero en V, mesas de senos, fijaciones varias, y un largo etcétera. Estos equipos hacen posible la correcta medición o, cuando menos, la facilitan.

6.1.3. Concepto de rugosidad y equipos de medición

Un parámetro importantísimo que debe tenerse en cuenta es la rugosidad. Dentro de la misma dimensión, pueden caber muy diferentes rugosidades. Hay que considerar que, aunque conceptualmente la rugosidad también es una medida dimensional, esta es de un nivel mucho más pequeño que la resolución de los equipos de medición dimensional. Como hemos visto, los equipos de medición dimensional estándar tienen una resolución máxima de 0,001 mm (1mm) e incertidumbres de 0,01 mm (10 mm), mientras que el valor de rugosidad será siempre muy inferior ya que en realidad la rugosidad es una componente sobre la dimensión. Si observamos la Figura 6.20, la dimensión sería la distancia a la que está la línea de curvatura de un origen de cota, mientras que la rugosidad es la componente tipo «dientes de sierra» sobre esta. Por este motivo la medida de la rugosidad se toma de forma independiente y con equipos muy específicos.

En realidad, la rugosidad indica la calidad del acabado superficial, por lo que principalmente en piezas mecanizadas o en las que en su obtención intervenga algún proceso de mecanizado, este parámetro suele convertirse en prioritario.

En la Figura 6.20 se aprecia lo que podría ser un perfil superficial muy ampliado. Como se puede ver, en la adquisición del perfil se «desprecia» la posible ondulación que pueda tener este para únicamente tener en cuenta el acabado superficial, es decir, si la pieza tuviera curvatura esta no se tendrá en consideración y se verá el perfil como en línea recta. Una vez corregida la posible curvatura ya se pueden distinguir tres valores que caracterizan la rugosidad, Ra, Rz y Ry, con su definición o significado. Para que se tenga un orden de magnitud, los valores de Rz pueden estar entre 0,1 y 40 µm con resoluciones de milésimas de micra (0,000001 mm). La longitud del perfil analizado está entre 0,25 y 2,5 mm en función del valor esperado. Esta longitud de corte se denomina *cutoff* y es simplemente la distancia que se utiliza para diferenciar ondulación y rugosidad.

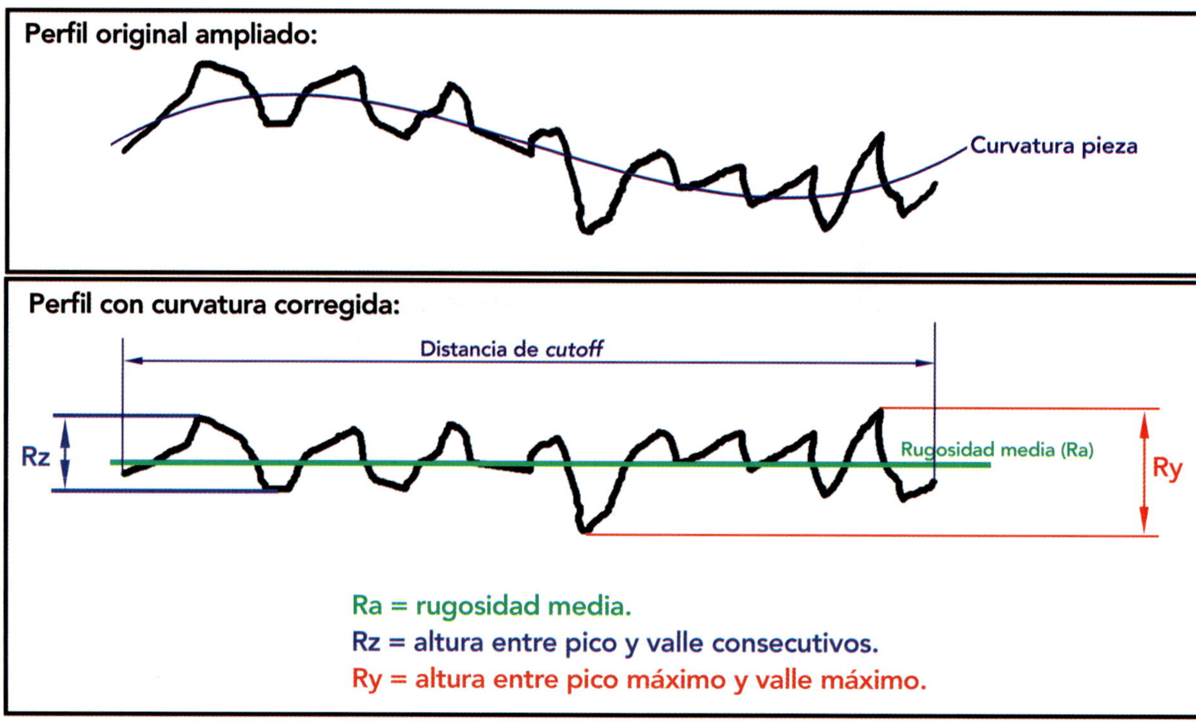

Figura 6.20. Perfil superficial ampliado.

El parámetro que más habitualmente se controla cuando la pieza ya está en producción es el Ra, ya que al tratarse de una media es mucho más estable.

En ocasiones se tiende a pensar que cuanto menor es la rugosidad es mejor, pero esto dependerá en realidad de la funcionalidad de la pieza. Por ejemplo, un acabado de pulido espejo es perfecto para los bloques patrón longitudinales, de los que ya se ha hablado en esta unidad, tanto por precisión como porque si se deben unir varios se puede desalojar el aire entre ellos con lo que quedarán unidos. Sin embargo, en piezas que deban deslizarse entre sí el acabado espejo sería un grave error, ya que esta fricción las enclavaría entre sí y, por tanto, no se deslizarían. En este tipo de piezas se necesitan controlar valores como Rz y darles un valor mínimo que garantice el deslizamiento y que, además, pueda retener una posible lubricación.

Importante

Piezas con distintos perfiles de rugosidad pueden tener el mismo valor de Ra, ya que este valor es una media.

El equipo de medición específico para el control o medición de la rugosidad es el rugosímetro. Su palpador se desliza longitudinalmente en la distancia de *cutoff,* mientras que una aguja muy fina de diamante se introduce entre picos y valles. Para la eliminación de la curvatura, el palpador suele incorporar un patín que se apoya sobre la superficie haciendo de filtro mecánico. Además, también se aplican filtros electrónicos para este fin. La adquisición de datos es siempre digital.

Existen rugosímetros portátiles para la medición en cualquier ambiente, y otros más avanzados y precisos que son fijos y se ubican en los laboratorios de metrología con ambientes controlados.

Figura 6.21. Palpador con patín de un rugosímetro.

6.2. Procesos de medición, comparación y verificación

Para poder entender perfectamente las bases de la metrología dimensional se deben aprender una serie de conceptos. Dentro de todo lo que es medición dimensional se pueden establecer distintas categorías dependiendo del criterio a aplicar. Un criterio muy utilizado históricamente es la clasificación por medición directa o medición por comparación.

Figura 6.22. La medición compara medidas teóricas con la realidad obtenida.

Otra de las cosas a las que hay que acostumbrarse y entender es la distinta terminología. Conceptos como precisión, resolución, error absoluto y relativo o incertidumbre son conceptos de una gran importancia que se deben conocer.

El conocimiento de los posibles errores que pueden darse durante la medición, a qué se deben y cómo evitarlos, es otra materia que debe entenderse perfectamente.

6.2.1. Unidades de medida

El sistema de unidades de medida es aquel que las define y unifica de forma inequívoca y consistente. En Francia, a finales del siglo XVIII, se definió el primer sistema de medidas internacional, el denominado **sistema métrico decimal.** Lo que hizo fue definir patrones de longitud, el metro, y de masa, el kilogramo, haciendo divisiones y múltiplos de estos por diez. De ahí su nombre.

Nunca hay que perder de vista las unidades de medidas utilizadas. Estas deberán estar claramente reflejadas en los planos, pero también en las medidas realizadas. El sistema internacional de unidades (SI) es el más usado en la actualidad.

En ocasiones en que los clientes lo requieren también se trabaja en el sistema anglosajón de unidades o sistema imperial. Este se usa de forma habitual en el Reino Unido y en algunas zonas de EE. UU.

Sabías que

En mecánica industrial el dicho «esto está al milímetro» tiene la interpretación contraria al de muchas disciplinas. Normalmente se interpreta como algo muy bien hecho, como en arquitectura, mientras que en el ámbito de la fabricación mecánica significa que es algo muy mal hecho.

☐ Sistema internacional (SI)

El sistema internacional contempla siete disciplinas o áreas principales con sus respectivas unidades de medida:

- Dimensional: metro (m).
- Fuerzas y masas: kilogramo (kg).
- Tiempo: segundo (s).
- Eléctrico: amperio (A).
- Temperatura: kelvin (K).
- Sustancia: mol (mol)
- Iluminación: candela (cd).

Existen otras unidades suplementarias y otras derivadas, pero aquí se van a exponer las que conciernen al área dimensional y, en concreto, a piezas de precisión media o alta. Aunque la medida dimensional principal es el metro, aquí se trabaja con su división por mil, es decir, el milímetro (mm). Partiendo del milímetro se utilizarán varias divisiones de este:

- Décimas de milímetro: 0,1 mm; división por diez del milímetro. Muy utilizado en piezas de precisión media.
- Centésimas de milímetro: 0,01 mm; división por cien del milímetro. Utilizado en piezas de precisión.
- Milésimas de milímetro: 0,001 mm, micromilímetro (micra) o µm. División por mil del milímetro. Utilizado en piezas de precisión y muy elevada precisión.

☐ Sistema imperial

El sistema anglosajón o imperial, en el ámbito dimensional usa como unidad la pulgada (*inch*, in). Una pulgada (in) equivale a 25,4 mm.

Partiendo de la pulgada, también se trabaja en divisiones por diez (décimas de pulgada), cien (centésimas de pulgada) o mil (milésimas de pulgada o micropulgadas). El término pulgada se suele sustituir por su término anglosajón, *inche/inches*.

Actividad resuelta 6.2

Convierte las siguientes unidades:

a) 5,5 mm; 23,58 mm; 254 μm → pulgadas.

b) 25,4 μin; 1,47 in; 1 in → milímetros.

Solución:

a) 0,217 in; 0,928 in; 0,010 in.

b) 0,645 mm; 37,338 mm; 25,4 mm.

Actividad propuesta 6.3

Convierte las siguientes unidades:

a) 15,14 mm; 25,4 mm; 327 μm → pulgadas.

b) 5,235 μin; 1,347 in; 0,01 in → milímetros.

6.2.2. Error absoluto y error relativo. Resolución, exactitud y precisión. Calibración e incertidumbre de medida

En metrología general, y en metrología dimensional en particular, existen una serie de términos con los que hay que habituarse. Conocerlos y no confundirlos entre ellos será muy importante en las tareas metrológicas.

En el análisis de estas terminologías, lo primero que debe tenerse en cuenta es que los distintos equipos se contrastan con patrones u otros equipos de nivel superior. Un bloque patrón longitudinal de incertidumbre ± 0,0001 mm se puede utilizar para comprobar un micrómetro de resolución 0,001 mm. Este micrómetro, a su vez, se puede emplear para comprobar un pie de rey de resolución 0,01 mm, y así sucesivamente.

☐ Error absoluto

Es la desviación entre el valor medido y el valor exacto comprobado con un patrón de nivel superior. Esta desviación se tomará teniendo en cuenta el signo de la desviación, positiva o negativa.

☐ Error relativo

Es el porcentaje de desviación del error absoluto respecto al valor exacto. Si se realiza la división del error absoluto obtenido y el valor exacto esperado y se multiplica por 100, se obtendrá este porcentaje (%) de error. Este error conservará el signo de desviación; puede ser positivo o negativo (será igual que el error absoluto), bien sea por exceso o por defecto.

☐ Exactitud

En realidad, se trata del mismo valor que el error absoluto, con la diferencia de que a la denominación se le da la comprensión inversa. El error absoluto lo define como «cuánto de malo es» y exactitud lo define como «cuánto de bueno es».

☐ Precisión

La precisión es la capacidad que tiene un equipo de medición de repetir el mismo resultado sobre distintas mediciones realizadas en el mismo patrón o pieza. También se puede denominar repetibilidad.

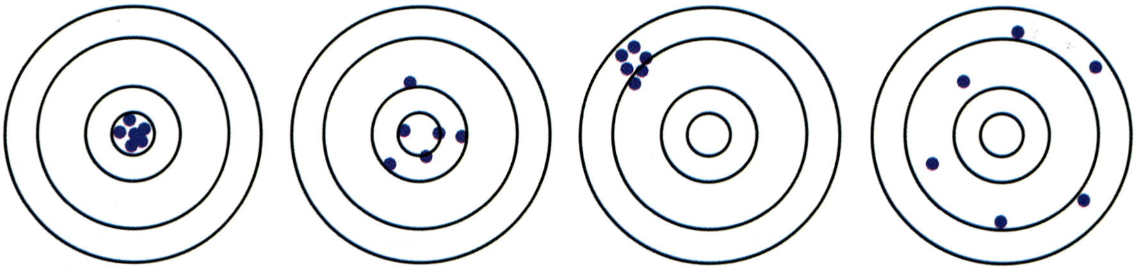

Figura 6.23. Comparación entre precisión y exactitud.

Cada cierto tiempo los equipos deben someterse a una serie de pruebas y tareas de conservación. Cuando las empresas están bajo certificaciones de calidad, como por ejemplo la ISO 9001 (sistema de calidad ISO), todas estas tareas de mantenimiento, conservación y verificación se realizan bajo procedimientos específicos y deben quedar debidamente registradas. En cuanto a los equipos de medición los procedimientos más importantes al respecto son los procedimientos de calibración.

☐ Calibración

Es el conjunto de operaciones que se realizan en condiciones controladas y específicas con la intención de determinar la validez o no de los equipos de medición para el tipo de medida al que están destinados. Se basa en la obtención de los valores descritos anteriormente contrastados con patrones que a su vez son contrastados por laboratorios de referencia. El resultado de una calibración será la de equipo «apto», «no apto» o «necesita ajuste». El parámetro más relevante obtenido mediante la calibración es la incertidumbre de medida del equipo.

☐ Incertidumbre de medida

En realidad, cuando se realiza una medición, se sabe que por pequeño que sea, existirá un error que provoca un intervalo de duda; este intervalo es la incertidumbre asociada a un equipo de medición y que se calculará en la calibración del equipo. El resultado final de una medición será:

$$\text{Medida} = \text{medición} \pm \text{incertidumbre}$$

6.2.3. Tipos y causas de los errores

Como ya se ha visto, las mediciones siempre llevan implícito un grado de incertidumbre asociado debido a la propia capacidad del equipo utilizado. Esto de por sí ya determina que, en la medición, como en todo, siempre pueden existir errores. Hay que conocerlos y ser conscientes de qué causa puede producirlos para eliminarlos o, como mínimo, minimizarlos.

Los equipos de medida son cada vez más especializados y capaces de realizar mediciones más precisas y veloces. Este hecho también hace que deban tenerse en cuenta una serie de condicionantes, que se verán a continuación.

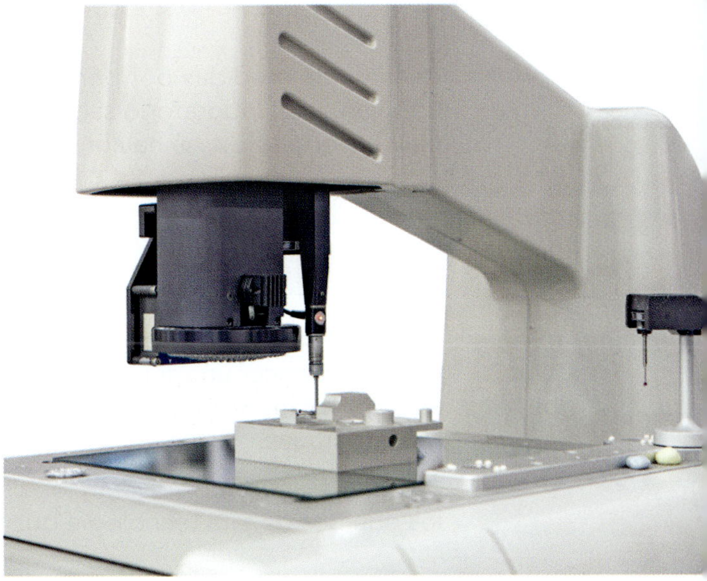

Figura 6.24. Equipo de medición que combina visión y palpación.

☐ Sistemas de referenciación

En los planos de pieza todo es perfecto. Existen las caras paralelas, perpendiculares, totalmente planas, etc., pero en las piezas reales esto no es así. Por tanto, se debe tener muy en cuenta este hecho en el momento de tomar cualquier medición, ya que esto afectará de forma determinante en ella. Tener claro qué geometrías de pieza son las que determinan el espacio de coordenadas, determinar las zonas con deformaciones y tomar las medidas de diferentes piezas del mismo modo en las mismas zonas, será siempre imprescindible para una correcta y repetible medición.

☐ Condiciones ambientales

Como ya se sabe, una de las características de los materiales es la dilatación. Incluso algunos tipos de materiales son porosos o tienen capacidad de absorber la humedad ambiental. Esto se traduce en que sus medidas variarán en función de la temperatura y de la humedad, por lo que los recintos destinados a la medición deben tener estas condiciones ambientales controladas. Incluso para ciertos equipos será necesario el aislamiento contra vibraciones, iluminación, partículas en suspensión, etcétera.

Algo a tener muy en consideración es que cuando se trata de un compuesto de distintos materiales, como por ejemplo un conjunto o máquina, las variaciones de temperatura producen retorcimientos por los diferentes coeficientes de dilatación de los distintos materiales.

Un laboratorio de metrología industrial (con una incertidumbre aproximada de ± 0,02 mm) debe estar en un ambiente controlado con una temperatura de 20 °C ± 2, una humedad del 50 % ± 10 % y sin luz solar directa. Estas condiciones se restringen a medida que la precisión requerida es mayor.

☐ Instrumento de medida

Además de la incertidumbre intrínseca del instrumento y del ambiente de uso, siempre influirá su estado de conservación. Un cuidado especializado, así como un buen mantenimiento, ayudarán a minimizar errores por este motivo.

□ Operador

La toma de medidas por personal técnico cualificado es primordial. No todas las personas que trabajan en el laboratorio saben hacer de todo y la figura del metrólogo, como un perfil técnico muy especializado, se ha convertido en figura clave en la industria.

6.3. Medición dimensional geométrica y superficial

Una vez vistos los conceptos metrológicos y los equipos, es el momento de pasar a la acción. Es hora de conocer una serie de detalles que hay que tener en cuenta en el uso de los equipos para adquirir las mediciones que determinarán si la pieza real obtenida cumple con las especificaciones esperadas.

En este apartado se verán los sistemas utilizados para la verificación en taller, dejando de lado los equipos de alta tecnología que se utilizan en los laboratorios de metrología.

6.3.1. Montaje de piezas y técnicas de medición

El primer aspecto que se debe considerar será elegir el equipo más adecuado para la medición que se vaya a realizar. Para ello, se debe valorar el conjunto. No será lo mismo medir únicamente una geometría, que si hay que medirlas todas por igual; y tampoco será lo mismo si se necesita asegurar la centésima de milímetro que la décima de milímetro. Este tipo de consideraciones pueden hacer decidir, por ejemplo, entre medir con micrómetro o pie de rey en el caso de una o pocas dimensiones, o pasar a medir con una CMM si se deben medir gran cantidad de geometrías.

Figura 6.25. Medición con micrómetro en un soporte específico.

En muchas ocasiones hay que hacer uso de equipos de apoyo para poder garantizar la buena medición. El situar un micrómetro en un soporte es una muy buena práctica que garantiza una menor intervención durante la operación. Lo mismo se puede decir del uso de mesas de planitud como apoyo, bloques en V, escuadras en piezas de dimensiones mayores, etc. Disponer de la ayuda de un equipo de apoyo siempre será una muy buena opción que minimizará la intervención y, como ya se mencionó, la intervención del operario puede ser una de las causas de los errores de medición.

6.3.2. Medición y comprobación de longitudes, ángulos y conos

En el caso de equipos de mano, como el pie de rey o el micrómetro, se deben mantener perfectamente paralelos a la dimensión teórica a medir y se les aplicará únicamente la fuerza que sea necesaria para asegurar el contacto y nada más. Estos equipos tienen, como ya se vio, controles al efecto, pero siempre será imprescindible hacer un buen uso de ellos, sobre todo para la medición de ángulos y conos; el uso de ciertos equipos, como un proyector de perfiles que permita la alineación (corrección de la posición angular), será de gran utilidad.

En caso de mediciones con goniómetro hay que apoyarse en una mesa de planitud y, además, hay que ayudarse de escuadras.

6.3.3. Verificación de superficies planas, de la rectitud, de superficies cilíndricas y cónicas

La verificación de planitudes, rectitudes y todo lo referente a errores de forma, en el taller es muy habitual realizarla sobre una mesa de planitud, con un reloj comparador dispuesto en un soporte. En la actualidad, las mesas de planitud son de granito y de muy diversos tamaños. En el taller también es habitual que sean de acero. En ambos casos son mesas rectificadas con planitud calibrada y garantizada.

Entonces se debe poner el reloj comparador perfectamente perpendicular a la mesa de planitud con la ayuda de escuadras o bloques en V. Una vez que se ponga a cero el comparador en un extremo de la pieza, únicamente se debe deslizar el comparador sobre la mesa de planitud manteniendo su punta sobre la pieza para poder apreciar los errores mencionados (Figura 6.24).

Figura 6.26. Medición de la planitud en el taller.

Para la verificación de piezas cilíndricas o cónicas, en lugar de mover el reloj comparador se debe hacer rotar la pieza.

6.3.4. Verificación de roscas y engranajes

Para la medición de roscas y engranajes existen pies de rey y micrómetros, o configuraciones de estos, específicamente estudiados para esta tarea. Con ellos suele verificarse su diámetro entre picos o su diámetro entre bolas. Hay que tener en cuenta que lo realmente efectivo en estas piezas son los flancos de los dientes y no tanto su diámetro en los picos o valles. Por este motivo es muy habitual que en diseño se calcule el diámetro de una esfera que haría contacto en el diámetro efectivo (en el flanco) del engranaje o rosca y que la medida a realizar sea sobre esta esfera. Este parámetro es el denominado **diámetro entre bolas.** En realidad, está ya normalizado el diámetro de la esfera a utilizar según el tipo de rosca o módulo de engranaje.

En el caso de las roscas también existen tampones pasa/no pasa para determinar el estado bueno/malo, pero no se obtiene una medición.

Figura 6.27. Medición de un engranaje con una máquina especial.

Este tipo de piezas, por su complejidad, en muchas ocasiones son verificadas con maquinaria específica, pero esto se hace con equipos de laboratorio de metrología y no de taller.

6.3.5. Medición de la rugosidad

La medición de la rugosidad en el taller se realiza normalmente con un rugosímetro portátil. Lo primero que hay que tener en cuenta es que esta medición debe realizarse en un lugar firme y robusto, como una mesa de planitud, pero, además, debe estar exenta de posibles vibraciones ya que se trata de una medición extremadamente sensible. Se coloca el palpador del rugosímetro totalmente paralelo a la pieza y perfectamente en línea. Cuando la persona que realiza la medición oprima el botón de medición no debe quedar en contacto ni con la pieza ni con el equipo para que no trasmitir vibraciones en la medida.

Importante

En las tareas de medición es importantísima la preparación o «*set-up*». En muchas ocasiones puede llevar incluso más tiempo la preparación que la propia medición, pero una medición errónea puede llevar a pérdidas en la producción por piezas defectuosas no detectadas. Deberemos ser muy cuidadosos e incluso autocríticos para asegurar una correcta medición.

6.4. Interpretación de los resultados

De nada serviría la realización de mediciones si no se hiciera nada con ellas. El fin último de las mediciones será siempre interpretarlas, compararlas con las especificaciones esperadas y tomar una decisión, es decir, determinar si la pieza es buena o es mala. Esto de por sí ya está muy bien, pero una empresa con certificación de calidad y buen hacer además debe ser capaz de tener conocimiento de cómo está la totalidad de la producción o de mantener una trazabilidad que le permita este control si fuera necesario. Para ello, lo primero que debe hacer es tener perfectamente identificados los lotes de producción.

6.4.1. Registro de medidas

Todas las operaciones de control de la calidad deben quedar registradas, ya que son la constancia del trabajo realizado. Se dice que cualquier operación de verificación donde haya una anotación deberá generar un registro. Estos registros deberán quedar archivados, ya que, en caso de necesidad, son los que darán la trazabilidad que permitirá discriminar las piezas o cualquier tipo de acción.

Todo debe comenzar con la asignación de un número de lote a la nueva producción de una referencia de pieza determinada.

Las empresas con certificación de calidad ISO 9001 pasan anualmente una auditoría por un estamento oficial que vela por que todos los registros se hayan realizado y se conserven convenientemente. Los clientes finales exigen cada vez más a sus proveedores esta u otras certificaciones de calidad para poder trabajar con ellos.

6.4.2. Fichas de toma de datos

Las fichas de toma de datos son las hojas que pueden ser físicas en las que se anotan manualmente las medidas obtenidas, o pueden ser electrónicas donde se introducen por medios digitales o por teclado las medidas realizadas. Estas fichas siempre deberán contener una serie de datos imprescindibles:

- Referencia de la pieza.
- Número de lote.
- Nombre del operario.
- Fecha de la medición.
- Nominal y tolerancia.
- Valor medido.
- Resultado (satisfactorio/no satisfactorio).

Cada empresa tiene su propio formato y añadirá los datos que considere oportunos (cliente, proveedor, operación, etc.), pero los indicados serán los mínimos imprescindibles.

Casos prácticos

Caso práctico RESUELTO

Verificación dimensional

¿Cómo realizarías la medición de la rectitud de un eje mecanizado?

Solución:

- Sobre una mesa de planitud dispondrás el eje entre dos bloques en V.
- Pondrás un reloj comparador en un soporte haciendo que quede totalmente vertical a la mesa de planitud. Para ello, te ayudarás de alguna escuadra, de otro bloque en V o útil similar.
- Colocarás el palpador del reloj comparador sobre un extremo del eje y lo pondrás a cero.
- Deslizarás con el soporte el comparador por encima del eje y a lo largo de este vigilando que el palpador esté siempre sobre el eje.
- Capturarás la máxima desviación, tanto en positivo como en negativo.
- La suma en valor absoluto de las desviaciones registradas (positiva y negativa) será el error de rectitud.

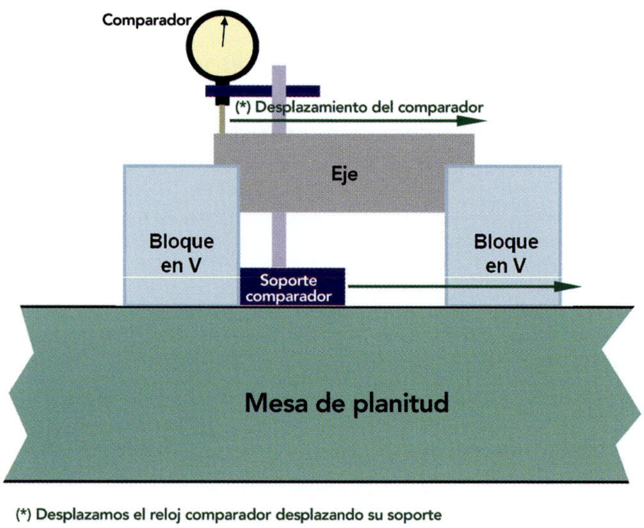

Vista frontal

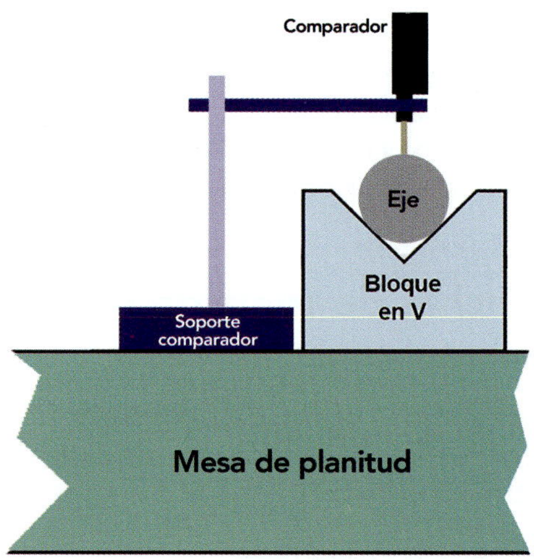

Vista lateral

Caso práctico PROPUESTO

Verificación dimensional

¿Cómo realizarías la medición de la redondez de un eje mecanizado?

Mapa conceptual

VERIFICACIÓN DIMENSIONAL

- **Instrumentos y equipos de medición**
  - Clasificación por tipo de medición
    - Equipos de medición comparativa
    - Equipos de medición directa
  - Clasificación por magnitud de medida
    - Equipos de medición de longitudes
      - Equipos de medición de una coordenada: cinta métrica, regla graduada, pie de rey, micrómetro, reloj comparador, columna de alturas
      - Equipos de medición de dos coordenadas: proyector de perfiles, microscopio de medida
      - Equipos de medición de tres coordenadas: máquina de medición por coordenadas, máquina de medición 3D por visión
    - Equipos de medición angular
      - Goniómetro, inclinómetro
    - Equipos de apoyo
  - Concepto de rugosidad y equipos de medición
- **Procesos de medición, comparación y verificación**
  - Unidades de medida
    - Sistema internacional, sistema imperial
  - Error absoluto y error relativo. Resolución, exactitud y precisión, calibración e incertidumbre de medida
  - Tipos y causas de los errores
    - Sistemas de referenciación
    - Condiciones ambientales
    - Instrumento de medida
    - Operador
- **Medición dimensional geométrica y superficial**
  - Montaje de piezas y técnicas de medición
  - Medición y comprobación de longitudes, ángulos y conos
  - Verificación de superficies planas, de la rectitud, de superficies cilíndricas y cónicas
  - Verificación de roscas y engranajes
  - Medición de la rugosidad
- **Interpretación de los resultados**
  - Registro de medidas
  - Fichas de toma de datos

Actividades finale

DE COMPROBACIÓN

6.1. ¿Para qué es necesaria la metrología dimensional?

a) Verificar que la pieza real está dentro de las tolerancias del plano de pieza.
b) Poder asignar tolerancias al plano de pieza.
c) Ampliar los conocimientos sobre la pieza.

6.2. ¿Qué es el campo de medida de un equipo de medición?

a) El área física al que pertenece.
b) Las unidades de medida que puede verificar.
c) El intervalo entre los valores mínimo y máximo, o fondo de escala, del que el equipo tiene capacidad de medición.

6.3. ¿Qué es la resolución de un equipo de medición?

a) La efectividad que tiene un equipo al realizar una medición.
b) La mínima división de escala del equipo de medida.
c) El resultado final de una medición.

6.4. ¿Qué magnitudes se miden en la metrología dimensional?

a) Longitudes y ángulos.
b) Ángulos.
c) Longitudes.

6.5. Un juego de galgas de radios es un equipo:

a) De comparación.
b) De medición directa.
c) Digital.

6.6. Un micrómetro es un equipo:

a) De comparación.
b) De medición directa.
c) Digital.

6.7. ¿Qué tiene un pie de rey analógico para la lectura de la medición?

a) Un *display*.
b) Un contador.
c) Un nonio.

6.8. ¿Qué es un proyector de perfiles?

a) Un equipo de medición en una coordenada.
b) Un equipo de medición en dos coordenadas.
c) Un equipo de medición en tres coordenadas.

6.9. ¿Qué es una máquina de medición por coordenadas (CMM)?

a) Un equipo de medición en una coordenada.
b) Un equipo de medición en dos coordenadas.
c) Un equipo de medición en tres coordenadas.

6.10. ¿Qué es la rugosidad?

a) Un acabado estético.
b) Una sensación de calidad.
c) Un parámetro de acabado superficial.

6.11. ¿Cuál es la unidad de medida utilizada en metrología dimensional?

a) Milímetro y pulgada.
b) Pulgada.
c) Milímetro.

6.12. Los registros de metrología son:

a) Voluntarios.
b) Una obligación documental.
c) Burocracia prescindible.

Actividades finales

DE APLICACIÓN

6.13. Describe en qué categorías se pueden clasificar los equipos de metrología dimensional.

6.14. Comenta cómo realizarías la verificación de un radio con galgas específicas.

6.15. Explica con amplitud qué es un micrómetro y cómo funciona.

6.16. Detalla qué es una máquina de medición por coordenadas.

6.17. Expón con ejemplos qué son la precisión y la exactitud.

6.18. Especifica en qué consiste la calibración de un equipo de metrología.

6.19. ¿Qué es la incertidumbre de medida?

6.20. Expresa cómo medirías en taller una planitud.

6.21. Indica los factores de error que pueden intervenir en una medición y explícalos brevemente.

DE AMPLIACIÓN

6.22. Explica qué condiciones ambientales y qué márgenes son aceptables y que debe reunir un laboratorio de metrología dimensional.

6.23. Describe cómo son los micrómetros para medir diámetros interiores.

6.24. Indica cómo funciona la medición por comparativa CAD 3D.

Enlaces web de interés

https://www.cem.es/es
Centro Español de Metrología.

https://www.aenor.com
Asociación Española de la Normalización y Certificación.

https://www.hexagonmi.com/es-ES
Empresa de equipos de metrología.

http://www.sgunivers.com/
Empresa especializada en formación de metrología.

https://www.sariki.es/
Empresa de servicios de metrología.

https://mitutoyo.es/es_es
Empresa fabricante de equipos de metrología.

https://www.unceta.es/
Empresa española comercializadora de herramientas y equipos de metrología.

Aplicación de técnicas de mecanizado manual

7

En la actualidad la industria de fabricación de piezas está totalmente automatizada, pero son muchos los casos donde será necesaria la intervención manual. Con el trabajo de mecanizado manual es como se forja sin ningún lugar a duda el buen especialista mecánico. Este modo de trabajo es imprescindible para la fabricación de piezas únicas, de muy bajo volumen de producción o para reparaciones y acabados específicos; pero es el que necesita de una mayor destreza y especialización, además de otorgar un conocimiento completo de las operaciones de mecanizado. En estas operaciones manuales de mecanizado intervienen herramientas y máquinas con las que se podrán lograr trabajos de una muy alta precisión y calidad si se tienen unos buenos conocimientos, por lo que la importancia de estas técnicas son sin duda una ventaja competitiva tanto para la empresa que las incorpora como para los operarios especializados en las mismas.

Contenidos

Objetivos

- Valorar la importancia del trabajo manual de mecanización.
- Conocer las herramientas y técnicas que se utilizan en el taller de mecanizado.
- Distinguir entre las distintas operaciones de mecanizado.
- Seleccionar los equipos más adecuados para cada trabajo.
- Obtener los conocimientos para una correcta conservación de las herramientas de taller.
- Desarrollar las habilidades necesarias en las operaciones de taller.
- Analizar la peligrosidad de cada operación de mecanizado manual.

7.1. Identificación de los útiles y herramientas genéricos más aplicados en el taller

Previo al mecanizado en sí, es necesario conocer las herramientas de las que poder disponer antes, durante y después de los trabajos. En un taller mecánico no se usa únicamente maquinaria de mecanizado, sino que también se utilizan una serie de útiles y herramientas que serán un apoyo indispensable para el trabajador o trabajadora.

Figura 7.1. Herramientas en el taller mecánico.

Puede parecer conocido y evidente, pero siempre hay aspectos que se deben tener muy en cuenta tanto en la herramienta en sí como en su manejo y conservación.

7.1.1. Tipos de útiles más utilizados. Identificación, aplicaciones y características. Normas de uso y conservación

Los útiles son sin duda imprescindibles, y sin ellos no se pueden realizar trabajos mecánicos, ya que siempre hay que apoyarse en algo y sujetar firmemente las piezas a fabricar o reparar. Conocerlos, usarlos adecuadamente y conservarlos en buen estado son tareas imprescindibles.

- **Banco de trabajo:** es uno de los instrumentos imprescindibles. Puede ser con superficie de madera, aunque lo más común en un taller mecánico es que sea metálico, por ser más duro. Una de sus características debe ser la **robustez.** Durante las operaciones que se realizan sobre él no debe moverse ni transmitir vibraciones. Esto proporcionará una superficie ideal de trabajo, apoyo y medición con la que conseguir buenos acabados. El banco de trabajo debe ser **amplio** para que se trabaje cómodamente y tengan una buena cabida las piezas y las herramientas. Esto también evitará accidentes de caídas de piezas y herramientas. Hay que usarlo con cuidado para **mantener su superficie sin roturas ni hendiduras** que puedan impedir o dificultar los trabajos a realizar sobre él. El orden y la limpieza serán siempre unos buenos aliados antes, durante y después de cada trabajo.

- **Tornillo de banco:** el tornillo de banco o tornillo de sujeciones es un útil que sirve principalmente para fijar firmemente la pieza con la que se va a trabajar.

  Un tornillo de banco tiene dos mandíbulas, también denominadas mordazas, de las cuales una es móvil que se desplaza por medio de un tornillo a lo largo de una guía. Su base está perforada para poderla instalar en un banco de trabajo mediante tornillos para que quede firmemente sujeta sin ningún tipo de movimiento. En muchas ocasiones las mordazas se forran con algún material blando para proteger la pieza y no producirle marcas. Con respecto a esto, hay que tener en cuenta que la fuerza que se ejerce sobre la pieza se administra manualmente con la ayuda de su mango o palanca. Las zonas de las piezas donde se vaya a realizar cualquier trabajo deben estar fijadas lo más cerca posible de las mordazas para que no puedan deformarse.

  Las partes móviles del tornillo deben mantenerse bien engrasadas y limpiarlo cuidadosamente de virutas y del polvo que se haya podido producir durante el trabajo para conseguir una buena conservación.

Importante

Sobre todo, cuando se trabaje con herramientas y se use maquinaria con elementos pesados, punzantes y de corte, se deben tener muy en cuenta todos los aspectos relativos a la prevención de riesgos personales y laborales. De igual modo, se producirán residuos que hay que detectar y tratar debidamente para no incurrir en riesgos medioambientales.

En esta unidad se realizan indicaciones sobre riesgos y reciclado; sin embargo, será en la Unidad 9 donde se trate este tema más en profundidad.

Figura 7.2. Tornillo de banco instalado en el banco de trabajo.

- **Sargento:** el sargento o tornillo de apriete es una herramienta que tiene la finalidad de sujetar firmemente varias piezas que van a ser pegadas, soldadas o mecanizadas entre sí. Se compone de dos mordazas, una de las cuales se puede mover libremente a lo largo de una guía o del propio cuerpo del sargento y que, al apretar el tornillo que posee, ejerce presión sobre la pieza quedando inmovilizados tanto esta como el sargento.

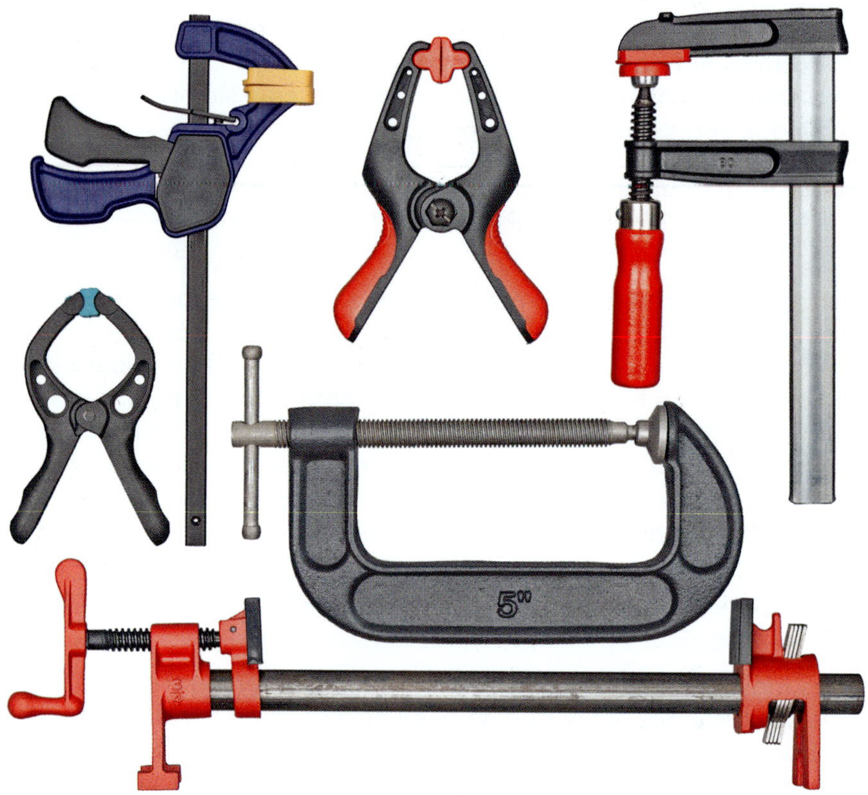

Figura 7.3. Distintos tipos de sargentos y pinzas de sujeción.

Será el soldador o trabajador quien por medio de su mango o palanca ejercerá mayor o menor presión en función del trabajo a realizar. Si no fuera mucha la fuerza que se debe ejercer también se pueden utilizar las **pinzas de sujeción.**

Al igual que con el tornillo de banco, es importante proteger la pieza de las mandíbulas del sargento con algún material blando para no dañarla.

Una limpieza eficaz después de cada uso es el mejor método de conservación de esta herramienta.

7.1.2. Tipos de herramientas genéricas utilizadas en el taller. Identificación, aplicaciones y características

Las herramientas manuales son imprescindibles en un taller mecánico. Es cierto que son muy conocidas, pero no por ello se deben pasar por alto, porque de ser así se pueden cometer graves errores.

- **Alicates y tenazas:** se pueden agrupar en tres clases diferenciadas: universales, de corte y de puntas específicas. Las tenazas son siempre de corte con las puntas en arco. Lógicamente, se deben seleccionar unos u otros en función del uso que se les vaya a dar. En cualquiera de sus clases se componen de dos partes que se denominan cuerpos móviles y

Figura 7.4. Distintos tipos de herramientas (llaves, alicates, tenazas, destornilladores y martillo).

que pivotan en torno a una junta que hace de punto de apoyo. En realidad, son dos palancas con el mismo punto de apoyo que puncionan enfrentadas entre sí. Para cortar chapa metálica también se usan las **tijeras cortachapas,** que no son otra cosa que unas tijeras convencionales, aunque mucho más robustas y fuertes.

Los **alicates universales** son muy versátiles y sirven para prensar, doblar y cortar alambres, entre otros usos. Los **alicates de corte** están específicamente destinados al corte de cables e, incluso, de chapa muy fina. Los **alicates con puntas específicas** están destinados a prensar o doblar distintos materiales en función de los tipos de puntas.

La fuerza se ejerce con los mangos que, habitualmente, están forrados con algún material blando para que resulte más cómoda la acción de ejercer presión, mientras que la sujeción, corte o trabajo se realiza con las pinzas que son opuestas y solidarias a cada mango. En general, debe evitarse su uso para apretar o aflojar tuercas y tornillos, no abrirlos forzando el máximo y nunca golpear con ellos a modo de martillo.

Los defectos más comunes provocados por usos inadecuados son que sus mandíbulas no estén correctamente enfrentadas, desgaste o rayas en sus estrías y mellas en las zonas de corte.

- **Destornillador:** un destornillador se utiliza para apretar o aflojar tornillos; por tanto, existen diferentes tipos para las distintas clases de cabezas de tornillo o los que tienen puntas intercambiables (ranura, estrella, allen, torx, etc.). Lógicamente se ha de elegir el más adecuado en función de la hendidura y tamaño de la huella de la cabeza del tornillo, eligiendo siempre el mayor (o la punta mayor) que se ajuste a la huella. Es una herramienta tan útil como sencilla; consta de un vástago metálico y un mango ergonómico en el extremo contrario, el cual gira durante su uso.

  Los defectos más habituales que se suelen producir en un destornillador por su mal uso suelen ser las puntas redondeadas o el mango torcido o suelto. Nunca debe usarse como palanca ni como punzón, ya que estas acciones lo dañarían.

- **Llaves:** se utilizan, al igual que los destornilladores, para apretar o aflojar tornillos y tuercas, pero en este caso para los que tienen cabezas de contornos planos, normalmente hexagonales. Con ellas se puede ejercer bastante fuerza en rotación ya que actúan como palanca donde el propio tornillo o tuerca será el punto de apoyo. Esto quiere decir que cuanto mayor sea la fuerza que se aplica, mayor deberá ser la longitud de la llave. La llave que se ha de utilizar deberá ajustar perfectamente en el tornillo o la tuerca. También existen otros tipos de llaves, como la ajustable, denominada llave inglesa, o las llaves allen.

  Siempre que se pueda debe usarse una llave fija antes que una llave inglesa, ya que las fijas son más robustas. La llave se utiliza perpendicularmente al eje del tornillo o tuerca para evitar que resbale.

  Un uso inadecuado o golpes con ella provocan deformaciones en la boca de la llave. Una llave inglesa deberá estar, además, debidamente engrasada.

Importante

Durante el uso de los útiles y las herramientas que se describen en este apartado es imprescindible el uso de los siguientes EPI (equipos de protección individual):

- Ropa adecuada para protegerse de la suciedad y de las salpicaduras de virutas o materiales.
- Guantes protectores para evitar golpes, heridas y cortes en dedos y manos.
- Zapatos de seguridad que protejan ante caídas accidentales de materiales y herramientas.

- **Martillo:** se trata de una de las herramientas, sino la primera, usada por el hombre. Está diseñado para golpear y existen de diversos tipos: martillo pesado, bola, uñas, etc. Normalmente, su cabeza es metálica, aunque también se usan los de cabeza de nailon o de otros materiales. Su empuñadura también se fabrica en distintos materiales, aunque el más común es la madera. Precisamente la buena inserción de la cabeza en el mango es la principal característica de un martillo que debe cuidarse, ya que de no ser así la cabeza podría salir despedida y provocar algún accidente. En los mangos se debe vigilar (sobre todo, en los de madera) que no presenten astillas o rebabas que pudieran dañar las manos. Cuando se golpea con un martillo hay que hacerlo con seguridad y firmeza ya que los golpes inseguros pueden provocar fallos y heridas en dedos y manos. Siempre debe comprobarse su buen estado antes de utilizarlo, así como desecharlo (o arreglarlo) cuando se detecte cualquier anomalía. El mango debe estar libre de cualquier posible lubricante para evitar que resbale accidentalmente.

7.2. Características y tipos de herramientas de mecanizado

Conocer los diferentes tipos de herramientas que se utilizan en la mecanización de piezas y sus características dará una idea global de todo lo que se puede realizar por medios manuales en un taller de mecanizado.

Figura 7.5. Taller mecánico.

7.2.1. Herramientas de corte

Uno de los primeros trabajos a realizar puede ser el corte del material que se vaya a utilizar, aunque algunas herramientas de este tipo intervendrán seguro en procesos posteriores.

- **Sierra de arco:** es una herramienta que se compone de una estructura metálica en forma de arco donde se coloca una hoja dentada (sierra) en su parte abierta y que se tensa con un sencillo sistema de tornillo. La hoja de sierra dentada tiene dirección; por tanto, esto hay que tenerlo en cuenta cuando haya que cambiarla. El cambio de hoja puede deberse al material que se vaya a cortar, por desgaste o por rotura. En función del dentado de la hoja que se emplee, los cortes serán más o menos finos y también más o menos lentos (a mayor velocidad de corte y dentado, más irregular será el corte).

Figura 7.6. Operario cortando con sierra de arco en el taller.

Este tipo de corte se produce por la fricción con presión de la hoja de sierra dentada sobre el material a cortar. Una consideración importante es que el material que se vaya a cortar siempre deberá estar firmemente inmovilizado. Es el operario quien realiza la fuerza y los movimientos de fricción. La sierra de arco se utiliza para cortes sin precisión de materiales relativamente blandos y con poco espesor.

- **Sierra de calar o de vaivén:** es una herramienta de corte eléctrica que permite cortar con más precisión que la de arco si se ayuda con algún tipo de guía. El movimiento de la hoja es en vertical y es necesario apoyar la base plana de la herramienta en el material que se va a cortar. Su hoja es intercambiable y deberá cambiarse en función del tipo de material, por desgaste o por rotura. Permite realizar cortes en curva a diferencia de otras sierras que solo cortan en línea recta. En función del dentado de la hoja que se emplee, los cortes serán más o menos finos.
- **Sierra de cinta:** herramienta de corte eléctrica. Su principal característica es que en este caso la cinta dentada tiene cierta flexibilidad y longitud, quedando cerrada en círculo. A esta hoja se la hacer girar por dos ruedas situadas en el mismo plano con espacio suficiente entre ellas. Esta separación es la que determina el espacio de trabajo.

Figura 7.7. Sierra de disco.

- **Sierra de disco:** herramienta de corte eléctrica, pero en este caso suele tener un lugar destacado en los talleres por su elevada potencia y capacidad de corte. Puede ser además muy compleja y precisa. En este caso su hoja es un disco dentado que suele ser bastante robusto y de difícil rotura.
- **Radial o amoladora:** máquina radial que corta por abrasión. Es una herramienta eléctrica de uso manual con discos intercambiables. En función del disco seleccionado se podrá cortar, lijar o pulir. También puede ir fijada a una mesa especial convirtiéndose así en una herramienta de mayor precisión.
- **Cizalla:** se utiliza para una operación de corte en chapa (cizallado). Para realizar el corte el material se somete a la acción de dos bordes cortantes o cuchillas, una fija y otra móvil. Para que el corte se produzca de forma homogénea y limpia la lámina de metal debe estar firmemente presionada por una de las partes, justo al nivel de la cuchilla fija. Lo más habitual es que con la cuchilla móvil abierta, el sistema de presión queda libre y actúa cuando la cuchilla baja para realizar el corte; aunque este sistema también puede ser independiente.

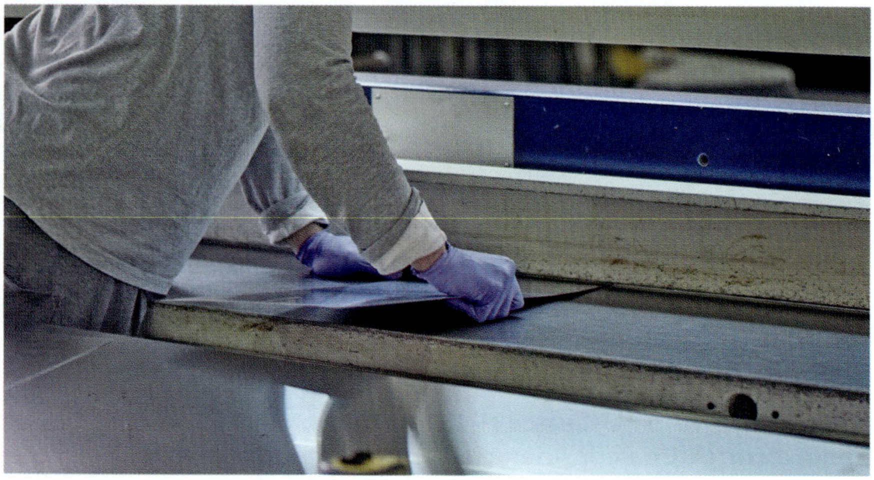

Figura 7.8. Corte con cizalla neumática.

Existen cizallas totalmente manuales hasta electrohidráulicas totalmente automatizables y de cualquier tamaño.

El corte con cizalla no produce restos ni viruta y resulta un corte de cierta precisión, pero los espesores son limitados; 1,5 mm como máximo en las manuales, aunque en el caso de las hidráulicas los espesores son más elevados.

Importante

Cuando se usan máquinas con movimiento, sobre todo cuando este es de giro o rotatorio, además de los EPI mencionados anteriormente se debe prestar especial cuidado en el uso de gorros o cascos de protección para que el cabello no pueda enredarse con la máquina, lo que podría provocar daños personales.

Actividad resuelta 7.1

Indica los diferentes tipos de alicates que existen y explica el uso que tiene cada tipo.

Solución:

Existen tres tipos diferentes de alicates:

- Universales: son muy versátiles y sirven para prensar, doblar y cortar alambres, entre otros usos.
- De corte: están específicamente destinados al corte de cables e, incluso, de chapa muy fina.
- De puntas específicas: están destinados a prensar o doblar distintos materiales en función de los tipos de puntas.

7.2.2. Herramientas utilizadas en el mecanizado manual, técnicas operativas, normas de uso y su conservación

Una vez que el material está listo, se debe mecanizar con las geometrías necesarias para su perfecto acabado. Se utilizará maquinaria específica de mecanizado cuidando su uso y manteniéndola en óptima conservación.

- **Lima:** es una barra de acero grabada con estrías, también llamadas dentado. Al frotarla sobre el material a trabajar lo erosiona. Dependiendo de su forma, tipo de estriado y su profundidad serán más adecuadas para tipos concretos de trabajos, aunque todas se componen de las siguientes partes:
  - **Cabeza o punta:** es el extremo de la lima y puede ser recta o con forma.
  - **Cuerpo:** zona de la barra de acero que está grabada con estrías. Las estrías (o dentado) se denominan **picado.** Es muy habitual que también exista estriado en los cantos de la lima.
  - **Cola:** es el final de la lima, no tiene estrías y se estrecha en punta para poder incorporarla a un mango.
  - **Mango:** lugar donde se clava la cola. Normalmente es de madera y sirve de empuñadura para sujetar la lima y trabajar con ella.

  Las limas se clasifican por tamaño, picado, profundidad del picado y forma de la lima. A mayor superficie a limar, mayor deberá ser el tamaño de la lima. Dependiendo del material que se vaya a limar se elige el tipo de picado (Tabla 7.1), en función del acabado se elige su profundidad y la forma de la lima dependerá de la geometría que vaya a limarse.

Tabla 7.1. Clasificación y uso de las limas y formas del picado

Forma del picado	Denominación	Definición y uso
	Simple	Ranuras paralelas a 70°. Materiales blandos (aluminio, cobre, plásticos, etc.).
	Doble	Doble picado simple, uno en espejo del otro. Materiales duros (fundición, acero, etc.).
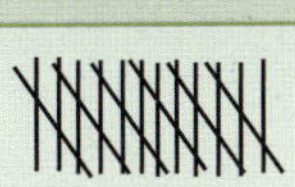	Fresado	Su ranurado es labrado, fresado. Materiales muy duros (aceros).

Forma del picado	Denominación	Definición y uso
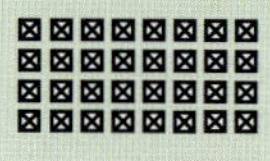	Escofina	Es un picado en forma de pirámides independientes. Materiales muy blandos (plomo, plásticos, madera, etc.).
	Especial	Normalmente el picado es curvo. Suele usarse para chapa en carrocería.

En cuanto a las formas más comunes con las que se pueden encontrar las limas serían estas: planas, redondas, triangulares, de media caña, cuadradas y de pico.

Figura 7.9. Limado con lima plana del material sujeto en tornillo de banco.

- **Taladro de pie y de banco:** su función es la de realizar orificios en las piezas haciendo rotar una **broca.** Habitualmente está construido en hierro fundido, ya que debe ser muy robusto a la vez que ser inmune a las vibraciones que se producirán durante su trabajo. El taladro de pie es grande, pesado y totalmente independiente. Se asienta directamente en el suelo. El taladro de banco es más pequeño y deberá estar sujeto al banco por medio de tornillos en su base. La plataforma o mesa de trabajo contiene ranuras que permiten fijar ciertos útiles, como tornillos, abrazaderas, etc., con los que se sujeta la pieza que se va a trabajar.

  El taladro es una máquina herramienta de arranque de viruta de precisión media, aunque ofrece acabados de buena calidad. La precisión y el acabado dependerán en realidad de la broca seleccionada. Se debe tener en cuenta que el taladro proporciona potencia, robustez y velocidades de giro. En su husillo es donde se instala la broca o herramienta más adecuada al trabajo a ejecutar: orificios, chaflanes, avellanados. Con la pieza firmemente sujeta sobre la mesa de trabajo se bajará el husillo ya girando a cierta velocidad, por medio de la manivela. Será en realidad la herramienta la que realice el trabajo. El taladro, además de potencia, ofrece:

  ››› **Exactitud:** permite realizar los orificios con el ángulo y la profundidad precisos.

  ››› **Velocidad:** cuando se han de realizar múltiples orificios el desplazamiento de la pieza en el taladro es simple.

  ››› **Seguridad:** es mucho más seguro que un taladro manual.

Figura 7.10. Taladro de columna con broca instalada, ya en disposición de trabajo.

- **Torno convencional:** es una máquina herramienta eléctrica por arranque de viruta cuyo trabajo consiste en hacer rotar el material a trabajar mientras que con una cuchilla o herramienta de corte se va dando forma al material. Se trata de una máquina de elevada precisión ya que para los avances de la herramienta existen controles que permiten desplazamientos muy finos. Las piezas realizadas por un torno se denominan **piezas de revolución,** precisamente por este sistema de ejecución y funcionamiento. Se pueden realizar piezas geométricas tales como cilindros, conos, hélices o una combinación de ellas en el mismo fragmento. También se pueden realizar trabajos de corte, ranurado o pulido.

Figura 7.11. Trabajando con un torno. Se puede ver el carro portaherramienta y el material en rotación.

Un torno se compone principalmente de las siguientes partes (Figura 7.12):

››› **Bancada:** es el cuerpo estructural de la máquina. Suele ser de fundición ya que debe ser muy robusta.

››› **Caja de control:** mecanismo que permite, mediante un juego de engranajes, ajustar la velocidad de revolución que se imprimirá al material que se va a mecanizar.

››› **Husillo:** es la parte que transmite el movimiento rotatorio.

››› **Plato:** mecanismo de sujeción del material que se va a mecanizar.

››› **Contrapunto:** punto de sujeción (acabado en punta) en oposición al eje de giro (eje principal) y que es móvil por medio de su manivela. Se utiliza para evitar flexiones en el material durante su mecanización.

››› **Carro portaherramienta:** es el carro en cuya torre se aloja la herramienta de corte y que se desplaza tanto longitudinalmente, a lo largo de la bancada con la manivela del carro principal, como verticalmente al eje de giro, haciendo avanzar o retroceder la herramienta por medio de la manivela transversal.

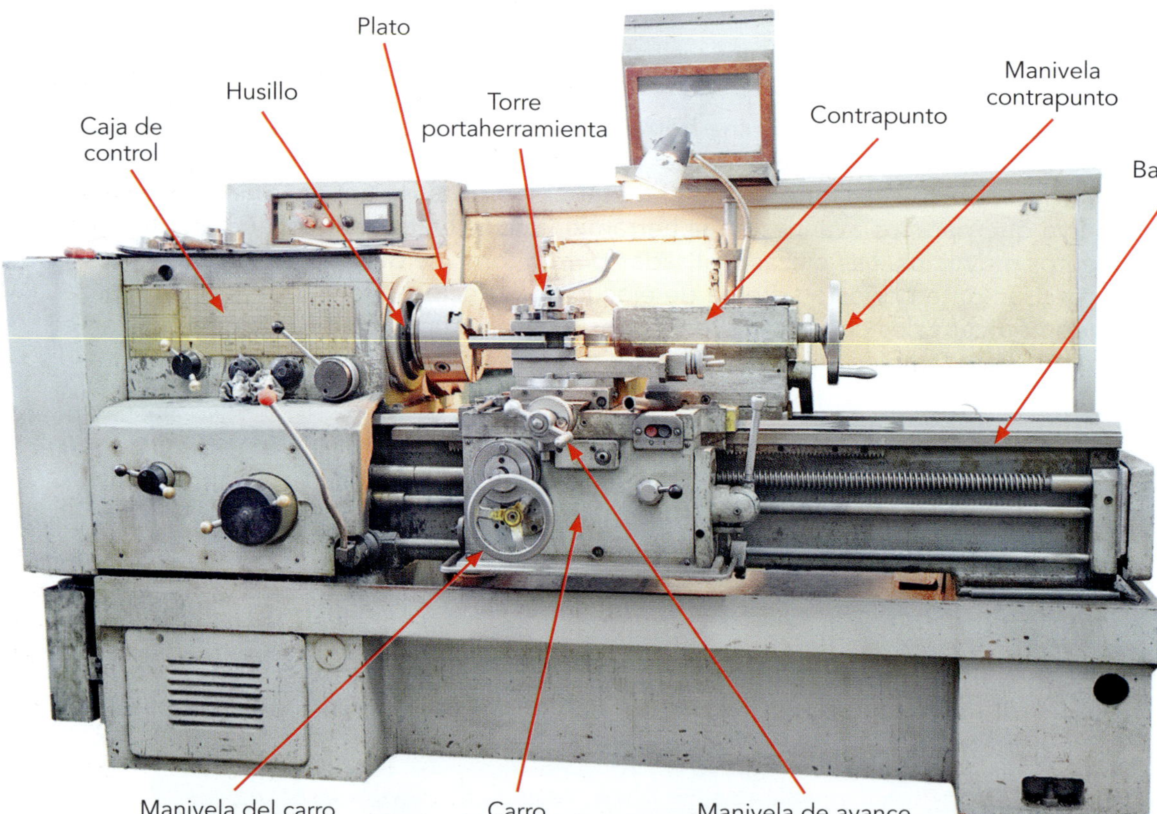

Figura 7.12. Partes principales de un torno.

- **Fresadora convencional:** es una máquina herramienta eléctrica por arranque de viruta que por medio de otra herramienta denominada fresa dará forma al material trabajado. Una fresadora tiene los tres ejes de movimiento (X, Y, Z), además del eje de rotación de la fresa, por lo que puede realizar multitud de geometrías. Es otra máquina de elevada precisión ya que dispone de ajustes de posicionamiento muy exactos.

Figura 7.13. Partes principales de una fresadora.

El material para trabajar se fija en su mesa de trabajo, que se mueve a lo largo de sus ejes de coordenadas X e Y. En el eje Z tiene el portaherramientas que es donde se instala la fresa de corte, que rota a alta velocidad. La columna del eje Z, e incluso la mesa de trabajo, se pueden mover en este eje acercándolas o alejándolas (Figura 7.13).

Actividad propuesta 7.1

Para realizar una pieza de revolución como la que puedes ver en la figura, ¿qué herramienta o máquina herramienta seleccionarías? ¿Cuál es su principio de funcionamiento?

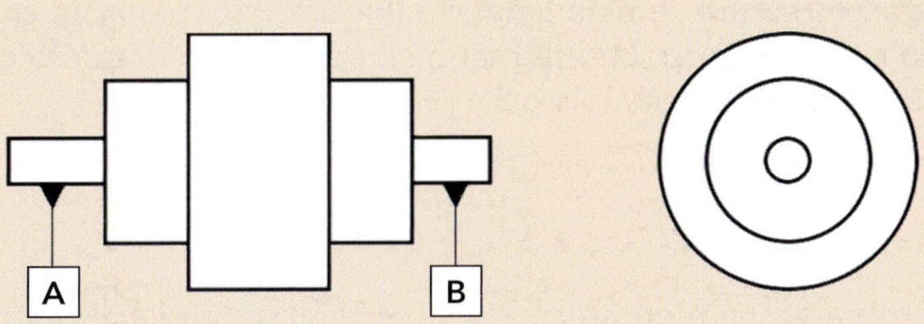

7.3. Operaciones de mecanizado manual. Características, aplicaciones, formas de realización y herramientas empleadas

Ahora que ya se han explicado las herramientas que se utilizan en el taller es el momento de que se conozcan con más detalle las principales operaciones que se pueden realizar:

- **Limado:** es una de las operaciones de mecanizado manual más antigua y que requiere mayor técnica, practicada por múltiples culturas milenarias. Es una operación de desbaste por abrasión que consiste en eliminar el material sobrante en la pieza que se está realizando, pero se encuadraría en una eliminación controlada ya que cuando se realiza por manos expertas se convierte en una operación de cierta precisión. Como operación manual que es, el esfuerzo lo realiza el operario con la lima, que es el útil usado en esta operación. Se distinguen principalmente dos etapas:
  - **Desbastado:** en esta etapa se usa una lima basta para erosionar mucho material con el objetivo de acercarse, sin llegar al objetivo. Se debe acercar sin llegar a él, ya que las huellas que dejará la lima en la pieza serán muy visibles.
  - **Acabado:** una vez terminada la operación de desbastado se usarán limas finas para llegar, ahora sí, al objetivo de una forma más definida sin dejar huellas visibles del limado. En esta etapa el arranque de material es mínimo.

Figura 7.14. Operación de limado de un orificio.

La pieza deberá estar firmemente sujeta en el tornillo de fijación manteniendo la geometría a limar horizontalmente. Se mantendrá la lima horizontal a la vez que se frota firmemente con ella la geometría que se está limando (Figura 7.9). Siempre que se pueda, además de sujetar la lima por el mango, la otra mano se apoyará en la punta de la lima durante su uso para conseguir una mayor estabilidad y presión.

Sabías que

Con la operación de limado se aprende a dar un especial valor a la precisión dimensional y el acabado superficial.

- **Cincelado:** es la acción con la que se realizan grabados en bajo relieve golpeando el material con cinceles cuyos extremos de trabajo tienen distintas formas. Es como grabar textos o cualquier indicación en la pieza de forma manual.
- **Taladrado:** consiste en realizar orificios en la pieza utilizando un taladro con broca. Es otra de las operaciones básicas de mecanización de piezas con finalidad de acabado o cuando menos de preparación a este. Una buena preparación y disposición firme de la pieza en el taladro, así como una selección idónea de la broca a utilizar, permitirán que se logren unos resultados óptimos.

  Faltas de perpendicularidad, así como orificios ovalados, son los defectos más comunes en la realización de taladros, que se producen principalmente por la mala sujeción de la pieza o por usar brocas mal afiladas.

Figura 7.15. Taladrando una pieza.

- **Escariado:** operación destinada a obtener un mejor acabado o agrandado de los orificios practicados con una herramienta específica (escariador). Esta tarea puede realizarse con un taladro, un torno o una fresadora.
- **Roscado:** el roscado es la operación de mecanizado de una rosca en un orificio o perno. Es una acción de arranque de viruta que se puede también realizar manualmente. Las roscas existen desde hace más de dos mil años; de hecho, es un invento del matemático y físico Arquímedes. Las roscas convierten un movimiento giratorio en una traslación longitudinal. Este principio de convertir el movimiento giratorio de Arquímedes en movimiento longitudinal se puede ver aplicado a multitud de elementos de la actualidad en cualquier mecanismo de transporte de material y, como no, en tuercas y tornillos. Las tuercas y los tornillos son de los elementos de unión más utilizados en mecánica, ya que están totalmente estandarizados y la unión que producen es muy efectiva a la vez que desmontable.

  En las operaciones manuales de mecanizado las roscas se realizan en un torno convencional (Figura 7.16) o bien con machos y terrajas de roscado (Figura 7.17).

Figura 7.16. Roscado en un torno.

Figura 7.17. Roscado con terraja.

- **Chaflanado:** es la operación de eliminar los cantos vivos en una pieza. En muchas ocasiones es algo puramente estético, pero también de seguridad para evitar cortes. Si se realiza un chaflán en un orificio se podrá utilizar un taladro o un torno. Para otras geometrías se usará la fresadora e, incluso, la lima si el resultado no requiriera de una precisión específica.
- **Remachado:** operación de unión fija de dos o más piezas por medio de un remache. El remache es el elemento de unión que conceptualmente es similar a un tornillo con tuerca, pero donde la unión se produce por aplastamiento del remache. Para esta operación se utiliza una herramienta específica, la remachadora. En caso de necesitar separar las piezas para reparaciones o sustituciones debe cortarse el remache, por lo que este no podrá volver a utilizarse; será preciso volver a remachar usando un remache nuevo.
- **Punzonado:** es una operación de corte aplicada a chapas delgadas. La herramienta, el punzón, tiene la geometría del corte a realizar y por medio de un golpe se producirá el corte en la chapa. Es una operación tan precisa, dimensionalmente hablando, como así lo sea el punzón. Es una maniobra muy repetitiva ya que todos los cortes producidos con un mismo punzón serán prácticamente iguales.

Enlaces web de interés

https://www.directindustry.es/cat/maquinas-mecanizado-E.html
Exposición virtual de máquinas de mecanizado.

https://www.demaquinasyherramientas.com/
Revista de máquinas y herramientas.

https://www.afmcluster.com/
Web del clúster de máquina herramienta AFM.

https://www.areatecnologia.com/
Web divulgativa de tecnología.

Caso práctico RESUELTO

Aplicación de técnicas de mecanizado manual

Debes realizar la pieza según el plano siguiente:

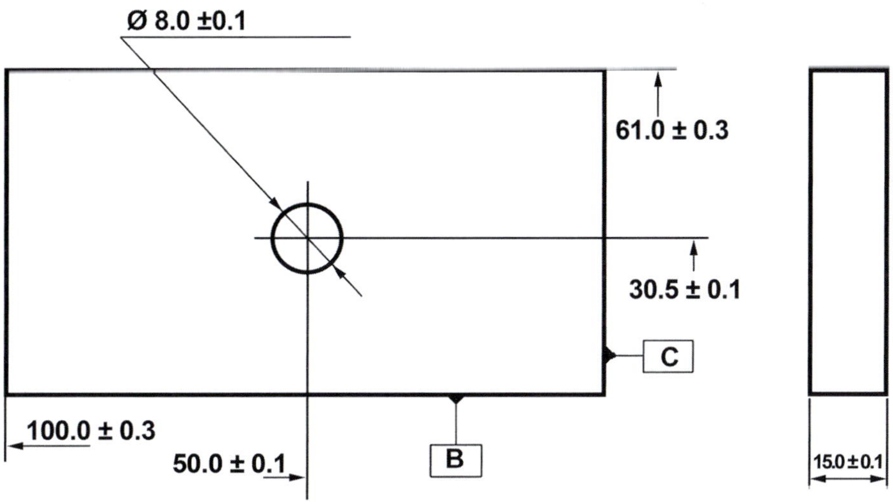

¿Cómo procederías, sin el uso de una fresadora? Debes tener en cuenta que las cotas con una sola flecha son respecto a la referencia que tienen en oposición.

Solución:

1. Corta el material necesario de una placa con un espesor de 15,0; hazlo de forma rectangular aproximándote a las medidas exteriores de 100,0 mm x 61,0 mm. Puedes usar la cortadora de cinta ajustando al tamaño mencionado, pero asegurando un exceso de material.
2. Sobre el banco de trabajo, y por medio del tornillo de banco, fija fuertemente el material presionando por el grosor de 15 mm; protégelo de marcas con algún material blando (por ejemplo, plástico). Primero, deja a la vista uno de los lados más largos (de 100 mm) procurando que quede lo más horizontal posible.
3. Con una lima de doble picado o picado simple elimina las imperfecciones (marcas de corte) que pueda tener la cara horizontal vista. Hazlo usando primero una lima basta y después una lima fina. Siempre debes mantener la lima en horizontal.
4. Ve comprobando que el limado va quedando plano y vertical; coloca la pieza por la cara que estés limando sobre una mesa de planitud.
5. Una vez que la cara esté bien limada, voltea el material y realiza lo mismo en su cara paralela, pero además ve comprobando la medida con un calibre o pie de rey hasta dejarlo a la medida indicada en el plano.
6. Sujeta la pieza en el tornillo de banco en vertical y repite los pasos del 3 al 6 sobre las caras perpendiculares.
7. Una vez conseguida la forma rectangular externa de la pieza, marca con un gramil el centro del orificio de diámetro 8.
8. Por último, con la taladradora y una broca de diámetro 8 realiza el orificio en la marca realizada.

Debes tener mucho cuidado y precisión en los trabajos para conseguir las cotas de la pieza dentro de su tolerancia.

Caso práctico PROPUESTO

Aplicación de técnicas de mecanizado manual

Realiza la pieza propuesta según el plano siguiente:

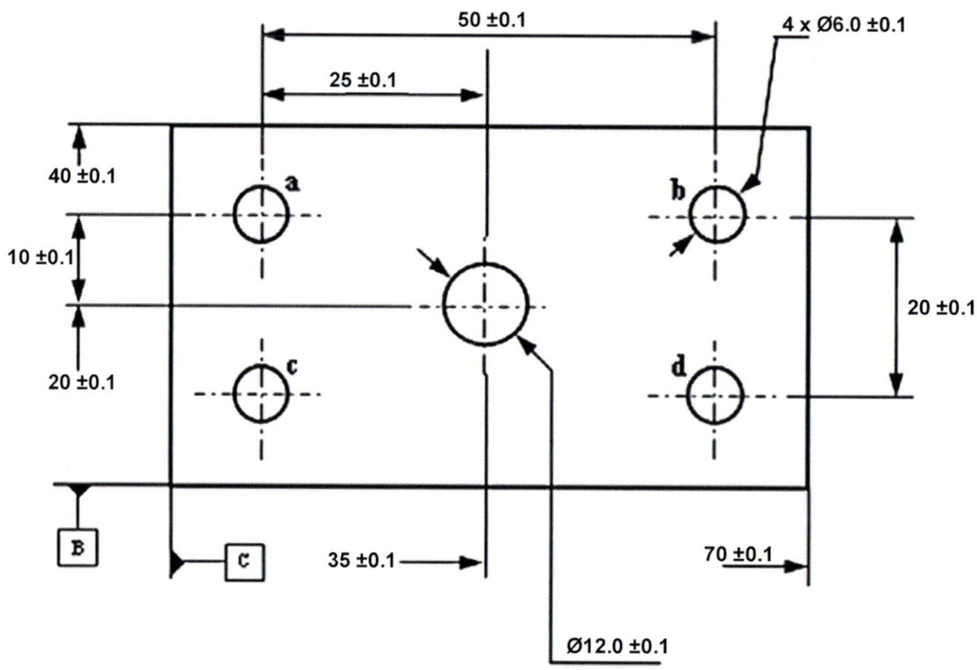

Ten en cuenta que las cotas con una sola flecha son respecto a la referencia que tienen en oposición.

Mapa conceptual

APLICACIÓN DE TÉCNICAS DE MECANIZADO MANUAL

- Identificación de los útiles y herramientas genéricas más aplicados en el taller
  - Tipos de útiles más utilizados: identificación, aplicaciones y características
    - Banco de trabajo, tornillo de banco, sargento. Normas de uso y conservación
- Tipos de herramientas genéricas utilizadas en el taller: identificación, aplicaciones y características
  - Alicates y tenazas, destornillador, llaves y martillo
- Características y tipos de herramientas de mecanizado
  - Herramientas de corte
    - Sierra de arco, sierra de calar, sierra de cinta, sierra de disco, radial o amoladora y cizalla.
  - Herramientas utilizadas en el mecanizado manual y sus técnicas operativas
    - Lima, taladro de pie y de banco, torno convencional , fresadora convencional. Normas de uso y conservación
- Operaciones de mecanizado manual
  - Limado, cincelado, taladrado, escariado, roscado, chaflanado, remachado y punzonado

Actividades finales

DE COMPROBACIÓN

7.1. ¿Una llave puede usarse para golpear?

a) Nunca.

b) Sí.

c) Únicamente si no dispones de un martillo.

7.2. Un sargento o pinza sirve para:

a) Soldar piezas.

b) Sujetar firmemente varias piezas que van a ser pegadas, soldadas o mecanizadas entre sí.

c) Sujetar las piezas al banco de trabajo.

7.3. ¿Cómo debe ser el banco de trabajo?

a) De colores oscuros y sin brillo.

b) Robusto y estable.

c) Con cajones y estanterías.

7.4. ¿Para qué se usa un tornillo de banco?

a) Sujetar las piezas mientras las trabajas.

b) Atornillar firmemente.

c) Unir diversas piezas mientras sueldas.

7.5. ¿Qué es una sierra de arco?

a) Herramienta de corte de precisión.

b) Herramienta de corte eléctrica.

c) Herramienta de corte manual.

7.6. ¿Qué es una lima?

a) Herramienta manual de desbastado.

b) Equipo de precisión.

c) Útil de sujeción.

7.7. ¿Cómo se denomina a la acción de realizar orificios con una máquina eléctrica?

a) Taladrado.

b) Avellanado.

c) Desbastado.

7.8. ¿Cómo se denomina la operación destinada a obtener un mejor acabado o agrandado de los orificios?

a) Taladrado.

b) Escariado.

c) Chaflanado.

7.9. ¿Cuál es la operación de eliminar los cantos vivos en una pieza?

a) Taladrado.

b) Escariado.

c) Chaflanado.

7.10. ¿Qué puedes utilizar para realizar un roscado interior?

a) Un macho de roscado.

b) Una terraja.

c) Un taladro.

7.11. ¿Qué puedes utilizar para realizar un roscado exterior?

a) Un macho de roscado.

b) Un taladro.

c) Una terraja.

7.12. ¿Qué puedes realizar con un torno convencional?

a) Piezas ortogonales.

b) Piezas de revolución.

c) Todo tipo de piezas.

7.13. ¿Qué puedes realizar con una fresadora convencional?

a) Piezas ortogonales.

b) Piezas de revolución.

c) Únicamente chaflanes y escariados.

DE APLICACIÓN

7.14. Indica qué características debe tener un banco de trabajo.

7.15. Comenta en qué consiste un tornillo de banco.

7.16. ¿Para qué sirve y cómo funciona una sierra de disco?

7.17. Detalla y define las partes principales de una lima.

7.18. ¿Qué es y para qué se usa una tenaza?

7.19. Especifica las diferencias entre un taladro de columna y uno de banco.

7.20. Detalla el principio de funcionamiento de un torno convencional.

7.21. Describe el principio de funcionamiento de una fresadora convencional.

7.22. ¿Qué es y para qué sirve un chaflán?

7.23. ¿Qué es y para qué sirve un escariado?

7.24. ¿Qué máquina herramienta usarías para realizar un eje cilíndrico con distintos diámetros? Razona tu respuesta.

7.25. ¿Qué máquina herramienta usarías para realizar una pieza ortogonal? Razona tu respuesta.

7.26. Para la mecanización de una pieza, ¿puedes usar más de una herramienta o máquina herramienta? Indica algún ejemplo.

DE AMPLIACIÓN

7.27. Explica en qué consiste y qué máquinas puedes utilizar en un pulido.

7.28. Describe y define los tres tipos de mecanizado principales según sea la operación.

7.29. ¿Qué es y cómo funciona una limadora?

Mecanizado con máquinas herramientas

8

El taller mecánico ha sufrido una gran transformación en las últimas décadas. La incorporación del control numérico, los ejes de posicionamiento y las altas velocidades en la maquinaria, hacen posible la mecanización de piezas y unos acabados que hasta hace bien poco parecían imposibles. En esta unidad se estudiará el mecanizado con máquina herramienta en los talleres modernos, aunque para ello nunca deberían perderse de vista los orígenes.

Contenidos

Objetivos

- Conocer las máquinas herramientas disponibles en la actualidad en un taller de mecanizado.
- Distinguir entre las distintas operaciones que pueden realizarse con cada máquina.
- Obtener los conocimientos necesarios en la selección de las máquinas herramientas del taller.
- Analizar la idoneidad de cada operación de mecanizado.
- Valorar la importancia del trabajo por control numérico en la mecanización de piezas.
- Relacionar el tipo de pieza con la máquina herramienta más adecuada para cada trabajo.

8.1. Relación entre las operaciones de mecanizado por arranque de viruta y las máquinas empleadas

Podría parecer evidente, pero conocer perfectamente las distintas operaciones de mecanizado y relacionarlas con las máquinas herramientas adecuadas es, sin lugar a duda, lo primero que se debe saber. Aunque hay operaciones que analizadas desde un punto de vista genérico podrían realizarse con máquinas distintas, siempre existe la máquina o máquinas idóneas para cada trabajo en concreto.

Figura 8.1. Taller mecánico CNC.

El mecanizado por arranque de viruta es aquel por el que se va quitando material, bien de una pieza conseguida por otros medios (fundición, conformado, inyección, etc.), bien de material en bruto. Dentro del mecanizado por arranque de viruta pueden distinguirse varios procesos.

8.1.1. Aserrado y taladrado

Se trata de procesos de fabricación en el entorno de la industria y, viéndolos de forma diferenciada, son los siguientes:

- **Aserrado (o serrado):** operación mediante la cual se separa (o se corta) una pieza o elemento en bruto en dos o más partes con pérdida de material entre ellas y con la intervención de una sierra como herramienta.

Como ya se ha visto en la unidad anterior las operaciones de aserrado se pueden realizar de forma manual empleando la sierra de arco o de forma mecánica empleando sierras eléctricas, pero esta unidad se centra en las automáticas (Figura 8.2). Estas son sin lugar a duda el medio más eficiente de corte en frío de cualquier tipo de material, incluidos los metales.

Las sierras electroneumáticas pueden realizar tareas muy variadas ya que se pueden programar la velocidad de avance y la potencia de corte, dos factores que son clave. En función de estos parámetros se podrán cortar perfiles y materiales finos o gruesos de distintos materiales. Esta capacidad de ajustar automáticamente estos dos aspectos, con el añadido de la lubricación que pueden suministrar, resultará esencial para conseguir cortes limpios.

- **Taladrado:** esta es la operación por la cual se realizan orificios en las piezas. Como puede ser evidente, se trata de una operación de arranque de viruta ya que el orificio que se practica será consecuencia de vaciar material con una herramienta. Cuando se habla de taladrado es fácil asociar esta acción con un taladro, y es cierto, el taladro acompañado de una broca como herramienta de corte es una máquina específica para tal fin, pero no la única con la que puede realizarse esta acción, ni tampoco será la de mayor precisión. Con un taladro, a pesar de ser una máquina eléctrica, su precisión dependerá en gran medida de la habilidad del operador y de lo cuidadoso que este sea en su ajuste y selección de la broca y el avance que le imprima.

  En un taller de mecanizado, cuando se requieren grandes precisiones, el taladrado se realiza simultáneamente con la mecanización de la pieza y en la misma estacada. Esto quiere decir que se realizará con el torno si se trata de una pieza de revolución (Figura 8.3) o con una fresadora en el caso de piezas ortogonales. Tanto en un torno como en una fresadora se pueden incorporar brocas, fresas o cuchillas específicas para la realización de taladros de precisión.

Figura 8.2. Máquina moderna de aserrado.

Figura 8.3. Taladrado con torno.

Vocabulario técnico

Estacada. Fijación firme del material o pieza en la máquina herramienta para trabajarla.

Importante

Para conseguir la mayor precisión de mecanizado siempre debe intentarse no cambiar la estacada de la pieza. Un cambio siempre llevará implícita una imprecisión en el posicionamiento por pequeña que esta pueda ser.

8.2. Estudio del funcionamiento y cadenas cinemáticas de las máquinas herramientas por arranque de viruta

Durante esta unidad y la anterior se han estudiado unos principios básicos de funcionamiento de las principales máquinas herramientas utilizadas en un taller de mecanizado. Ahora es el momento de profundizar en esta materia. Seguidamente se ven los modos de funcionamiento y las cadenas cinemáticas de las máquinas vistas: aserradora, taladradora, torno y fresadora.

Importante

Cuando se habla de **cadena cinemática** de una máquina herramienta se estará refiriendo al conjunto de órganos y controles que intervienen en la transmisión de todos los movimientos que la máquina es capaz de ejecutar.

8.2.1. Elementos y mandos de las máquinas herramientas de arranque de viruta

En función de los fabricantes y de los modelos de las máquinas herramientas los mandos variarán en su modo de funcionamiento y posibilidades, pero siempre existirán unos controles genéricos que se explican a continuación.

☐ Aserradora electroneumática

Este tipo de máquina herramienta «imita» lo que sería el corte manual con una sierra de arco, pero lógicamente con una muy elevada potencia y de forma totalmente automática. Por medio de una robusta sierra irá arrancando material hasta cortarlo.

Figura 8.4. Aserradora electroneumática ejecutando cortes.

Aunque también las hay de arco, las más potentes sustituyen el arco por dos partes de sujeción de la hoja de sierra independientes, ya que esto ofrece una mayor capacidad en los tamaños de material a cortar. Los controles de los que se puede disponer son la velocidad que se imprime al serrado o velocidad de avance, la potencia de corte o presión ejercida, el caudal de lubricación e, incluso, el avance automático de material cortado (Figura 8.4). Todos estos controles, más una correcta selección de la hoja de sierra, permiten realizar cortes limpios y de mediana precisión.

□ Taladro de columna

Con una estructura similar, pero más pequeña, existe el taladro de sobremesa, aunque el taladro de columna es con diferencia el más utilizado en un taller metalmecánico.

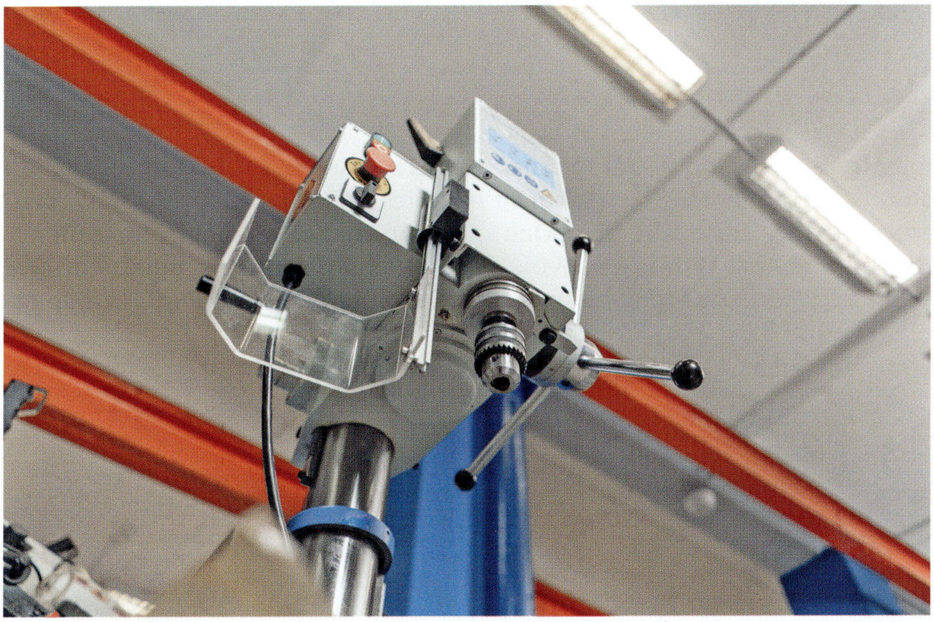

Figura 8.5. Taladro de columna (visto desde la mesa de trabajo).

Su funcionamiento se basa en hacer rotar la herramienta (broca) a una velocidad elevada mientras se mantiene fija la pieza o material a taladrar. Se hace descender verticalmente la herramienta en rotación hacia la pieza, para practicar el orificio. Sus controles principales son:

- Botones de marcha y paro con los que se acciona o para la rotación del husillo y del portabrocas.
- Control de velocidad para graduar la velocidad de rotación.
- Volante de subida y bajada con el que se baja el portabrocas para la realización del orificio. Dispone de una regla graduada para graduar la profundidad de penetración.
- Volante de altura de la mesa de trabajo. Por medio de este volante se acerca o aleja la mesa de trabajo a la cabeza del taladro.

Figura 8.6. Portabrocas común y conjunto de brocas.

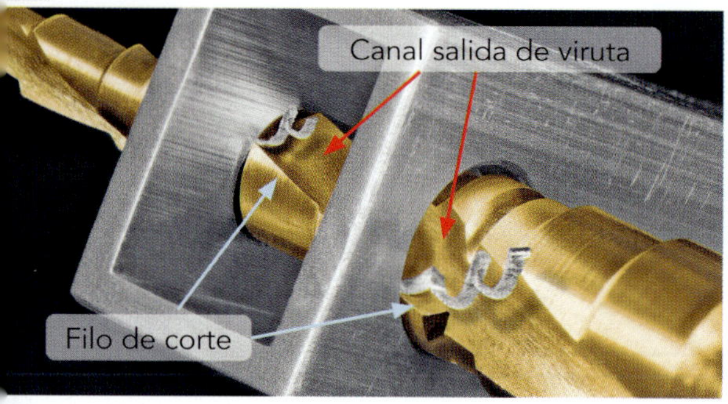

Figura 8.7. Broca trabajando.

Durante el taladrado, como en cualquier operación de arranque de viruta, se produce calentamiento en la zona que se está trabajando, por lo que, la mayoría de los taladros de columna, también tienen la posibilidad de suministrar refrigerante y, por tanto, un control de este.

Hay que tener en cuenta que, aunque el taladro es la máquina herramienta, la broca será determinante en el trabajo, en este caso porque realiza el orificio. En función del material se debe seleccionar la broca específica y vigilar su buen estado y afilado. Tampoco se debe olvidar el portabrocas, ya que de este dependerá la sujeción de la broca al taladro.

Las brocas deben estar bien afiladas ya que por su punta es por donde se inicia la penetración, pero además el filo de corte o filo principal deberá estar en perfecto estado. El ángulo de la punta, así como el de la hélice, dependerán del tipo de broca y del material a perforar.

☐ Torno

El funcionamiento es contrario al del taladro, es decir, mientras se hace rotar el material, se irá cortando con una herramienta. El material se hace rotar a una velocidad muy alta, mientras se mueve la herramienta de corte a velocidades lentas en sentido vertical y transversal al eje de rotación. Esto permite realizar piezas de revolución del tipo de ejes con combinaciones de formas cilíndricas y cónicas y con unos muy buenos acabados. Se pueden ver su estructura y sus partes principales en la Figura 8.8.

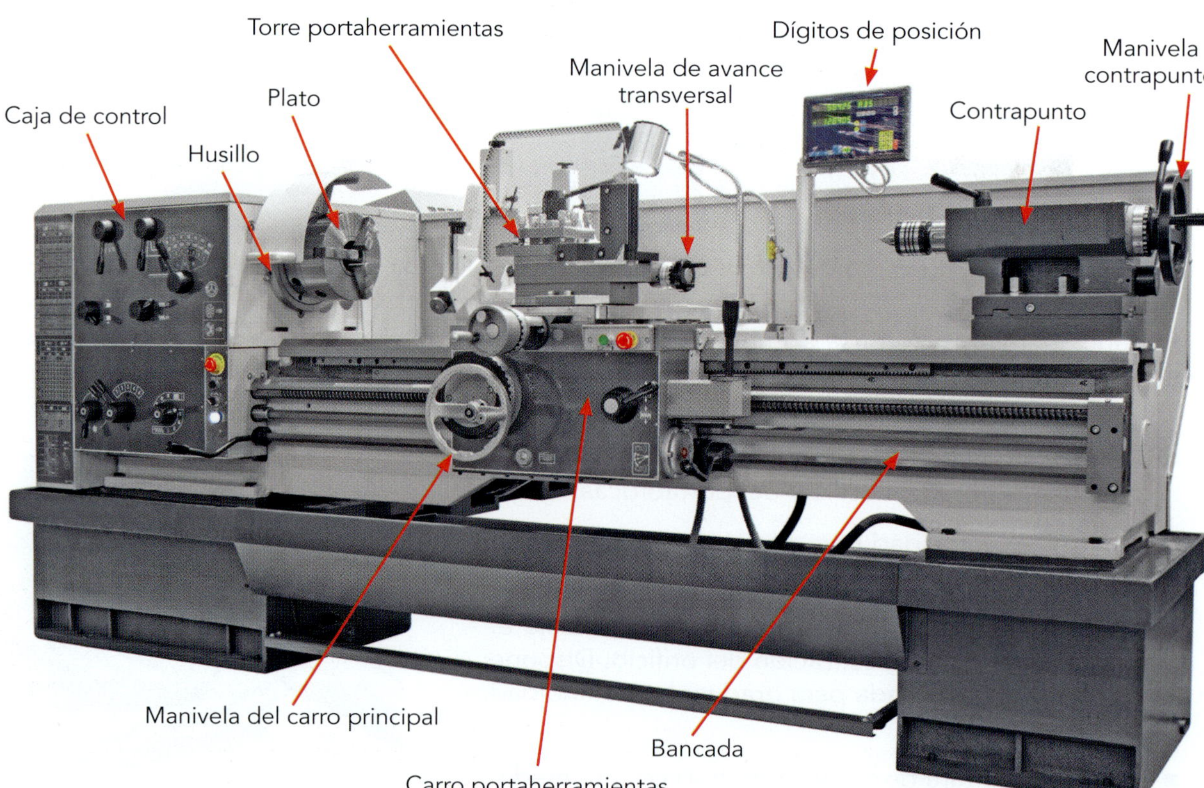

Figura 8.8. Estructura y partes principales de un torno.

En un torno se encuentran los siguientes controles:

- **Caja de control:** es por donde se controla la velocidad de revolución que se le imprime al material que trabaja fijado en el plato con el que se realiza la pieza. Esta rotación se transmite por medio de correas y engranajes al husillo donde está instalado el plato. Esta caja consta de varios trenes desplazables o basculantes. El sistema más extendido es el conocido como **caja Norton.**
- **Contrapunto:** es la fijación móvil, por medio de su manivela, con la que se sujeta el material por el extremo contrario al plato. Está en contraposición al eje de rotación y es totalmente libre (sin oposición) en rotación.
- **Torre portaherramienta:** lugar donde se instala la herramienta de corte.

Figura 8.9. Torno mecanizando con una cuchilla.

- **Manivela de avance transversal:** instrumento con el que se mueve el carro portaherramientas en sentido perpendicular al eje de rotación. Con ella se da profundidad al corte de la herramienta.
- **Manivela del carro principal:** elemento con el que se mueve el carro portaherramientas en sentido paralelo al eje de rotación a lo largo de la bancada del torno. Con ella se avanza la mecanización de la pieza.
- **Dígitos de posición:** donde se puede apreciar con precisión la posición y los avances de la herramienta.

En función de la velocidad de rotación, la velocidad de avance, la presión ejercida y el estado de la cuchilla se consiguen unos u otros niveles de acabado y precisión. A mayor velocidad de rotación se consiguen mejores acabados, mientras que la velocidad de avance y presión ejercida deben ser las menores posibles. Claro está que esto es así en general. Encontrar el equilibrio en estos parámetros dará los resultados idóneos a una velocidad de fabricación óptima. El poder apoyar la pieza en el contrapunto y mantenerla así el mayor tiempo de la mecanización posible (Figura 8.9), dará a esta mayor estabilidad y precisión.

Si en lugar del punto se instala una broca, se podrán realizar roscas interiores; con una cuchilla especial en combinación con un avance controlado se mecanizarán roscas exteriores. Esto último es únicamente un ejemplo para poder apreciar que, con la herramienta adecuada y controlando perfectamente el funcionamiento de un torno y sus diferentes velocidades, se pueden realizar múltiples geometrías en la fabricación de piezas de revolución.

□ Fresadora

En una fresadora la herramienta que funciona a una alta velocidad de rotación y que tiene movimiento controlado en el eje de coordenadas Z es la fresa.

Esta herramienta dispone de una mesa de trabajo donde se estaca la pieza que tiene capacidad de desplazarse, también controladamente, en los ejes de coordenadas X e Y. Solamente con esta mínima explicación puede apreciarse que la fresadora es una máquina herramienta capaz de realizar con precisión piezas ortogonales, pero es que, además, las más modernas incorporan movimiento (capacidad de giro) en su eje Z.

Figura 8.10. Dibujo esquemático de una fresadora manual o convencional.

Sus controles, vistos de una forma muy esquemática para una fácil comprensión, son, por un lado, el control de rotación, velocidad incluida, de la herramienta, y por otro los volantes de posicionamiento de cada eje (X, Y, Z), además del control del refrigerante. Esta herramienta se puede ver en la Figura 8.10 y también en la Figura 7.13 de la Unidad 7.

Las fresadoras industriales actuales tienen todos los controles programables, siendo así mucho más eficaces y precisas (Figura 8.11).

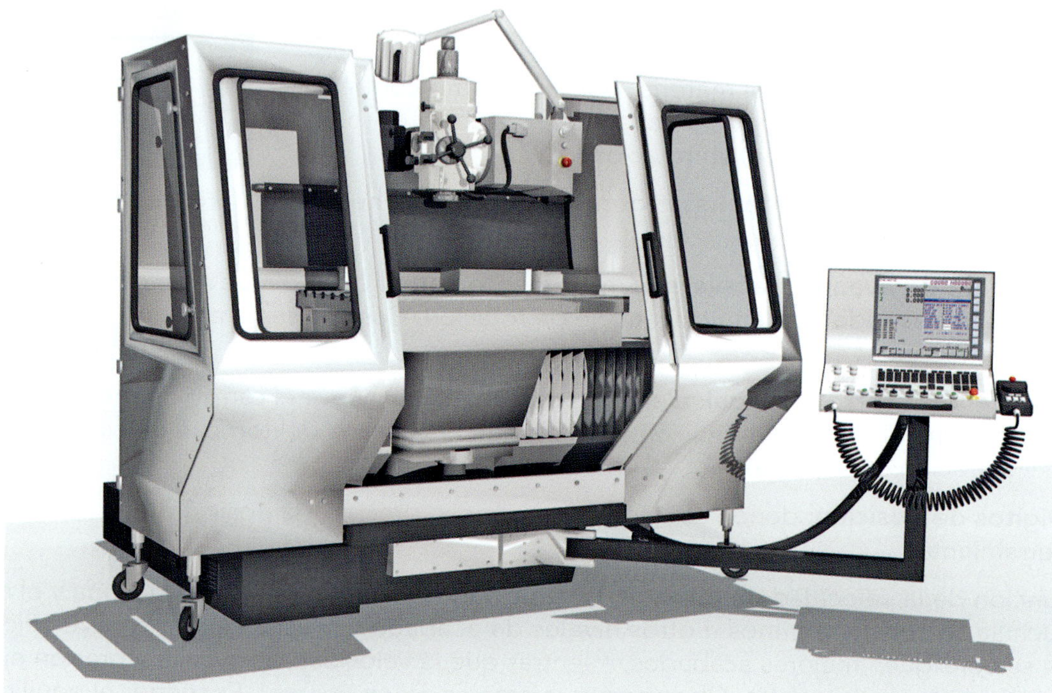

Figura 8.11. Fresadora con control numérico por computadora (CNC).

En una fresadora se pueden instalar multitud de herramientas o fresas diferentes y específicas para infinidad de trabajos, con lo que se conseguirá realizar prácticamente cualquier pieza con las geometrías más complejas imaginables y con acabados realmente muy buenos.

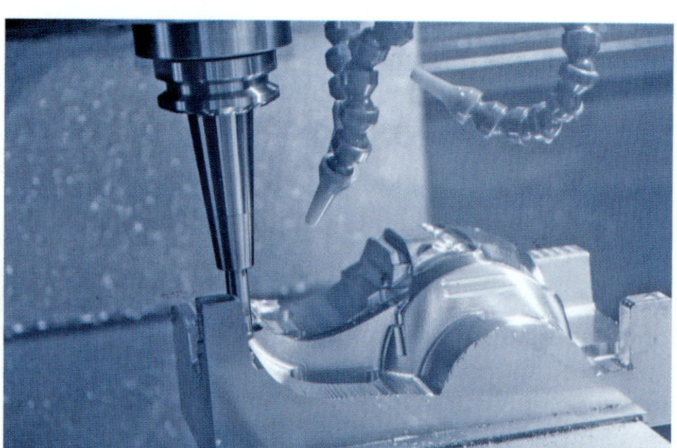

Figura 8.12. Fresadora en proceso de mecanizado.

Figura 8.13. Fresadora trabajando en CNC con un programa por coordenadas.

La incorporación del CNC (control numérico por computadora) en las máquinas herramientas supuso una verdadera revolución en la mecanización, ya que aporta unas precisiones realmente muy elevadas.

Si al CNC se le suma la incorporación de ejes de movimiento tanto en la mesa de trabajo como en la cabeza portaherramienta, altísimas velocidades de revolución, un intercambiador de herramientas automático e, incluso, la fusión en una misma máquina de fresadora y torno, todo ello totalmente programable, se puede ver que la mecanización actual es de muy elevada precisión para geometrías casi infinitas y con acabados prácticamente perfectos. Prácticamente la única limitación es la capacidad y el tamaño de las fresas, y estas están en constante evolución.

8.3. Operaciones de mecanizado

Tras haber visto las principales máquinas herramientas, su modo de funcionamiento y su operativa, ahora de modo más específico se describen las diferentes operaciones que se pueden realizar. Este apartado se centra en las operaciones que pueden realizarse con un torno y con una fresadora, ya que, con la explicación dada de la aserradora y el taladro, ha quedado definida la operatividad de estas últimas.

8.3.1. El fenómeno de la formación de viruta en materiales metálicos

Se ha estado hablando de mecanizado por arranque de viruta, pero ¿qué es en realidad la viruta y por qué se produce?

La **viruta** es la materia que se extrae del metal que se trabaja y se produce en los metales dúctiles. Este material se desprende en hilos o láminas delgadas por la acción de la cuchilla que tiene la herramienta. Es muy habitual que, como se desprende a elevada temperatura, se retuerza formando los típicos hilos helicoidales. El hecho de que se desprende en caliente hace que se vaya rompiendo, pero también puede provocar que se suelde a la herramienta o, incluso, a la propia pieza causando entonces imperfecciones. Por este motivo es necesario ir eliminándola durante la mecanización. Esto se hace por medio del refrigerante que cumple una doble función: enfriar y expulsar.

Se distinguen varios tipos de viruta:

- **Discontinua:** es la que se produce en los materiales duros y quebradizos (fundición, bronce, etc.). Esta viruta se desprende fácilmente del material y es relativamente sencillo expulsarla durante la mecanización ya que ella misma se va quebrando y separando de la pieza durante el mecanizado. Este tipo de viruta también se denomina de «arrancada».
- **Continua:** se produce en materiales dúctiles. Es la viruta típica que se produce en espiral a medida que la cuchilla avanza en la mecanización. Es muy molesta ya que es difícil de desprenderse y puede quedar soldada a la herramienta, entre sí e, incluso, a la pieza. También es conocida como viruta «plástica».

Figura 8.14. Formación de viruta durante el mecanizado.

- **Semicontinua:** se produce normalmente con materiales tenaces cuando se mecaniza a velocidades lentas. Se va cortando ella sola, por lo que muchos la consideran como la viruta ideal, ya que ensucia poco y es sencilla de eliminar. También se conoce como viruta «cortada».

8.3.2. Técnicas operativas de arranque de viruta: torneado y fresado. Rectificado frontal y tangencial

Una vez vistos los conceptos, operaciones generales y máquinas herramientas asociadas, es el momento de conocer las operativas específicas más habituales.

- **Torneado:** técnica de mecanizado por arranque de viruta que consiste en hacer rotar el material en bruto a mecanizar mientras mediante una cuchilla u otra herramienta de corte se va quitando material, dándole así forma a la pieza. Con esta técnica se obtienen piezas de revolución. La máquina herramienta específica para esta técnica u operación es el torno.

Figura 8.15. Torneado de una pieza.

En el torneado, la herramienta de corte avanza y se desplaza, pero a una velocidad relativamente lenta. Las principales operaciones específicas que pueden realizarse con un torno son las siguientes:

›› **Refrentado:** es cuando se mecanizan las caras frontales de las piezas. Con esta operación se realizan las caras de referencia que servirán para poder ejecutar el resto de la pieza con una mayor precisión dimensional. Dentro de esta categoría también se puede incluir el **cortado,** ya que en muchas ocasiones el refrentado llega hasta el corte total del material.

›› **Cilindrado:** consiste en mecanizar piezas de forma cilíndrica con la herramienta de corte instalada en el carro portaherramienta (Figura 8.12), que se moverá longitudinalmente al eje de giro de la pieza.

›› **Roscado:** es cuando se mecanizan roscas, que pueden ser tanto internas como externas.

›› **Taladrado:** cuando se practican orificios en la pieza con la que se está trabajando.

Los acabados superficiales que se consiguen en la operación de torneado son muy buenos por lo que en muchas ocasiones no será necesaria una operación posterior.

- **Fresado:** es un proceso de mecanizado que consiste en ir eliminando progresivamente cierta cantidad de material de la pieza que se está trabajando con una herramienta que funciona a alta velocidad de rotación. Esta herramienta que funciona a rotación se puede desplazar en la coordenada Z mientras que la mesa de trabajo donde se tiene la pieza fuertemente estacada puede desplazarse en los ejes X e Y.

Figura 8.16. Operación de fresado.

Con una fresadora se pueden mecanizar y realizar piezas ortogonales. Las operaciones que se pueden hacer con una fresa y que engloba el fresado son muchas, aunque las principales son las siguientes:

››› **Corte:** suele ser la primera o de las primeras operaciones que se realizan con la fresadora ya que se corta el material a las dimensiones exteriores de la pieza que se está realizando.

››› **Planeado:** consiste en eliminar el exceso de material que se puede tener en una cara hasta dejarla totalmente plana.

››› **Ranurado:** consiste en quitar material de la pieza haciéndole una hendidura o canal relativamente estrecho, que puede ser recto o con forma.

Estas operaciones, combinadas con los movimientos que se pueden realizar con la mesa de trabajo, más otras herramientas específicas de corte (fresas), permiten la realización de infinidad de geometrías. Con una fresadora también se realizan operaciones de taladrado, escariado y chaflanado.

- **Rectificado:** el rectificado es una operación de mecanizado abrasiva. Es decir, la pieza es pulida con una muela que rota a alta velocidad y por abrasión va arrancando pequeñas cantidades de material en polvo. Este procedimiento, en caso de necesidad, es la última operación de mecanizado y se utiliza para dejar las superficies perfectamente lisas y sin imperfecciones. Se utiliza cuando se requiere máxima precisión dimensional a la vez que mínima rugosidad. El rectificado consiste en la utilización progresiva de distintas muelas realizándose varias pasadas. Se comienza con una muela de grano grueso para ir disminuyendo el tamaño de grano, hasta terminar con una muela de grano fino. Como es lógico, se debe asegurar la medida especificada al finalizar este proceso. En función de la parte de la muela usada existen dos tipos de rectificados: frontal o tangencial.

››› **Rectificadora frontal:** la muela rota sobre el husillo en vertical y trabaja plana usando toda la superficie de su círculo mientras la mesa de trabajo se desplaza de forma rectilínea. Se utiliza principalmente para la eliminación rápida de material y las primeras fases de rectificado.

››› **Rectificadora tangencial:** la muela rota sobre el husillo en horizontal y trabaja usando el canto de su circunferencia mientras la mesa se desplaza con movimientos de vaivén (pendulares). Se utiliza para trabajos de alta precisión y geometrías, aunque sencillas, no únicamente planas (inclinadas, abombadas, ranuras, etcétera).

Figura 8.17. Rectificadora tangencial trabajando.

La mesa de la rectificadora (Figura 8.17) irá haciendo movimientos de vaivén y avanzando mientras la muela gira a alta velocidad hasta rectificar toda la superficie.

8.3.3. Empleo de útiles de verificación y control

Se debe tener siempre muy presente que el mecanizado es la tecnología de fabricación de piezas de mayor precisión dimensional y que, aunque las máquinas actuales (sobre todo con la incorporación del CNC) son capaces de llegar a precisiones de milésimas de milímetro e incluso menores, la importancia de la experiencia y habilidad del técnico que las opera es importantísima. Hay que tener en cuenta que las máquinas harán lo que la persona que las maneja ordene o, mejor dicho, harán lo que se les programe. Con precisión sí, pero lo que el técnico le programe, ni más ni menos. Es importantísimo que se estudien perfectamente los planos, que se planteen bien los trabajos para conseguir las especificaciones que solicita el plano, pero nunca hay que olvidar que se debe verificar que todo ha salido como se ha planeado. Nunca se debe dar nada por supuesto y menos cuando se trabaja con elevadas precisiones.

Figura 8.18. El objetivo del mecanizado es pasar de una pieza teórica en plano a una pieza física real.

Todo lo estudiado hasta ahora en la materia conduce al siguiente apartado y, ahora, cobra especial importancia todo lo estudiado en la Unidad 6. Durante el progreso de la mecanización se debe ir verificando que todo está saliendo según lo planificado y bajo las especificaciones.

8.3.4. Corrección de las desviaciones

Algo que en ocasiones se olvida es que no siempre todo sale según lo planificado, ya que son múltiples los factores que influyen (lotes de material, temperatura, desgaste de las herramientas y un largo etcétera). Si durante la verificación se encuentran desviaciones, deberán ser corregidas. Para poder realizar correcciones se ha de tener en cuenta que es necesario un exceso de material. Aunque por medio de soldaduras, baños u otros sistemas se podría añadir, esto será costoso, además de mermar la calidad final; por tanto, es mejor que haya exceso de material en la pieza.

Figura 8.19. Verificación durante el mecanizado.

Es una práctica muy recomendable ir **verificando durante la mecanización** que todo está saliendo según las especificaciones e ir ajustando los parámetros si se detectan discrepancias; de hecho, existen centros de mecanizado con intercambiador de herramientas en los que una de sus herramientas es un cabezal de medición que puede reajustar los parámetros de mecanizado en función de las mediciones, todo en el mismo proceso.

Actividad resuelta 8.1

Realiza un eje de acero con tres diámetros de cilindros concéntricos diferentes. ¿Cómo y con qué máquina o máquinas lo realizarías?

Solución:

- La máquina herramienta para cortar el material necesario será la aserradora, mientras que para el mecanizado de la pieza será el torno, ya que este es ideal para la realización de piezas de revolución.
- Selecciona como material base una barra de acero de un diámetro algo superior al más grande de la pieza a realizar.

- Corta un trozo de barra con la aserradora de longitud algo mayor a la pieza a realizar.
- Para que los tres cilindros queden concéntricos y sin conicidades debes sujetar el material ya cortado por el plato del torno y el contrapunto.
- El torno imprimirá la rotación al material. Con la cuchilla instalada en el portaherramientas realiza los tres cilindros a las medidas especificadas, ayudándote de los dígitos de posicionamiento.
- Corta la pieza en el mismo torno, refrentando con la cuchilla a las medidas de longitud.
- Verifica que todas las medidas son correctas y, si no lo fueran, corrige lo que sea necesario.

Actividad propuesta 8.1

Para desarrollar una pieza como la que puedes ver en la figura, ¿cómo y con qué máquina o máquinas la realizarías?

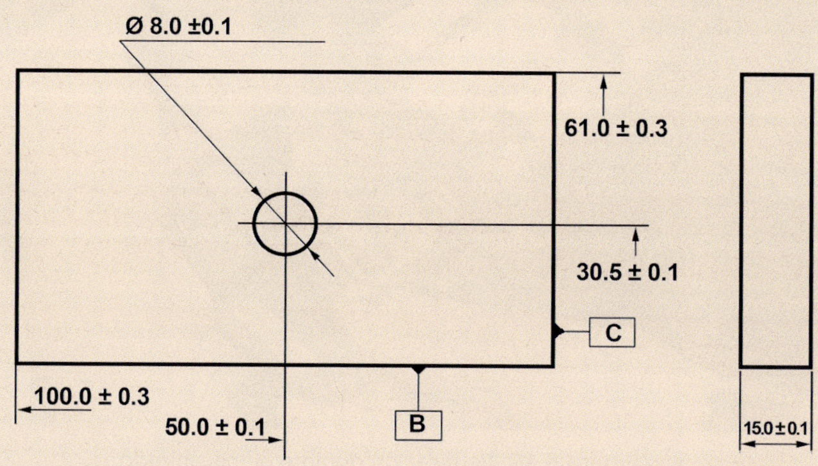

Ten en cuenta que las cotas con una sola flecha son respecto a la referencia que tienen en oposición.

8.4. Actitud ordenada y metódica en la realización de tareas

Siempre que se realice cualquier tipo de tarea del ámbito que sea, se debe afrontar con una actitud positiva, de superación y con la confianza y convicción de llegar a la meta deseada. Esta debe ser siempre la actitud, pero, además, cuando se está en un tipo de trabajo de tanta precisión, el ser metódicos y realizar las tareas ordenadamente y poder moverse en un entorno limpio y ordenado resultará totalmente imprescindible para lograr el éxito.

Se pueden enumerar una serie de estrategias que pueden ser de gran ayuda:

- Clasificar tareas por orden de importancia: tener una visión general y priorizar.
- Analizar recursos necesarios: se debe saber asignar cada trabajo a la herramienta y al proceso adecuados.

- Duplicidad de trabajos: no se deben realizar varias tareas a la vez, esto desviará la atención. Solo se puede hacer si claramente los tiempos de proceso lo permiten.
- No se está solo: hay que ser conscientes de que las personas no son «burbujas» independientes y que se pueden apoyar en los compañeros o personas de más experiencia y dejarse aconsejar, así como ofrecer la ayuda de estos al resto del equipo.
- Verificar el resultado: no se debe caer en el exceso de confianza y comprobar que el resultado es el realmente esperado y especificado.

Figura 8.20. Método y orden en el taller de soldadura. *(Fuente: llanapublicidad.wordpress.com).*

El orden no debe ser únicamente mental. Rodearse de un espacio ordenado y limpio será clave para realizar trabajos de calidad. El desorden crea estrés, ansiedad e ineficiencia.

Enlaces web de interés

https://www.directindustry.es/cat/maquinas-mecanizado-E.html
Exposición virtual de máquinas de mecanizado.

https://www.demaquinasyherramientas.com/
Revista de máquinas y herramientas.

https://www.afmcluster.com/
Web del clúster de máquina herramienta AFM.

https://www.imh.eus/es/imh/comunicacion/docu-libre/procesos-fabricacion
Web del IMH de introducción a los procesos de fabricación.

https://www.boyfre.com/blog/
Blog de la empresa Boyfre de mecanizados.

Casos práctico

Caso práctico RESUELTO

Mecanizado con máquinas herramientas

Realiza la pieza según el plano siguiente y con un espesor de 15 mm.

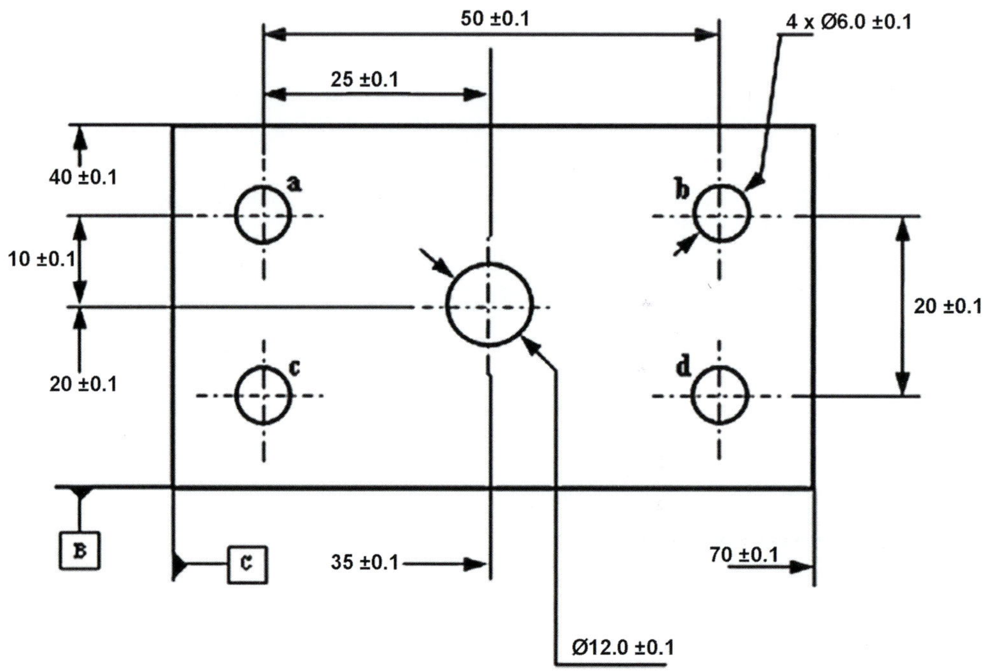

¿Cómo procederías usando una fresadora? Ten en cuenta que las cotas con una sola flecha son respecto a la referencia que tienen en oposición.

Solución:

1. Corta el material que necesitas de una placa que tenga un espesor de 15,0 mm, de forma rectangular, aproximándote a las medidas exteriores de 70,0 mm x 40,0 mm. Utiliza una aserradora electroneumática y asegúrate de dejar algo de exceso de material.
2. Usa una fresa como herramienta de corte y colócala en la fresadora.
3. Estaca el material en la mesa de trabajo de la fresadora para planear las caras B y C de la pieza, ya que serán tus referencias y donde marcarás los «ceros» en los ejes X e Y.
4. Partiendo de los orígenes (caras B y C) ya mecanizados, fresa los laterales opuestos paralelos a ellos a las medidas de plano (70 ± 0,1 y 40 ± 0,1).
5. Cambia de herramienta, coloca una broca de diámetro 12 y realiza el orificio central partiendo de la intersección de las caras de referencia B y C.
6. Cambia la broca por otra de diámetro 6 y realiza los cuatro orificios en las coordenadas indicadas en el plano.
7. Verifica que todas las medidas son correctas y, si no lo fueran, realiza las correcciones necesarias.

Debes tener mucho cuidado y precisión en los trabajos para lograr las cotas de la pieza dentro de su tolerancia.

Caso práctico PROPUESTO

Mecanizado con máquinas herramientas

Realiza la pieza según el plano siguiente:

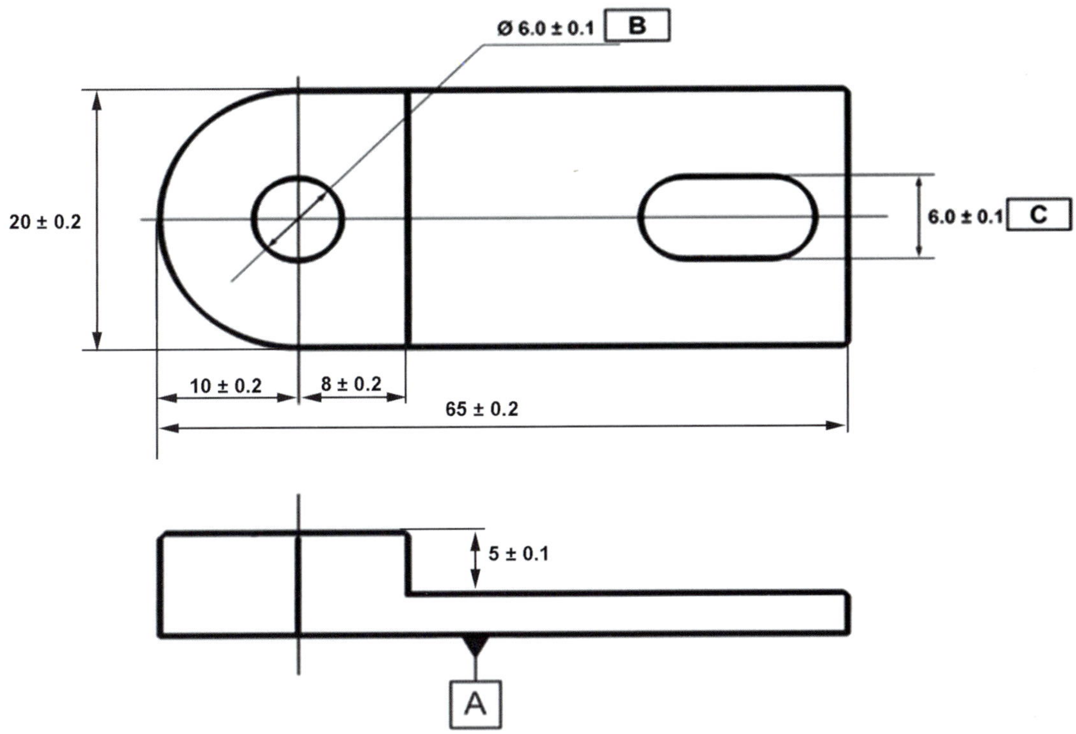

Explica cómo y qué máquinas herramientas utilizarías.

Mapa conceptua

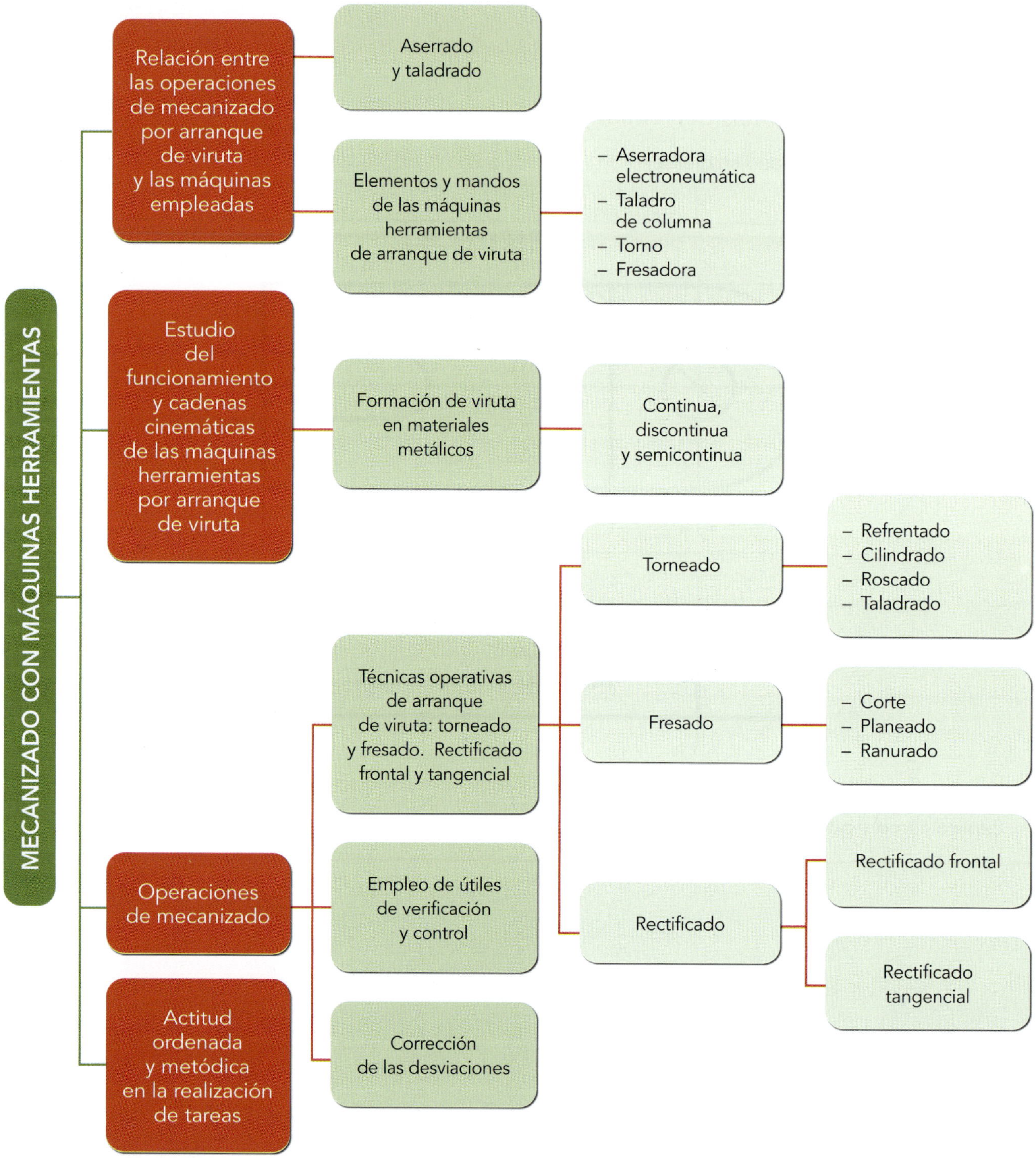

DE COMPROBACIÓN

8.1. ¿Qué es el aserrado?

a) La operación de separar en dos o más partes el material sin pérdida de este.

b) La operación de separar en dos o más partes el material.

c) La operación de separar en dos o más partes el material con la intervención de una sierra.

8.2. En la operación de aserrado o serrado:

a) Existe pérdida de material.

b) No existe pérdida de material.

c) El material debe estar precalentado.

8.3. ¿Qué es taladrar?

a) La operación de realizar orificios sin pérdida de material.

b) La operación de realizar orificios con una herramienta.

c) La operación de pulido de orificios.

8.4. ¿Qué elemento interviene en la operación de taladrado?

a) La aserradora.

b) Exclusivamente un taladro.

c) Una broca como herramienta.

8.5. ¿Qué es la estacada?

a) Golpear la pieza fuertemente para que encaje en la máquina herramienta.

b) El útil de estaco que pertenece a la máquina herramienta.

c) La fijación firme del material en la máquina herramienta.

8.6. El taladro es la única máquina que realiza orificios con precisión.

a) También con torno y fresadora.

b) Verdadero.

c) Un taladro no tiene precisión.

8.7. ¿En qué se basa el funcionamiento de un torno?

a) Hacer rotar a alta velocidad el material mientras se trabaja con una herramienta.

b) Hacer rotar a alta velocidad la herramienta mientras se trabaja el material.

c) Desplazar velozmente la herramienta sobre un material estático.

8.8. ¿En qué se basa el funcionamiento de una fresadora?

a) Hacer rotar a alta velocidad el material mientras se trabaja con una herramienta.

b) Hacer rotar a alta velocidad la herramienta mientras se trabaja el material.

c) Desplazar velozmente la herramienta sobre un material estático.

8.9. ¿Qué piezas puedes hacer con un torno?

a) Piezas sin pérdida de material.

b) Piezas ortogonales.

c) Piezas de revolución.

8.10. ¿Qué puedes realizar con una fresadora?

a) Piezas sin pérdida de material.

b) Piezas de revolución.

c) Piezas ortogonales.

8.11. ¿Qué ejes puedes controlar en una fresadora?

a) X e Y, no el Z.

b) X, Y, Z.

c) Z y X, no el Y.

8.12. ¿Qué puedes controlar con un torno?

a) Velocidad de rotación del material, y los avances paralelo y perpendicular de la herramienta.

b) Velocidad de rotación del material, y únicamente el avance paralelo de la herramienta.

c) Únicamente los avances paralelo y perpendicular de la herramienta mientras el material revoluciona a alta velocidad.

8.13. ¿Qué controles puedes realizar con una fresadora?

a) Los tres ejes de coordenadas.

b) Los ejes X e Y con la mesa de trabajo, mientras que el Z es fijo.

c) El eje Z con la mesa de trabajo y los ejes X e Y con la cabeza portaherramienta.

8.14. ¿Qué es el rectificado?

a) Cuando necesitas corregir los parámetros de la máquina herramienta.

b) Corregir las medidas obtenidas en la pieza mecanizada.

c) Una operación de mecanizado abrasiva.

Actividades finale

8.15. Durante la mecanización y al finalizar, ¿debes verificar la pieza dimensionalmente?

a) Sí, siempre.

b) No es necesario si trabajo con máquinas herramientas CNC.

c) No, nunca. Se trabaja con dígitos de posicionamiento muy precisos.

8.16. ¿Debes buscar el apoyo de los compañeros en la realización de trabajos?

a) No es necesario si creo que ya sé.

b) El apoyo de los compañeros siempre será de ayuda.

c) No, ya que pueden darme una información equivocada.

DE APLICACIÓN

8.17. Explica en qué consiste la operación de aserrado.

8.18. Expón en qué consiste la operación de taladrado.

8.19. Comenta en qué consiste la operación de torneado.

8.20. Relata en qué consiste la operación de fresado.

8.21. Especifica qué controles tienes en un taladro de columna.

8.22. Indica qué controles tienes en un torno.

8.23. Enumera los controles que tiene una fresadora.

8.24. Señala cuáles son las principales operaciones específicas que puedes realizar con un torno.

8.25. Refleja cuáles son las principales operaciones específicas que puedes realizar con una fresadora.

8.26. Explica en qué consiste el rectificado.

8.27. Comenta qué precauciones debes tener en consideración para poder detectar y corregir desviaciones en las piezas.

DE AMPLIACIÓN

8.28. Explica en qué consiste un centro de mecanizado.

8.29. Describe en qué consiste el mecanizado electroquímico.

8.30. Averigua qué es y explica en qué consiste la operación de brochado.

8.31. Explica en qué consiste la operación de mortajado.

8.32. Indica cuáles son los materiales que más se utilizan en los mecanizados por arranque de viruta.

Prevención de riesgos laborales y protección ambiental

9

Trabajar con seguridad sin poner en riesgo la propia integridad ni la de otras personas es sin duda el primer objetivo que se debe perseguir. Nunca se debe despreciar o tomar como algo secundario el cuidado y la operativa de realizar los distintos trabajos con el menor riesgo de accidentes. De igual modo que se ha de tener mucho cuidado con la posibilidad de provocar accidentes, se deber ser muy cuidadoso con el medio ambiente. Evitar cualquier alteración del medio y cuidar de la naturaleza es una obligación individual que se debe asumir con responsabilidad para mantener un planeta sostenible.

Contenidos

Objetivos

- Sensibilizar sobre la necesidad de protegerse del riesgo de sufrir accidentes.
- Conocer las posibles causas de los accidentes.
- Analizar las formas en que se puede proteger de accidentes.
- Evaluar los riesgos implícitos en cada trabajo.

9.1. Identificación de riesgos laborales y medioambientales en los procesos de fabricación

Ninguna actividad humana está exenta de riesgos de algún tipo, sean de una procedencia u otra y con un determinado nivel de afectación. Los riesgos de accidente serán diferentes en los distintos procesos de fabricación y, de igual modo, sucede con los riesgos medioambientales. Por este motivo es muy importante conocerlos en cada caso, para, de este modo, poder tomar las precauciones y acciones necesarias que ayuden a evitarlos.

Figura 9.1. Seguridad laboral y medioambiental.

No serán los mismos riesgos los que se dan en un proceso de fundición, que en el moldeo de plásticos, los mecanizados, etc. Conocer los peligros a los que se puede enfrentar el trabajador o trabajadora en el entorno es la mejor herramienta para poder evitarlos.

Exceptuando la impresión 3D, que será la operación de menor riesgo personal, el resto de las principales tecnologías de fabricación que ya se estudiaron en la Unidad 1 tienen riesgos parecidos, aunque en distinto grado.

En cuanto a los riesgos de contaminación ambiental en todos los procesos se deben tomar una serie de precauciones que se centrarán en controlar los desechos generados y los posibles gases expulsados al medio.

Vocabulario técnico

Accidente. Suceso eventual o acción de que involuntariamente resulte daño para las personas o las cosas. Cuando sucede en el trabajo, se denomina **accidente laboral.**

Enfermedad profesional. Alteración más o menos grave de la salud derivada de la actividad laboral.

Peligro. Situación de probabilidad de que suceda algún mal.

Riesgo. Contingencia o proximidad de un daño.

9.1.1. Riesgos personales

Los principales riesgos personales a los que están sometidos los trabajadores de los talleres de fabricación mecánica son:

- **Golpes, tropiezos y caídas:** se trabaja con materiales y con máquinas; por tanto, siempre se está expuesto a este tipo de riesgos. Que algún elemento o herramienta no esté en su sitio o un simple despiste puede provocar como mínimo lesiones, tanto a nivel personal como a los demás, e incluso a los productos o máquinas.

Figura 9.2. Las caídas a distinta altura son muy peligrosas y pueden acarrear consecuencias fatales; por tanto, es fundamental contar con el equipo de protección adecuado antes de iniciar el trabajo.

- **Proyección de partículas:** durante muchas de las operaciones que se realizan pueden producirse proyecciones de pequeñas partículas del material trabajado, lo que podría derivar en daños irreparables en partes del cuerpo. Por tanto, el EPI es fundamental para combatir este riesgo tan frecuente.
- **Sobresfuerzos:** trabajar con materiales pesados puede llevar a realizar sobresfuerzos que ocasionan daños musculares, fatiga física, pequeños traumatismos, contusiones, fracturas, etc. Estas lesiones, aunque pueden producirse en cualquier parte del cuerpo, suelen ser más habituales en los brazos y en la zona dorsolumbar, produciendo desde hernias discales hasta fracturas vertebrales.
- **Ruidos intensos:** las máquinas con las que se trabaja y todo el entorno en general es productor de ruido que podría afectar a nivel personal en diversos aspectos, pero también al entorno ambiental. Los niveles elevados de ruido, además de ser molestos, pueden ocasionar graves problemas de audición e, incluso, psicológicos. Hay que tener en cuenta también que el ruido elevado puede afectar al hecho de no percibir las señales de alarma acústica, ocasionando, por tanto, un importante peligro. La pérdida del sentido del oído es una de las enfermedades laborales más frecuentes.
- **Inhalación de gases y polvo:** durante la fabricación de piezas es muy habitual la generación de gases y polvo. La inhalación de estas emanaciones provocará daños respiratorios y pulmonares.

- **Temperaturas elevadas:** trabajar con materiales o máquinas a elevadas temperaturas es un riesgo evidente de sufrir quemaduras que podrían ser muy graves.
- **Cambios de temperatura:** supondrán un riesgo los cambios rápidos de temperatura, como bien podrían ser las salidas o entradas de las naves de producción con dirección a oficinas o salas de metrología y análisis. Resfriados y dolores de cabeza serán los problemas más habituales ocasionados por este motivo.
- **Incendio y explosión:** el hecho de trabajar con máquinas y materiales a elevadas temperaturas conlleva implícitamente el riesgo de incendio, con todo lo que esto puede suponer tanto a nivel humano como material y en el entorno. El mecanizado de materiales, como, por ejemplo, el magnesio, es un gran peligro en este ámbito.

  En este sentido también se debe tener en cuenta que se trabaja con máquinas eléctricas y no contar con un buen mantenimiento, o unas instalaciones deficientes o mal cuidadas, también pueden provocar un incendio o explosión.
- **Fundición:** riesgo elevado de quemaduras, incendio o inhalación de gases tóxicos, ya que se trabaja con material y máquinas a muy altas temperaturas. La manipulación manual de cargas se da con frecuencia en este tipo de trabajos y, por consiguiente, se generan riesgos de contusiones, heridas, fracturas, etcétera.

  Vestir con ropa ignífuga de elevada protección para todo el cuerpo sin excepción será imprescindible, así como unos medios especialmente diseñados para las tareas de manipulación (Figura 9.3). Es una actividad de alto riesgo, por lo que extremar las medidas de precaución es importantísimo. De igual modo se deberá tener muy controlada la emisión de gases tóxicos al medio ambiente, así como tener un control exhaustivo de los residuos generados.

Figura 9.3. Trabajador en una fundición de acero.

- **Riesgo eléctrico:** este riesgo es también derivado de un deficiente mantenimiento o cuidado de las máquinas eléctricas con las que se trabaja. Esto podría ocasionar descargas que pueden llegar a ser fatales.

- **Exposición a pantallas de visualización de datos (PVD):** cuando se está trabajando con pantallas de ordenador o estaciones con pantallas digitales, se está sometido a radiación luminosa que puede afectar a la vista, provocar dolor de cabeza o vértigos, entre otros.

  En la actualidad estar exento de trabajar en algún momento delante de una pantalla casi se puede decir que es imposible, pero sí existe una clasificación para determinar trabajadores bajo este tipo de riesgos:

  ››› **Trabajadores usuarios de equipos con pantalla de visualización (PVD):** son los que superan las cuatro horas diarias de trabajo frente a una PVD (pantalla de visualización de datos) o superan 20 horas semanales de trabajo efectivo con estos equipos.

  ››› **Trabajadores que, con ciertas condiciones, podrían ser considerados trabajadores usuarios:** los que trabajan entre 2 y 4 horas diarias o de 10 a 20 horas semanales efectivas delante de una PVD.

  ››› **Trabajadores que pueden considerarse excluidos de la consideración de trabajadores usuarios:** los usuarios cuyo trabajo efectivo con una PVD es inferior a dos horas diarias o es inferior a 10 horas semanales.

  En función de esta clasificación se deberán tomar medidas en los aspectos siguientes:

  ››› Reducir la duración máxima del trabajo continuado delante de una PVD.

  ››› Organizar la actividad diaria de forma que esta tarea se alterne con otras.

  ››› Establecer las pausas necesarias.

- **Diseño CAD:** la exposición a pantallas de ordenador es el principal riesgo de esta tecnología. La probabilidad de experimentar los trastornos relacionados con este riesgo está directamente relacionada con la frecuencia y duración de los períodos de trabajo delante de la pantalla y la atención requerida por la tarea. Se puede minimizar e, incluso, anular su impacto siempre que el operador u operadora efectúe pausas periódicas.

- **Impresión 3D:** se puede considerar igual que el diseño CAD. También podría darse el caso de manipulación de elementos a elevada temperatura, aunque es mínimo ya que las impresoras industriales están debidamente protegidas y se tendrían que manipular sus sistemas de seguridad. La mejor prevención es respetar y no alterar los sistemas de seguridad de este y cualquier otro equipo. En las impresoras cuya tecnología se base en la solidificación de polvo será necesario el uso de mascarilla y gafas protectoras, sobre todo cuando se proceda a la limpieza de las piezas.

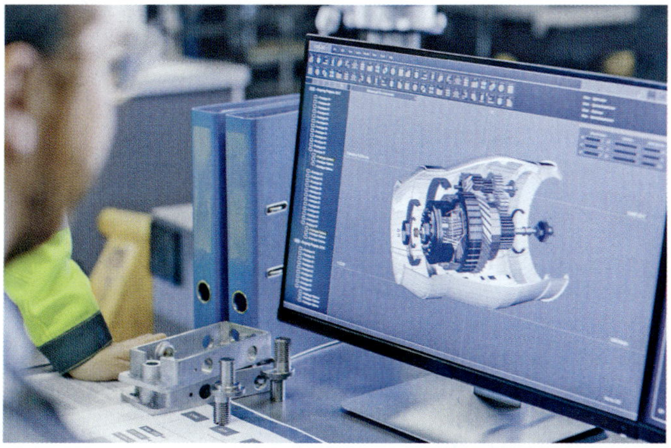

Figura 9.4. Trabajando en diseño CAD 3D.

Figura 9.5. Operaria trabajando con una impresora 3D.

9.1.2. Riesgos medioambientales

Los principales riesgos ambientales que se derivan del trabajo en los talleres de fabricación mecánica son:

- **Recursos naturales escasos:** uno de los ejemplos más claro se aprecia en el uso del agua, aunque no es el único. Helio, fósforo, arena e, incluso, el propio suelo son otros de los recursos naturales que son limitados; por tanto, el uso sin control no permite la renovación natural.
- **Gases contaminantes:** los contaminantes gaseosos más comunes son el dióxido de carbono, el monóxido de carbono, los hidrocarburos, los óxidos de nitrógeno, los óxidos de azufre y el ozono. Se debe evitar que este tipo de gases lleguen a salir a la atmósfera ya que son los principales causantes del cambio climático.
- **Vertido de residuos:** el vertido incontrolado de residuos, tanto sólidos como líquidos, es un grave problema para el medio ambiente ya que provoca alteraciones nefastas, tanto en la vegetación como en la fauna.

Los riesgos medioambientales también se pueden agrupar por el medio al que pueden contaminar, como son la **contaminación atmosférica, la contaminación del agua y la contaminación del suelo.**

Importante

Un riesgo no identificado, no tratado adecuadamente o menospreciado será con casi total seguridad causa de un accidente.

9.2. Prevención de riesgos laborales en las operaciones de mecanizado por arranque de viruta

En las operaciones de mecanizado por arranque de viruta pueden suceder una serie de riesgos a tener en consideración, y para los que se deben tomar las medidas de prevención oportunas.

Si se analizan las distintas tecnologías de fabricación de piezas estudiadas se pueden conocer la mayoría de los riesgos, tanto personales como medioambientales, citados anteriormente. Sin embargo, los que se pueden encontrar en las operaciones de mecanizado por arranque de viruta son los más específicos y los de más variedad. Se ven con detalle seguidamente.

Actividad resuelta 9.1

Indica a qué riesgos personales puedes estar sometido durante un proceso de mecanizado por arranque de viruta.

Solución:

Riesgo de accidentes por cortes y golpes durante la manipulación de los materiales y de las herramientas, quemaduras por la proyección de partículas incandescentes, daños por otros tipos de proyecciones, ruidos elevados e inhalación de humos tóxicos. También se deben considerar los riesgos por la manipulación de cargas.

9.2.1. Golpes, tropiezos y caídas

Se trabaja manipulando material que en ocasiones es pesado. Este puede caer y golpear en cualquier parte del cuerpo, aunque las de mayor riesgo serán manos, pies y cabeza, por lo que será imprescindible que en la manipulación se usen guantes protectores, calzado de seguridad y casco. Se debe vestir con ropa resistente que también proteja de roces y cortes.

Resaltar que el casco protegerá de caídas de material de estanterías, sobre todo durante los acopios del material a trabajar. Los golpes y cortes en las manos pueden ser frecuentes por cualquier despiste o mal cálculo, y las caídas accidentales de material o herramientas en los pies también pueden ser más que posibles. Trabajando entre máquinas y materiales que en muchas ocasiones están en palés o cajas nunca se deben descartar los posibles tropiezos o caídas.

Figura 9.6. Operario equipado con elementos de protección contra golpes mientras desempeña su trabajo.

Hay que considerar también los golpes que se reciben en las operaciones que realicen otras personas por falta de visibilidad, por lo que es necesario vestir con ropa o chaleco reflectante.

9.2.2. Proyección de partículas

Cuando se habla de arranque de viruta se está haciendo referencia a la proyección de partículas tanto de material, que puede incluso estar incandescente, como de los refrigerantes que se utilizan. El uso de ropa protectora resistente será imprescindible, pero sin lugar a duda será esencial el uso de gafas protectoras de seguridad. Resaltar que aunque se usen gafas de forma habitual estas no serán suficientes, ya que igualmente podrían entrar partículas por los laterales.

9.2.3. Sobresfuerzos

En la manipulación del material se debe tener cuidado con los pesos que se levanten y las posturas corporales que se adquieran. Se considera que se está realizando una carga si el objeto o material transportado supera los 3 kg de peso. Si los pesos son de cierta importancia se deben usar las máquinas y útiles adecuados, como grúas, carretillas y transpaletas. Sin estos medios extra, para hombres en buen estado físico, se recomienda no levantar más de 25 kg en condiciones ideales de manipulación. En el caso de mujeres y también de personas de edad más avanzada, la recomendación es no sobrepasar los 15 kg de peso.

Figura 9.7. Manipulación y elevación correcta e incorrecta de mercancías pesadas.

En general se debe evitar la manipulación de cargas manualmente y llevarla a cabo mediante la utilización de equipos mecánicos. Pero estar formados en el manejo y en las posturas adecuadas de levantamiento y transporte de cargas es sin duda algo importantísimo.

Figura 9.8. Operarios trabajando en un taller con protecciones auditivas.

9.2.4. Ruidos intensos

Durante las operaciones de mecanizado, y en un taller mecánico en general, es normal que se produzcan ruidos intensos. Se considera que estar con un nivel de ruido por encima de los 85 dB es estar sometido a riesgo auditivo, aunque también hay que tener en consideración diversos aspectos como la periodicidad o los picos de nivel sonoro.

Se ha de estar protegido de estos niveles de ruido por medio de tapones o auriculares insonorizantes. Resaltar que es un medio de protección que podría resultar molesto; por tanto, es importante que cada cierto tiempo se descanse de ellos durante unos minutos en lugares con niveles de ruido poco intensos.

9.2.5. Cambios de temperatura

Los cambios de temperatura pueden ser habituales en las transiciones entre taller y oficinas o laboratorios de metrología y ensayos. Hay que tener previstos los cambios de chaquetas, batas, etc., para evitar enfermedades relacionadas con resfriados, dolor corporal, dolor de cabeza, etcétera.

9.2.6. Inhalación de gases y polvo

Respirar polvo en suspensión o gases como los producidos en ciertas operaciones de mecanizado podría producir una amplia gama de enfermedades, principalmente pulmonares. Para protegerse de este riesgo se debe hacer uso de mascarillas protectoras adecuadas.

Figura 9.9. Trabajador programando una máquina de CNC que podría emitir sustancias peligrosas cuando está mecanizando.

9.2.7. Incendio y explosión

Algunos de los materiales que se mecanizan son inflamables, sobre todo, cuando están en polvo y sometidos a altas temperaturas. El arranque de viruta siempre conlleva una elevada temperatura en la zona de desbaste o arranque, por lo que el riesgo de incendio siempre existe y se debe tener controlado. También, por ejemplo, el magnesio en las condiciones descritas es explosivo.

Una buena refrigeración de las zonas de desbaste y arranque, junto con una rápida evacuación del polvo y de la viruta producidos, será la mejor protección contra este riesgo. También se debe estar preparado con extintores y medios adecuados por si este efecto se llega a producir; en este caso se ha de poder reaccionar inmediatamente. Es importante que la ropa de taller sea protectora e ignífuga.

9.2.8. Riesgo eléctrico

Se trabaja con máquinas de potencia; por tanto, esta maquinaria, así como las tomas eléctricas, deberán estar en perfecto estado y con planes de mantenimiento debidamente establecidos. El puntual seguimiento de estos planes de mantenimiento, junto con un uso adecuado y la no manipulación de cualquier tipo de instalación o máquina si no es por personal debidamente cualificado, serán la protección frente a este riesgo.

Se debe tener mucho cuidado con el derrame de líquidos sobre máquinas e instalaciones eléctricas, ya que producirán cortocircuitos y descargas. Un ejemplo podría ser una gotera de agua en un día de lluvia sobre una máquina. Si esto ocurriera se debe cortar la alimentación eléctrica de esa máquina y dar una solución rápida a la gotera.

9.3. Sistemas de seguridad aplicados a las máquinas empleadas para el mecanizado por arranque de viruta

Es evidente que las máquinas que se emplean para el mecanizado suponen un elevado riesgo de accidente. Para aportar la mayor seguridad posible, se puede dividir el riesgo en responsabilidades del fabricante, de la empresa y del operario.

Figura 9.10. Sistema de paro de emergencia en una máquina.

Figura 9.11. Torno CNC en funcionamiento (cabina cerrada).

9.3.1. Responsabilidad del fabricante

La maquinaria con la que se trabaja debe estar diseñada por el fabricante para ser segura y eliminar en todo lo posible los riesgos. Para aquellos riesgos que no puedan ser eliminados en su totalidad deben existir instrucciones claras de las medidas de precaución y protección que se deberán tomar. Todo ello de acuerdo con los requisitos y la normativa de seguridad aplicable.

El fabricante de la maquinaria debe proporcionar instrucciones de instalación, uso y mantenimiento para que los operarios puedan aplicarlas. El fabricante será también responsable de estudiar cualquier informe de mal funcionamiento, así como de los accidentes y enfermedades en los que la maquinaria se haya podido ver implicada, con el fin de tomar las acciones correctivas oportunas para que tales hechos no vuelvan a producirse. Si por este motivo la máquina necesitase un replanteamiento, el fabricante deberá retirarla hasta su rediseño y etiquetar de forma muy visible y legible las ya instaladas, informando de las medidas adicionales a tomar, que puede ser incluso la inmovilización.

La maquinaria debe disponer de un accionamiento de paro de emergencia que asegure la inmovilización absoluta de todas sus operaciones (Figura 9.9). Actualmente, la maquinaria con operaciones automáticas peligrosas de accionamiento manual dispone de doble botón de accionado separados a una distancia que garantiza el uso de ambas manos para su accionamiento.

La maquinaria que opera en solitario una vez programada (máquinas CNC), dispone de una cabina donde se producen los trabajos de mecanizado, que debe estar totalmente cerrada cuando la máquina está en marcha.

9.3.2. Responsabilidad de la empresa

En este caso, en todos estos supuestos la empresa tiene una implicación directa:

- La empresa es responsable de cerciorarse de que la maquinaria que adquiere cuenta con todas las certificaciones de seguridad legalmente exigibles.
- Debe asegurarse de que la instalación se realiza por personal cualificado a tal efecto.

- La empresa debe tener los procedimientos de seguridad establecidos y asegurarse de que son conocidos por los operarios usuarios de las máquinas y que estos están suficientemente adiestrados en su uso y seguimiento.
- En los casos que fueran necesarios y evaluados por el responsable de riesgos laborales de la empresa, se instalarán los medios adicionales que se consideren oportunos, como podría ser un vallado específico, fotocélulas, etcétera.
- Dispondrá de unos protocolos de mantenimiento de la maquinaria de forma que esta no pierda efectividad en los sistemas de seguridad.
- Es obligación de la empresa la formación de los empleados en los sistemas de protección y seguridad y que estos los respeten en todo momento.
- Deberá parar la maquinaria ante un aviso de mal funcionamiento de seguridad hasta que la anomalía sea estudiada y solventada.

Toda la información relativa a la seguridad, los posibles riesgos y las protecciones contra estos debe ser accesible y perfectamente visible.

9.3.3. Responsabilidad del empleado

La persona que forma parte de la plantilla de un taller de mecanizo deberá tener en cuenta lo siguiente:

- El empleado es responsable de hacer un buen uso de la maquinaria y de la no alteración voluntaria de los sistemas de seguridad.
- Deberá dar aviso inmediato de cualquier anomalía que pudiera detectar y no hacer uso de la maquinaria hasta que la irregularidad sea solucionada.

Importante

Todos los estamentos de la empresa deben estar perfectamente alineados en el cumplimiento estricto de la normativa de seguridad en el trabajo y riesgos laborales.

9.4. Equipos de protección individual (EPI)

Durante el trabajo en general y, por supuesto, en cualquier operación de fabricación de piezas, se está expuesto a riesgos físicos. Para minimizar su impacto en caso de accidentes ya se ha visto que se ha de disponer de equipos de protección individual, usualmente denominados por su acrónimo EPI.

Se detallan seguidamente los equipos más significativos en las operaciones de mecanizado por arranque de viruta.

- **Guantes de seguridad.** Existen de varios tipos, pero los que pueden ser aplicables a estas labores son dos: guantes contra golpes y guantes contra cortes. Esta distinción es debida a que la movilidad y la destreza quedan limitadas.
  - Los **guantes contra golpes** son más gruesos y rígidos, con refuerzos en el dorso y en los dedos, pero precisamente por este motivo limitan sustancialmente la movilidad. Se usarán en operaciones en que deban realizarse esfuerzos manuales que no necesiten excesiva movilidad de los dedos y cuando el riesgo de golpes en ellos y en toda la mano sea elevado, como, por ejemplo, al usar martillos.

Figura 9.12. Aviso para el uso de equipos de protección individual.

››› Los **guantes contra cortes** son de fibras resistentes, pero no de demasiado grosor. Por este motivo, permiten realizar mayor número de operaciones manuales que los guantes contra golpes ya que los dedos quedan más liberados. Será conveniente su uso en prácticamente todas las operaciones de mecanizado o fabricación de piezas.

Siempre existirán operaciones en las que se necesite una elevada sensibilidad en los dedos que haga descartar estos tipos de guantes para pasar a utilizar otros más delgados o, incluso, desechar el uso de guantes. En estos casos la máxima atención y concentración, si ya de por sí siempre son necesarias, ahora serán la mejor protección.

- **Calzado de seguridad.** El calzado de seguridad debe ser aislante térmico y eléctrico. Va provisto de puntera metálica que protegerá de la caída accidental de materiales o herramientas. La suela debe ser antideslizante y también muy resistente a posibles perforaciones. Debe proteger del agua y de los líquidos en general. Todo ello, combinado con la máxima comodidad y durabilidad.
- **Casco de seguridad.** Las zonas de almacén y producción son espacios de alto riesgo de caída de materiales en ubicaciones elevadas y posibles golpes en la cabeza, tanto con el material como con máquinas. Un casco debe adaptarse perfectamente a la cabeza de forma que no pueda caer por los movimientos que se realicen. Será resistente al impacto de objetos, amortiguará los golpes recibidos e impedirá ser perforado. El casco mantendrá un espacio entre su capa resistente exterior y la cabeza, para no transmitir a esta última los impactos.
- **Ropa protectora.** La ropa protectora cubre o sustituye a la habitual en el puesto de trabajo con la intención de evitar riesgos laborales. Se pueden resaltar dos funciones diferenciadas:

››› Ofrecer una clara visibilidad de quien la lleva hacia el resto de las personas, por lo que deberá ser de color llamativo y reflectante. En este caso un chaleco que cumpla estas condiciones sería suficiente.

Figura 9.13. EPI básico para un taller de mecanizado.

››› Proteger de proyecciones, salpicaduras y lesiones, como puedan ser cortes o pequeños golpes. Debe ser ignífuga y resistente a proyecciones de partículas incandescentes preservando de quemaduras. Deberá cubrir por completo todas las zonas corporales, desde el cuello hasta los pies.

- **Auriculares y tapones insonorizantes.** Como su nombre indica, su función será la de aislar de ruidos elevados. Para este aislamiento existen dos posibilidades: tapones o auriculares. El uso de un sistema u otro dependerá tanto del nivel de ruido como de la necesidad continuada de su empleo e, incluso, de la comodidad de la persona que los está utilizando.
- **Mascarilla protectora.** La mascarilla debe proteger de la inhalación de polvo y humo, por lo que deberá

Importante

Todos los equipos de protección individual tienen diversas clasificaciones por nivel de protección, por lo que será de suma importancia asegurarse de que los usados son realmente los adecuados al entorno y la operación de trabajo. La empresa es responsable de suministrar los verdaderamente idóneos a su operatividad.

cubrir tanto la boca como la nariz. Para que sea verdaderamente eficaz se debe tener correctamente ajustada, tanto en posición como en presión, con el fin de lograr un verdadero aislamiento de las vías respiratorias.

Actividad propuesta 9.1

Indica los EPI que necesitarías para minimizar los riesgos personales a los que puedes estar sometido o sometida durante un proceso de mecanizado por arranque de viruta.

9.5. Cumplimiento de la normativa de prevención de riesgos laborales

Existe una legislación sobre la prevención de riesgos laborales de obligado cumplimiento. La normativa se puede dividir en dos grupos generales:

- Una serie de puntos transversales que abarcan los temas de integración y plan de auditorías, formación e información, prevención, coordinación y presencia preventiva, evaluación y planificación, vigilancia de la salud, emergencias y riesgos graves, notificación e investigación y relaciones laborales específicas.
- Por colectivos: pymes, administración pública, ETT, tiempo de trabajo, maternidad, menores, trabajadores especialmente sensibles, autónomos y otros colectivos.

Además de esta agrupación transversal de riesgos, también existe una agrupación sectorial de los que la operatividad de fabricación de piezas estaría dentro del sector industrial.

Todo ello está recogido en la Ley 31/1995, de 8 de noviembre, de Prevención de Riesgos Laborales y múltiples reales decretos y órdenes. La empresa será la responsable de que toda la normativa que le afecte sea cumplida. En el caso de que no se cumpla podrá ser sancionada a distintos niveles, incluido su cierre.

El trabajador está obligado a cumplir con las normas de prevención de riesgos laborales y a utilizar los EPI implantados en la empresa. Su incumplimiento puede ocasionar diversas sanciones, incluido el despido procedente.

Figura 9.14. La seguridad y la prevención de riesgos laborales están estipuladas por ley.

9.6. Cumplimiento de la normativa de protección ambiental

Todo lo relacionado con la protección ambiental se divide en dos apartados claramente diferenciados: uno que vela por los vertidos gaseosos de contaminantes y otro que vigila los residuos líquidos y sólidos.

La Unión Europea (UE) establece directivas dirigidas a la industria con el fin de minimizar o no producir contaminantes del aire, suelo o agua, así como para reducir los residuos generados.

Establece también límites de emisión o uso de sustancias nocivas en actividades que impliquen combustión.

En España existe una amplia normativa al respecto a nivel nacional, pero también de las diferentes comunidades autónomas que tienen competencias en este ámbito.

9.6.1. Fuentes de contaminación ambiental

El conocimiento de cuáles son las fuentes de contaminación ambiental permitirá un buen control, gestión y cumplimiento de la normativa aplicable en este ámbito.

- **Eficiencia energética.** El consumo excesivo de electricidad, aunque sea de forma indirecta, es una fuente contaminante puesto que para su generación intervienen otros muchos residuos que también son altamente contaminantes, como, por ejemplo, los que ocasiona una planta térmica de carbón o petróleo que cuenta con turbinas de vapor que funcionan como un generador eléctrico. Será importante el control del consumo innecesario y el uso de maquinaria más eficiente.
- **Contaminación lumínica.** En las empresas que funcionan las 24 horas, el turno nocturno podría incurrir en este tipo de contaminación al necesitarse instalaciones luminosas en sus exteriores que deterioran la visión celeste nocturna y que resultan muy molestas en sus alrededores. Las empresas deben ser muy cuidadosas con la iluminación exterior y con los carteles luminosos, reduciéndolos al mínimo imprescindible.
- **Expulsión de humos y olores contaminantes.** En muchas de las operaciones industriales de fabricación de piezas se producen humos que deberán ser controlados y filtrados convenientemente para no incurrir en la contaminación ambiental del aire. Algo que en ocasiones se obvia son las consecuencias de la generación de olores. Estos pueden llegar a ser muy molestos y afectar incluso a la salud de las personas. Deberá ser uno de los aspectos importantes a controlar y eliminar.

Figura 9.15. Durante la mecanización se producen residuos líquidos y sólidos.

- **Residuos líquidos.** Los residuos líquidos industriales, como los aceites, los refrigerantes o las aguas no tratadas, suponen uno de los contaminantes más peligrosos. El vertido incontrolado de estos, tanto al alcantarillado como por filtraciones en el suelo, deberá evitarse a toda costa. En el caso de la fabricación de piezas en general y en el mecanizado en particular estos tipos de residuos son habituales, por lo que se debe estar muy atento para su control.
- **Residuos sólidos.** Estas actividades industriales en las que siempre se tiene chatarra procedente de sobrantes de recortes, arranque de viruta, piezas defectuosas, etc., también producen residuos sólidos contaminantes. El vertido de unos u otros en vertederos o en basureros comunes será un grave peligro de contaminación ambiental.
- **Residuos de consumo alimenticio.** En la empresa se convive gran parte del tiempo y es frecuente el consumo de productos alimenticios durante los tiempos destinados al descanso y durante los recesos para comidas, con lo que se genera gran cantidad de desechos. Es muy importante que la empresa sea sensible a esta situación y disponga de contenedores separados para envases, papel y cartón, vidrio y orgánicos, además de para la basura general.

Figura 9.16. Contenedores para el reciclado de residuos de consumo alimenticio.

9.6.2. Almacenamiento y recogida de residuos

Como ya se ha estudiado, duranta la actividad industrial se producirán residuos. Para no incurrir en contaminación deberán ser recogidos y almacenados adecuadamente para su posterior tratamiento, reciclado o eliminación controlada.

La labor informativa, de concienciación y formativa es esencial para un correcto tratamiento de los residuos y su mínima generación. La empresa será responsable de no producir ningún vertido incontrolado y deberá entregar todos los residuos a empresas con acreditación de reciclaje o destrucción controlada de los residuos producidos. Si no cumpliese con estas premisas, podrá ser sancionada gravemente.

Figura 9.17. Trabajador amontonando virutas de chatarra para que sean recicladas.

- **Residuos industriales sólidos reciclables.** Es importante apartar los distintos residuos convenientemente para su mayor reciclabilidad. Los residuos sólidos reciclables deben separarse por tipo de material sin mezclarlos. Los metales y muchos plásticos son altamente reciclables, siempre y cuando no se mezclen. A modo de ejemplo, tanto el acero como el aluminio son altamente reciclables, pero si se mezcla la chatarra de ambos dejarán de poderse reciclar convenientemente y se perderá la reciclabilidad al 100 % o, cuando menos, la complicará sustancialmente incurriendo en un consumo mayor de energía, que como ya se ha visto puede ser también una fuente contaminante. La separación efectiva por material básico es la mejor herramienta para garantizar un reciclado ampliamente efectivo y, por tanto, su almacenaje por separado y etiquetado visiblemente claro.
- **Residuos industriales sólidos o líquidos no reciclables.** Los residuos no reciclables se deben igualmente almacenar por separado, ya que para su eliminación controlada se necesitan procesos diferentes. Deberán, por tanto, almacenarse por separado y estar también claramente etiquetados de forma muy visible.

Tabla 9.1. Tipos de residuos que se generan en el taller mecánico

	Tipo	Lo generan
Residuos peligrosos	Aceites.	Mecanizado por herramientas metálicas, por rectificación y por electroerosión.
	Sepiolita.	Derrames y fugas de líquidos (aguas, aceites, disolventes, ácidos, etc.). Mecanizado por herramientas metálicas, por rectificación, por electroerosión y por plasma. Limpieza y desengrase.
	Disolventes.	Limpieza de piezas o elementos.
	Líquidos como taladrina.	Mecanizado.
	Material eléctrico/ electrodos.	Soldaduras, reparaciones eléctricas.
	Plásticos contaminantes.	Envases con contenido peligroso.
	Papel y trapos impregnados.	Cambios de aceites en máquinas, limpieza de superficies o de manos.
Residuos no peligrosos	**Tipo**	**Lo generan**
	Envases, papel, cartón.	Embalajes.
	Herramientas usadas.	Reparación en talleres.
	Plástico.	Embalajes o piezas 3D.
	Chatarra, restos de tuberías, etcétera.	Montaje de instalaciones, reparaciones, mantenimiento de máquinas y herramientas, soldaduras, etcétera.

- **Economía circular.** En los últimos tiempos se está imponiendo el concepto de «economía circular». En realidad, es muy simple; los residuos que genera una empresa pueden ser utilizados como materia prima por otra empresa de cualquier sector productivo. Un ejemplo muy cercano es la creación de objetos decorativos con desechos plásticos o de cualquier otro tipo. Un ejemplo industrial es el uso de neumáticos ya gastados en la fabricación de calzado. Por medio de este concepto se ahorra sustancialmente en energía, ya que se utilizan los residuos sin o con muy poco reciclaje y, evidentemente, los residuos finales son mínimos.

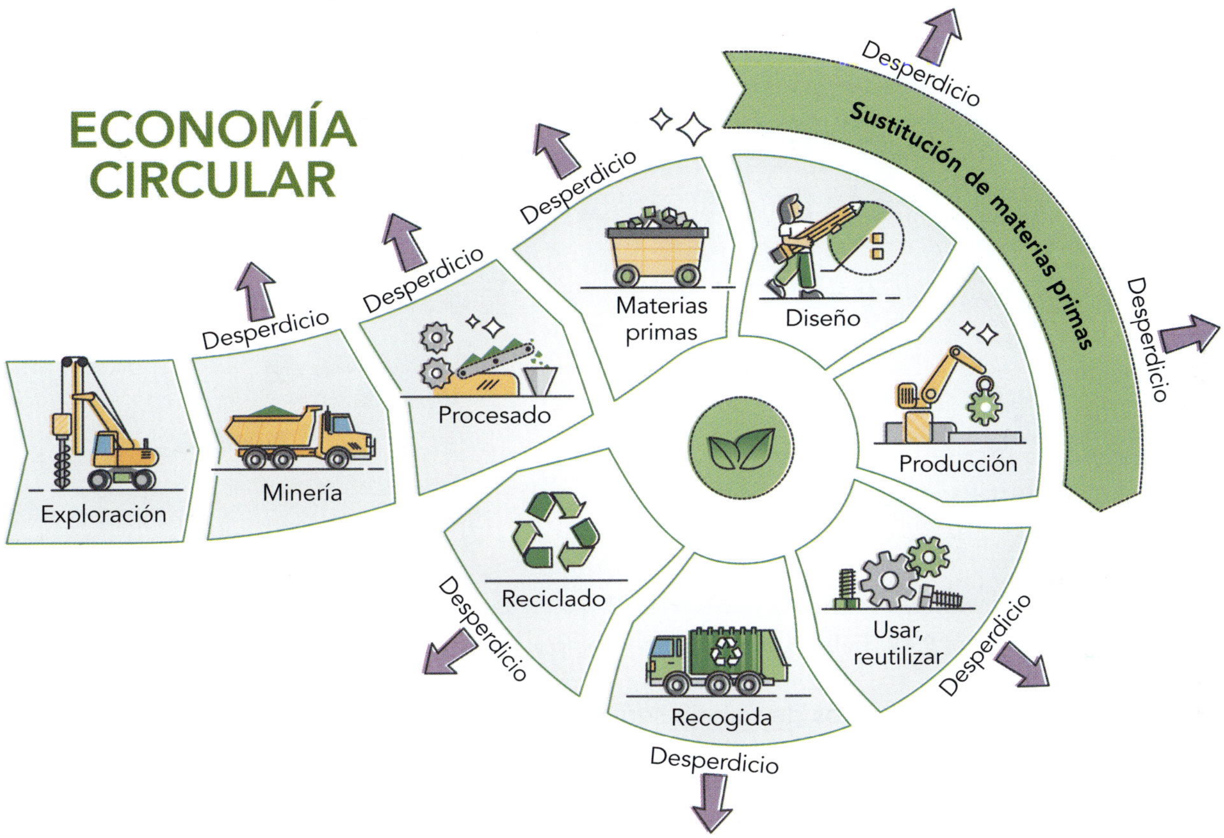

Figura 9.18. Concepto de economía circular.

Importante

Nuestra propia concienciación para no cometer actos de contaminación ambiental, reducción de residuos y separación de estos para el reciclaje es sin duda la mejor de las herramientas para mantener un planeta sostenible.

9.7. Reglas de orden y limpieza durante las fases del proceso

Mantener el orden y la limpieza en la totalidad del entorno de la empresa es responsabilidad de la empresa, pero también será responsabilidad del empleado o empleada mantener este orden y limpieza en su entorno de trabajo. Conservar el puesto de trabajo debidamente ordenado y limpio ofrecerá un nivel aceptable de seguridad. Con ello se consigue minimizar el riesgo de accidentes, como caídas o golpes como consecuencia de trabajar en un ambiente desordenado, con suelos resbaladizos, materiales fuera de sus ubicaciones asignadas o materiales de desecho.

El Real Decreto 486/1997 establece las disposiciones mínimas de seguridad y salud en los lugares de trabajo y la obligatoriedad de mantener los locales de trabajo limpios y ordenados. Eliminar lo innecesario, almacenar ordenada y fácilmente localizable el material a utilizar y de forma accesible, evitar ensuciar y, en caso de producirse suciedad, limpiar inmediatamente, serán claves en estas buenas prácticas.

Figura 9.19. Trabajar en un entorno limpio y ordenado evitará accidentes.

La localización de los puestos de trabajo según su funcionalidad y su organización debe estar pensada para un uso fácil y rápidamente ordenado. Deben tenerse en cuenta aspectos como la frecuencia de uso, la disponibilidad accesible de útiles y material, y los dispositivos de almacenaje eficientes, funcionales y cómodos. Todo debe estar visiblemente identificado, incluido el propio puesto de trabajo.

A la finalización de la jornada laboral se deberá realizar una ordenación y limpieza exhaustiva asegurándose de que todo queda en perfecto estado.

Enlaces web de interés

https://www.insst.es/
Web del Instituto Nacional de Seguridad y Salud en el Trabajo.

www.funprl.es
Web de la Fundación para la Prevención de Riesgos Laborales.

https://www.asepal.es/
Web de la asociación de empresas de equipos de protección individual.

https://www.fremap.es/
Web de la mutua de accidentes de trabajo y enfermedades profesionales FREMAP.

Caso práctico RESUELTO

Prevención de riesgos laborales y protección ambiental

Debes realizar un transporte de material compuesto por 3 cajas de 10 kg de peso dispuestas en un palé hasta tu puesto de trabajo en el taller. Este palé está en el suelo. ¿Cómo vas a llevar a cabo este traslado?

Solución:

Siempre que puedas, transportarás el palé o las cajas por medios útiles de carga especialmente diseñados para este tipo de trabajos, como carros o transpaletas. La carga manual siempre será por cajas individuales y respetando las posturas aconsejadas a tal efecto (Figura 9.7). Debes llevar puesta la ropa adecuada y un chaleco reflectante para ser fácilmente visible, además de guantes de seguridad y casco para evitar golpes.

Caso práctico PROPUESTO

Prevención de riesgos laborales y protección ambiental

Debes realizar el transporte, desde el almacén, de cinco cajas de material diverso de aproximadamente 15 kg de peso dispuestas en una estantería a la altura de tu cabeza. Cuatro de las cajas las depositarás en el puesto de trabajo en el taller, mientras que la caja restante la llevarás al puesto que tienes ubicado en el área de oficinas. ¿Cómo debes realizar este transporte?

Mapa conceptual

PREVENCIÓN DE RIESGOS LABORALES Y PROTECCIÓN AMBIENTAL

- **Identificación de riesgos laborales y medioambientales en los procesos de fabricación mecánica**
  - Riesgos personales
    - Golpes, tropiezos y caídas
    - Proyección de partículas
    - Sobresfuerzos
    - Ruido intenso
    - Inhalación de gases o polvo
    - Cambios de temperaturas
    - Incendio o explosión
    - Riesgo eléctrico
    - Fundición
    - Exposición a pantallas de visualización de datos (PVD)
  - Riesgos medioambientales
    - Recursos naturales escasos
    - Gases contaminantes
    - Vertidos de residuos
- **Prevención de riesgos laborales en las operaciones de mecanizado por arranque de viruta**
  - Golpes , tropiezos y caídas
  - Proyección de partículas
  - Sobresfuerzos
  - Ruido intenso
  - Inhalación de gases o polvo
  - Cambios de temperatura
  - Incendio o explosión
  - Riesgo eléctrico
- **Sistemas de seguridad aplicados a las máquinas empleadas para el mecanizado por arranque de viruta**
  - Responsabilidad del fabricante
  - Responsabilidad de la empresa
  - Responsabilidad del trabajador o trabajadora
- **Equipos de protección individual (EPI)**
  - Guantes de seguridad
  - Calzado de seguridad
  - Casco de seguridad
  - Ropa protectora
  - Auriculares o tapones
  - Mascarilla protectora
- **Cumplimiento de la normativa de prevención de riesgos laborales**
- **Cumplimiento de la normativa de protección ambiental**
  - Fuentes de contaminación ambiental
    - Eficiencia energética
    - Contaminación lumínica
    - Expulsión de humos y olores contaminantes
    - Residuos líquidos
    - Residuos sólidos
    - Residuos de consumo alimenticio
  - Almacenamiento y recogida de residuos
    - Residuos industriales sólidos reciclables
    - Residuos industriales sólidos o líquidos no reciclables
    - Economía circular
- **Reglas de orden y limpieza durante las fases del proceso**
  - Mantener orden y limpieza

DE COMPROBACIÓN

9.1. La afirmación «en un puesto de trabajo siempre se está sometido a algún tipo de riesgo»:

a) Es falsa.

b) Es cierta.

c) Es cierta únicamente en empresas industriales.

9.2. ¿En qué tipos pueden clasificarse los riesgos?

a) Riesgos personales y riesgos medioambientales.

b) Riesgos físicos y riesgos psicológicos.

c) Únicamente riesgos personales.

9.3. ¿Cómo se denominan las políticas para evitar accidentes?

a) Equipos de protección individual.

b) Prevención de riesgos laborales.

c) PEA.

9.4. ¿Qué tipo de riesgo es un posible vertido incontrolado de gases tóxicos?

a) Un riesgo medioambiental.

b) Un riesgo personal.

c) Un riesgo personal y medioambiental.

9.5. El trabajo frente a una pantalla de ordenador no ofrece ningún riesgo:

a) Cierto en condiciones de iluminación insuficiente.

b) Cierto.

c) Falso.

9.6. ¿Qué es un EPI?

a) Un equipo de protección inteligente.

b) Un equipo de protección individual.

c) Una política de protección empresarial.

9.7. ¿Cuál es la mejor protección contra los accidentes laborales?

a) La precaución y concentración en el trabajo.

b) El casco.

c) La vestimenta de seguridad.

9.8. Las gafas de seguridad no serán necesarias cuando:

a) Se usen gafas graduadas.

b) Si los trabajos que se realizan en ese momento no implican el riesgo de proyecciones accidentales ni humos tóxicos.

c) Siempre serán necesarias en los trabajos de taller.

9.9. La prevención de riesgos laborales:

a) Está legislada por ley y es de obligado cumplimiento por empresa y trabajador.

b) Es una mejora que ofrece la empresa.

c) Es una prevención que el trabajador debe asumir.

9.10. La prevención de riesgos medioambientales:

a) Es una buena práctica.

b) Es voluntaria, pero muy recomendable.

c) Es una normativa de obligado cumplimiento.

Actividades finale

DE APLICACIÓN

9.11. Comenta qué tipos de residuos se pueden generar en la industria.

9.12. Indica qué características de seguridad debe tener la maquinaria de taller.

9.13. Detalla las responsabilidades que tiene el fabricante de maquinaria frente a los fallos que puedan producirse.

9.14. Describe qué características debe cumplir un casco de seguridad.

9.15. Define las características que debe cumplir el calzado de seguridad.

9.16. Justifica cómo debes protegerte contra posibles cortes.

9.17. Expresa cómo deben separarse los residuos sólidos reciclables.

9.18. Especifica cómo deben gestionarse los residuos líquidos no reciclables.

9.19. Expón en qué consiste la economía circular.

9.20. Explica qué es la contaminación lumínica, en qué consiste y qué efectos tiene.

DE AMPLIACIÓN

9.21. Bajo que parámetros deben evaluarse los riesgos laborales en un puesto de trabajo.

9.22. Describe un ejemplo práctico de forma detallada de economía circular.

9.23. Explica por qué el ahorro energético reduce el riesgo medioambiental.

9.24. Según tu consideración, ¿están las energías renovables afectadas? En caso de que así sea indica en qué grado.

Prácticas de taller

10

Conocer la teoría de las tecnologías de fabricación de piezas es sin duda indispensable y una gran herramienta para estar muy bien preparados. A través de la práctica se podrán adquirir las habilidades necesarias para realizar un buen trabajo. Saber combinar teoría y práctica de manera adecuada hará que el alumnado consiga ser técnica o técnico altamente cualificado.

Contenidos

Objetivos

- Valorar la importancia que tienen los planos como definición del producto.
- Familiarizarse con la simbología y las tolerancias utilizadas en los planos de pieza.
- Interpretar adecuadamente los planos de piezas en la fabricación y el mecanizado de piezas.
- Analizar las alternativas disponibles para conseguir las especificaciones indicadas en los planos.
- Evaluar los riesgos implícitos de cada trabajo y tomar las precauciones necesarias haciendo uso de los EPI.
- Adquirir habilidades en la preparación y ejecución de operaciones de mecanizado.
- Identificar adecuadamente las distintas etapas existentes en la fabricación de piezas.
- Aprender el manejo de los útiles, herramientas y máquinas disponibles en un taller de mecanizado.

10.1. Hoja de proceso

La planificación del trabajo debe ser un hábito diario y un protocolo que se ha de cumplir de forma rigurosa en cualquier puesto que se ocupe. En el caso de la fabricación de piezas en general y cuando se trate de mecanizar en taller se deben cuidar con el máximo detalle el proceso y las operaciones a realizar.

Figura 10.1. Revisión de la hoja de proceso.

En el trabajo de fabricación mecánica no se debe dejar espacio al azar y la improvisación. Esta planificación se debe dejar previamente documentada por escrito en lo que se denomina **hoja de proceso,** ya que nos será útil en varios sentidos:

- **Repetición del mismo trabajo:** los trabajos de taller, aunque pueden ser únicos, no es habitual y se irán repitiendo por lotes cada cierto tiempo según la demanda. La hoja de proceso es la guía para una reproducibilidad de la pieza a fabricar siempre en las mismas condiciones.
- **Mejora continua del proceso:** la hoja de proceso será el documento base donde se irá acumulando la experiencia adquirida durante las sucesivas fabricaciones que ayudarán a mejorar y optimizar el proceso de mecanizado.
- **Base para la planificación de trabajos similares:** Siempre se podrá recurrir a hojas de proceso de piezas similares o con operaciones de mecanizado similares para consultar sobre experiencias anteriores.
- **Compartir conocimiento y experiencia:** es importantísimo tener claro que en el taller no será solo una persona la que trabaje en una tarea u operación determinada; por tanto, la hoja de proceso es un documento clave en esta transmisión de conocimiento.

Importante

Para las certificaciones de calidad, como por ejemplo la ISO 9001, es indispensable tener perfectamente documentados y actualizados todos los procesos productivos. Las hojas de proceso y hojas de control serán una base documental importantísima.

Vocabulario técnico

Cotas (parámetros) críticas. Dimensiones que si no están dentro de tolerancia provocarán que la pieza no cumpla con su función. Son las que determinan que el proceso de fabricación es adecuado para lograr el resultado esperado.

Cotas (parámetros) de control de proceso. Son las dimensiones que si no están dentro de tolerancia delatan sobre que el proceso ha tenido alguna alteración y no ha sido reproducido como era esperado (proceso fuera de control).

Repetibilidad. Capacidad de repetir el mismo resultado en las mismas condiciones y el mismo operario.

Reproducibilidad. Capacidad de obtener los mismos resultados por operarios distintos a lo largo del tiempo en una misma pieza.

Trazabilidad. Capacidad de mantener asociados unos resultados y un historial a una pieza o producto con número de serie específico.

El formato de una hoja de proceso puede ser muy variado, aunque siempre deberá incorporar una serie de datos básicos:

- Empresa/centro.
- Cliente.
- Referencia de pieza.
- Número de plano.
- Fecha de creación y última revisión de la hoja de proceso (*).
- Persona que genera la hoja de proceso o que hace la última modificación (*).
- Maquinaria, herramientas y útiles que intervienen:
  - Es importante especificar la maquinaria exacta con modelo e incluso en ocasiones con número de serie, y no únicamente con el tipo o clase.
  - En caso de que la operación requiera un control dimensional durante la misma, este deberá indicarse mencionando la dimensión y el instrumento a utilizar.
- Tiempo de fabricación.
- Fases detalladas del proceso:
  - Es muy útil incluir un croquis de la fase. En la actualidad es realmente sencillo y eficaz sustituir el croquis por fotografías detalladas.
  - Especificar el tiempo por fase.

En la Figura 10.2 se puede apreciar un modelo de hoja de proceso. En caso de necesitar un mayor número de operaciones se añadirán hojas con el encabezado, indicando el número de hoja y el total de ellas, pero ya sin el croquis de pieza.

---

* A ser posible deberán quedar reflejadas todas las modificaciones para obtener una trazabilidad absoluta.

Paraninfo	HOJA DE PROCESO	N.º de hoja:	
		Creada por: Jordi Sancho	Fecha:
		Modificada por:	Fecha:

Referencia pieza:	Material:	Plano:	Tiempo total:
Denominación:		Revisión plano:	

Croquis de pieza (con medidas críticas y su tolerancia):

Oper.	Descripción	Croquis op.	Útiles		N.º Pasadas	Vc m/mín	a mm/mín	n r. p. m.	p mm	Tiempo oper.
			Mec.	Contr.						
1										
2										
3										
4										
5										

Figura 10.2. Ejemplo de formato de una hoja de proceso.

10.2. Hoja de control

Una pieza no puede darse por finalizada hasta estar seguros de que cumple las especificaciones de plano, por lo que siempre será necesario un control final. Este control incluirá como mínimo los denominados parámetros o cotas de control de proceso.

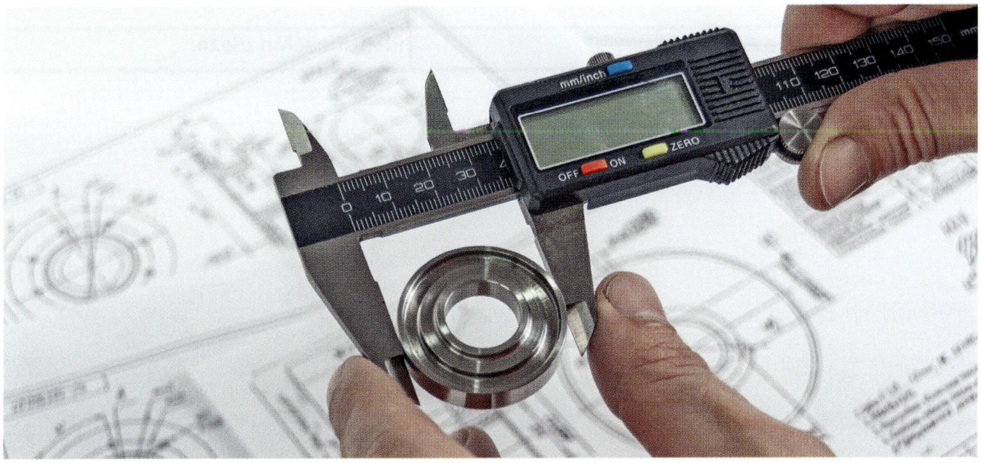

Figura 10.3. Control final de una pieza mecanizada.

Todas las piezas fabricadas deben estar identificadas de forma individual y la documentación específica de la pieza identificada por esta misma numeración. De esta forma, siempre se tendrá la trazabilidad y se podrá actuar en cualquier momento ante una posible eventualidad. La hoja de control es una documentación específica de una pieza en concreto, por lo que en ella deberá aparecer la numeración asignada a la misma.

Los datos imprescindibles que deberán aparecer en una hoja de control serán los siguientes:

- Referencia.
- Número de plano.
- Denominación de la pieza.
- Fecha.
- Operario.
- Lote.
- Identificación de la pieza.
- Plano de pieza con las cotas a controlar numeradas.

Por cada cota a controlar deberá indicarse:

- Número de cota.
- Nominal.
- Tolerancia.
- Valor real.
- Desviación respecto al nominal.
- Desviación fuera de tolerancia (si lo estuviera).
- Aceptación o rechazo.
- Instrumento de verificación utilizado.

Paraninfo	HOJA DE CONTROL		
	Referencia:	N.º de plano:	Fecha:
			Operario:
	Descripción:		

Lote:	Identificación pieza:

Plano pieza (con cotas a controlar)

N.º	Nominal	Tol +	Tol -	Real	Diferencia	Fuera tol.	Ok/Nok	Instrumento

Observaciones:

Figura 10.4. Ejemplo de formato de una hoja de control.

En la Figura 10.4 se muestra un ejemplo de hoja de control. Si se necesitara una mayor cantidad de cotas o características a controlar se añadirán hojas con el encabezado, indicando el número de hoja y el total de ellas, pero ya sin el plano de pieza.

10.3. Prácticas de taller

Las prácticas de taller son ejercicios prácticos de piezas a realizar de forma autónoma con la asesoría del profesorado.

Figura 10.5. Trabajando en el taller de aprendizaje.

Planifica los trabajos confeccionando previamente la hoja de proceso según las operaciones que consideres que debes realizar y, si fuera necesario, modifícala con la experiencia del trabajo ya realizado.

Comprueba que todas las dimensiones de las piezas reales que fabriques están dentro de las tolerancias indicadas en el plano rellenando debidamente la hoja de control. Si no fuera así, deberás identificar la pieza claramente como defectuosa, mantener la documentación generada y repetir el ejercicio.

Siempre deberás poder mantener la trazabilidad en todos los ejercicios. Debes guardar las medidas de prevención de riesgos laborales, usar los EPI adecuados, mantener tu puesto de trabajo limpio y ordenado, y dejar todas las herramientas y útiles debidamente mantenidos y en buen uso.

No olvides que debes generar la menor cantidad de residuos posibles y almacenar estos para su correcto reciclado o destrucción controlada.

Práctica de taller 10.1

Realiza la pieza del plano con la plancha de acero adecuada. Deberás usar cizalladora, lima, taladradora y los útiles que consideres necesarios.

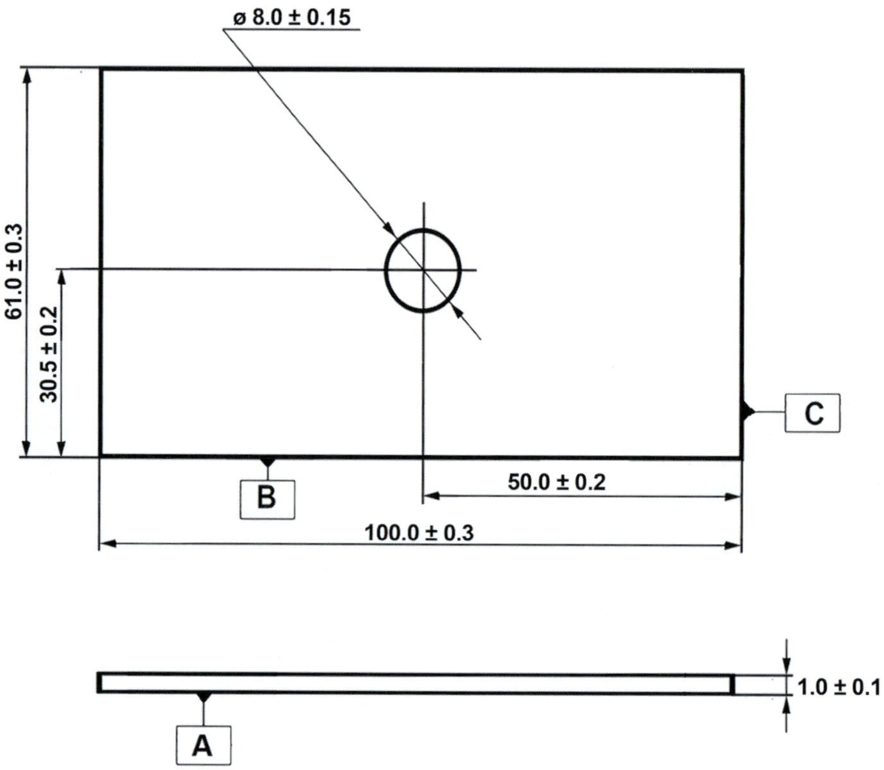

N.º de plano: ***0001***	*Fecha:* ***XX/XX/XXXX***	*Escala:* *sin escala*
Denominación: ***Unidad 10, práctica 10.1***	*Autor:* **Jordi Sancho Ródenas**	

Práctica de taller 10.2

Realiza la pieza del plano en acero usando aserradora, lima, taladradora y los útiles que consideres necesarios. Deberás comprobar que todas las dimensiones de la pieza real fabricada están dentro de las tolerancias indicadas en el plano.

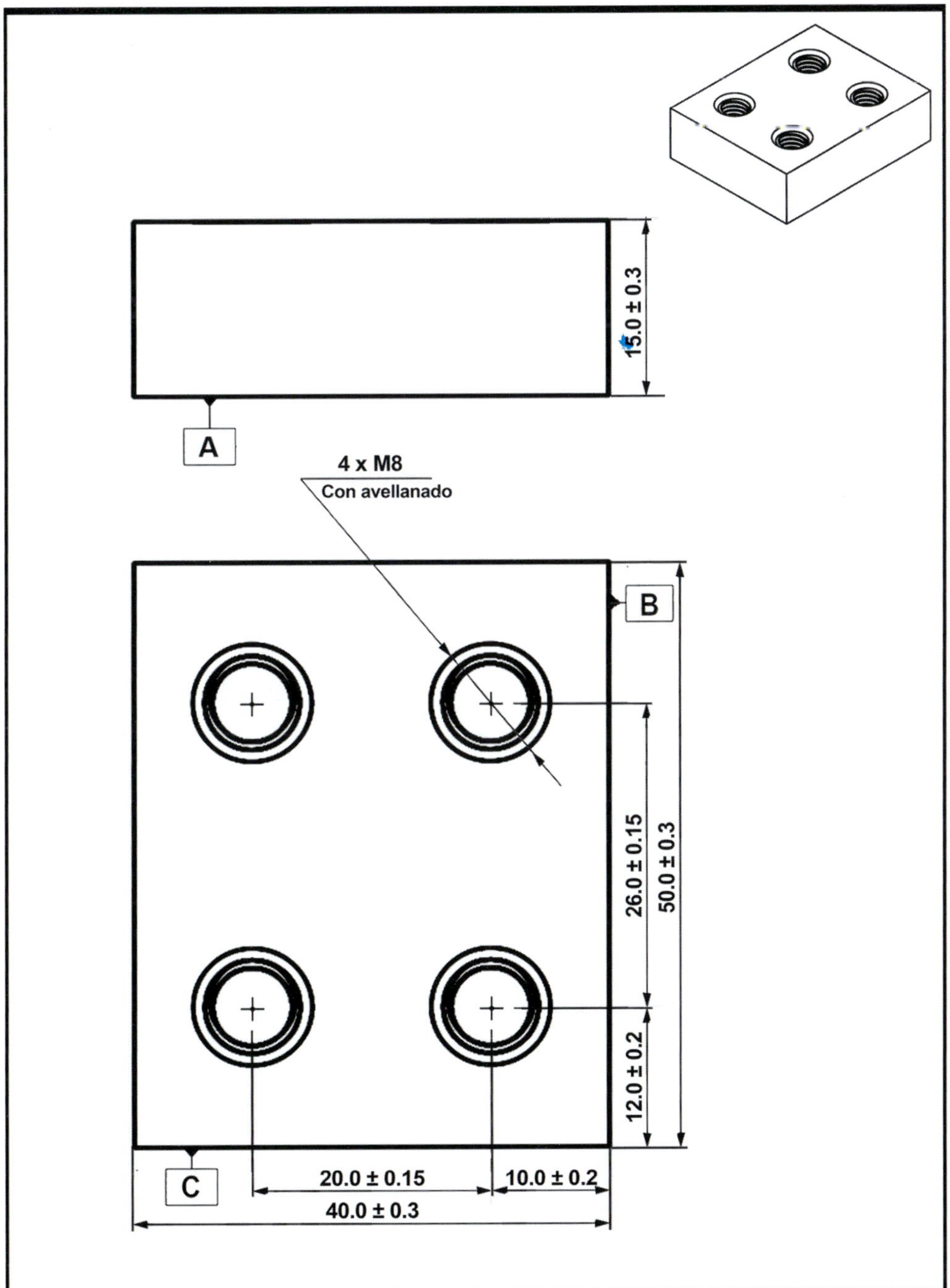

N.º de plano: 0002	Fecha: XX/XX/XXXX	Escala: 1:2
Denominación: Unidad 10, práctica 10.2	Autor: Jordi Sancho Ródenas	

Práctica de taller 10.3

Realiza la pieza del plano con una barra de acero usando una sierra de arco, torno y los útiles que consideres necesarios. Deberás comprobar que todas las dimensiones de la pieza real fabricada están dentro de las tolerancias indicadas en el plano.

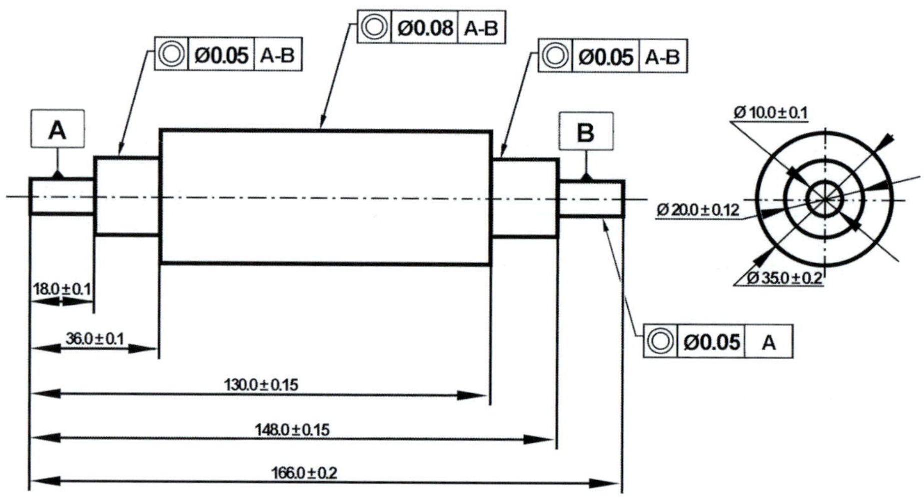

N.º de plano: ***0003***	*Fecha:* ***XX/XX/XXXX***	*Escala:* ***1:1***
Denominación: ***Unidad 10, práctica 10.3***	*Autor:* **Jordi Sancho Ródenas**	

Práctica de taller 10.4

Realiza la pieza del plano con una barra de acero usando una sierra de arco, torno y los útiles que consideres necesarios. Deberás comprobar que todas las dimensiones de la pieza real fabricada están dentro de las tolerancias indicadas en el plano.

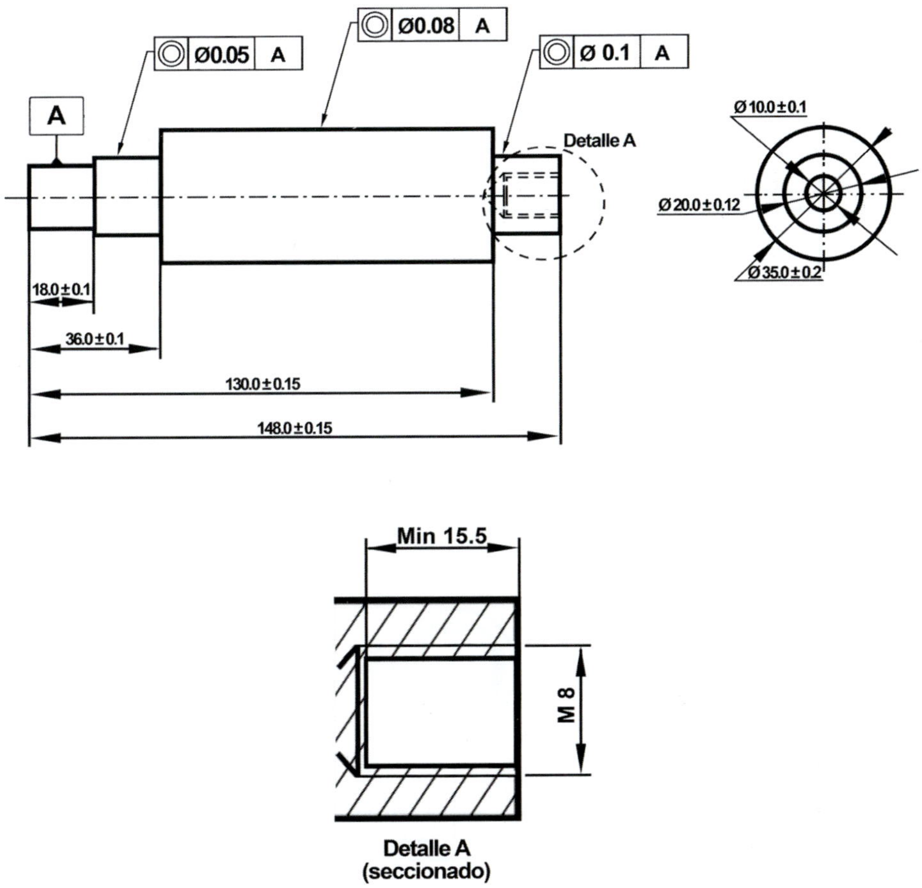

N.º de plano: 0004	Fecha: XX/XX/XXXX	Escala: 1:1
Denominación: Unidad 10, práctica 10.4	Autor: Jordi Sancho Ródenas	

Práctica de taller 10.5

Realiza la pieza del plano en un plástico técnico usando una aserradora, una fresadora y los útiles que consideres necesarios. Deberás comprobar que todas las dimensiones de la pieza real fabricada están dentro de las tolerancias indicadas en el plano.

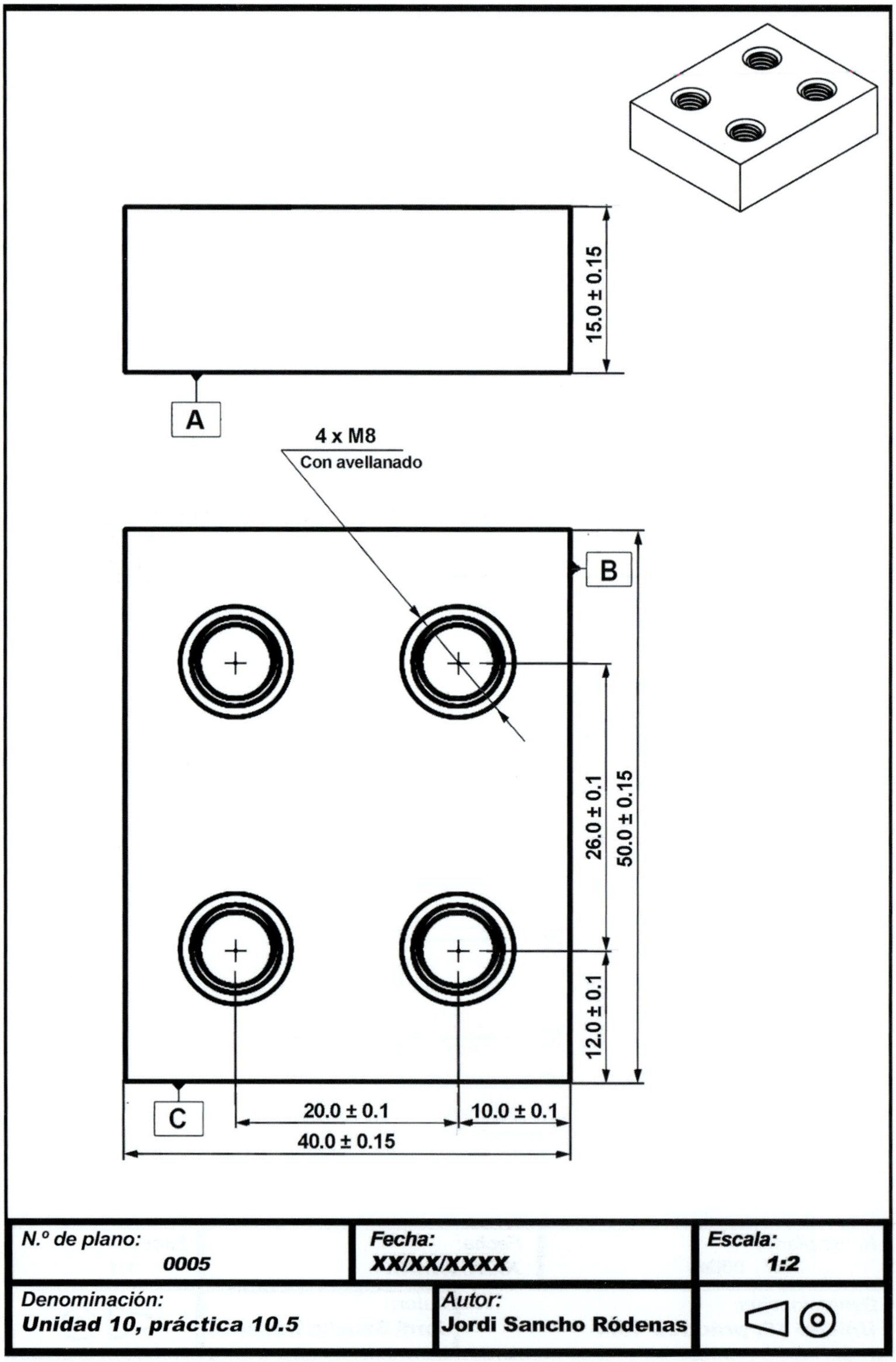

N.º de plano: **0005**	*Fecha:* ***XX/XX/XXXX***	*Escala:* ***1:2***
Denominación: ***Unidad 10, práctica 10.5***	*Autor:* **Jordi Sancho Ródenas**	

Práctica de taller 10.6

Realiza la pieza del plano en un plástico técnico usando una aserradora, una fresadora y los útiles que consideres necesarios. Deberás comprobar que todas las dimensiones de la pieza real fabricada están dentro de las tolerancias indicadas en el plano.

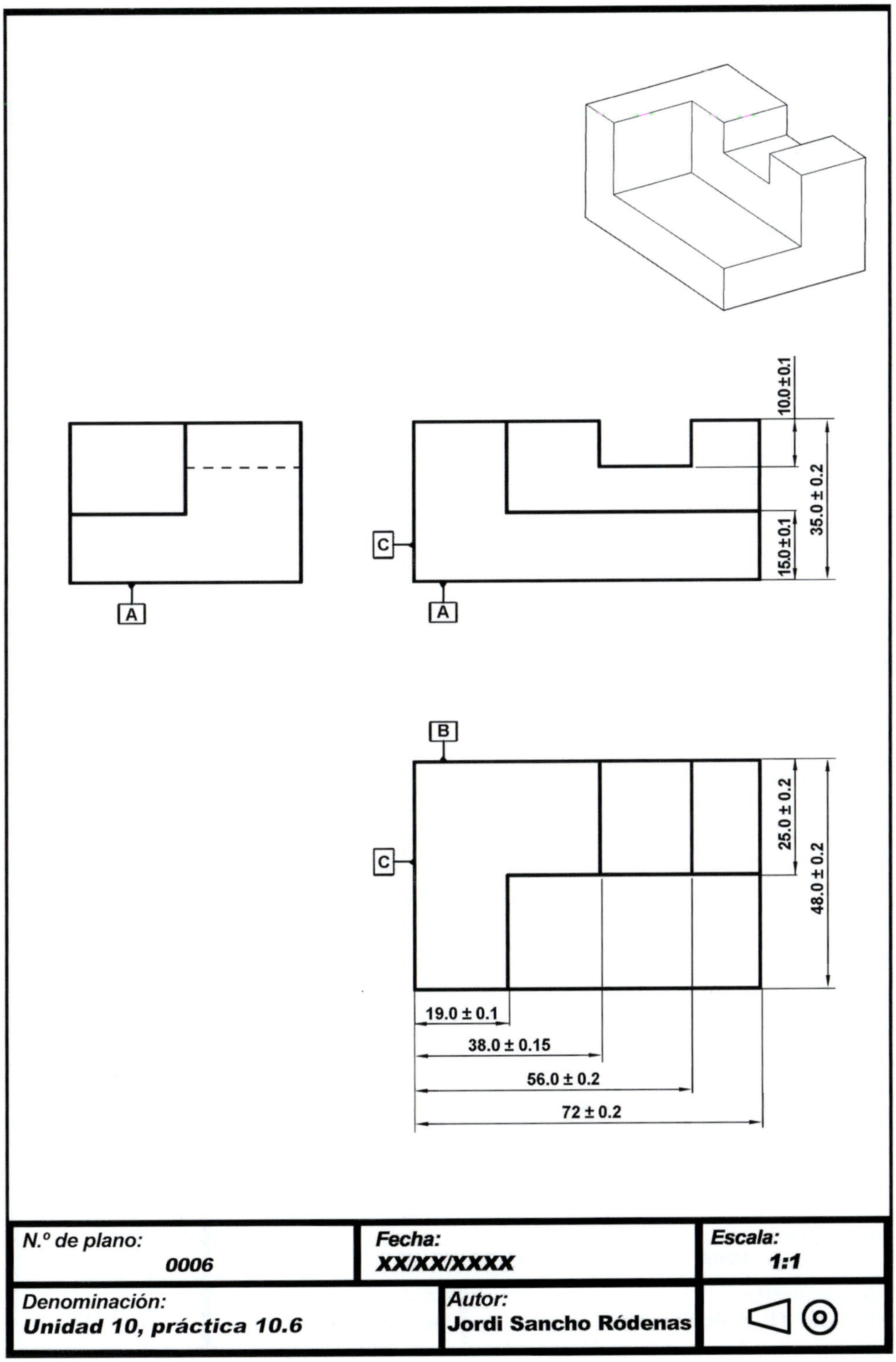

Práctica de taller 10.7

Realiza la pieza del plano en un plástico técnico usando una aserradora, una fresadora y los útiles que consideres necesarios. Deberás comprobar que todas las dimensiones de la pieza real fabricada están dentro de las tolerancias indicadas en el plano.

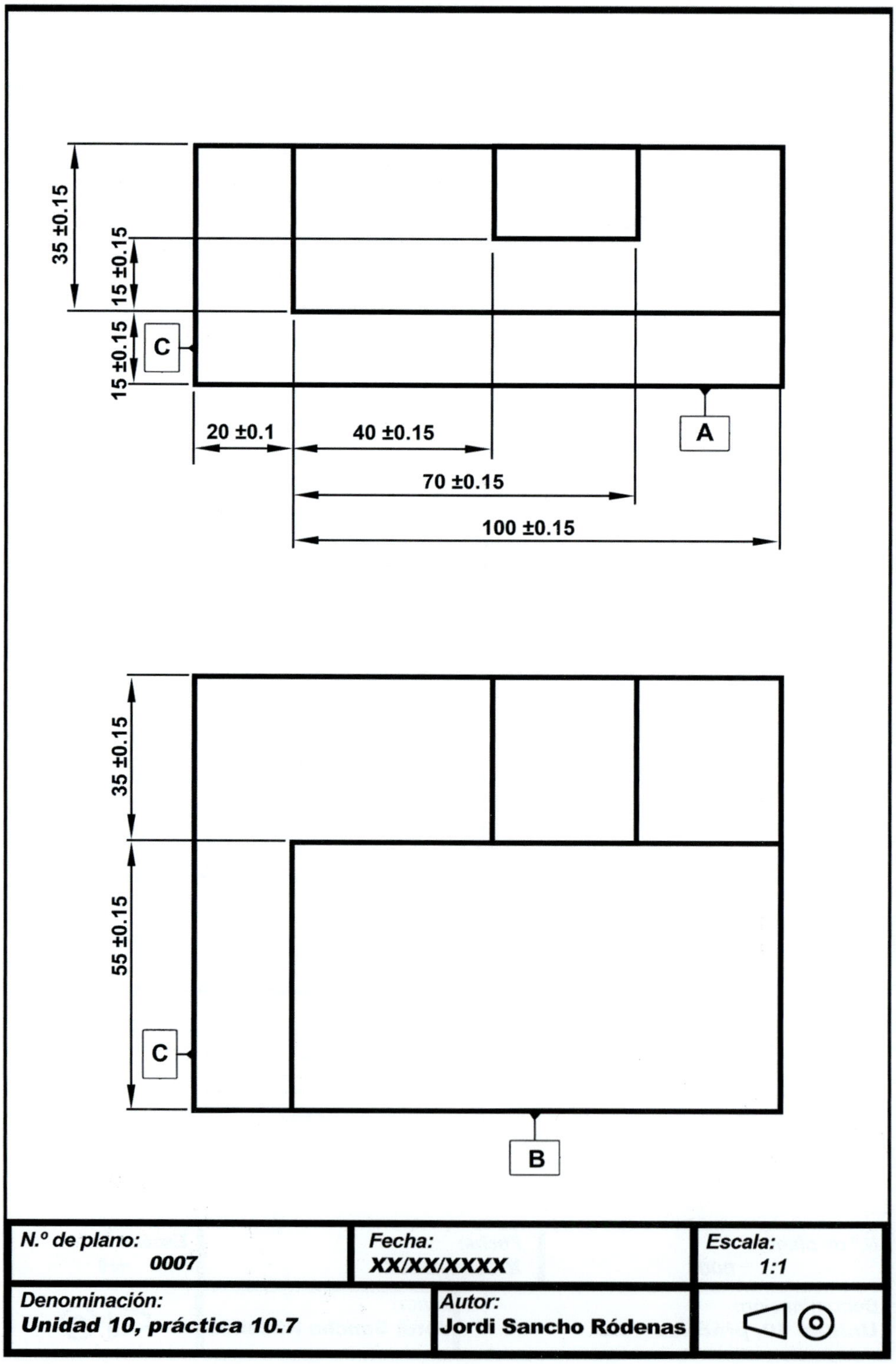

N.º de plano: 0007	*Fecha:* XX/XX/XXXX	*Escala:* 1:1
Denominación: **Unidad 10, práctica 10.7**	*Autor:* **Jordi Sancho Ródenas**	

Práctica de taller 10.8

Realiza la pieza del plano en acero usando una aserradora, una fresadora y los útiles que consideres necesarios. Deberás comprobar que todas las dimensiones de la pieza real fabricada están dentro de las tolerancias indicadas en el plano.

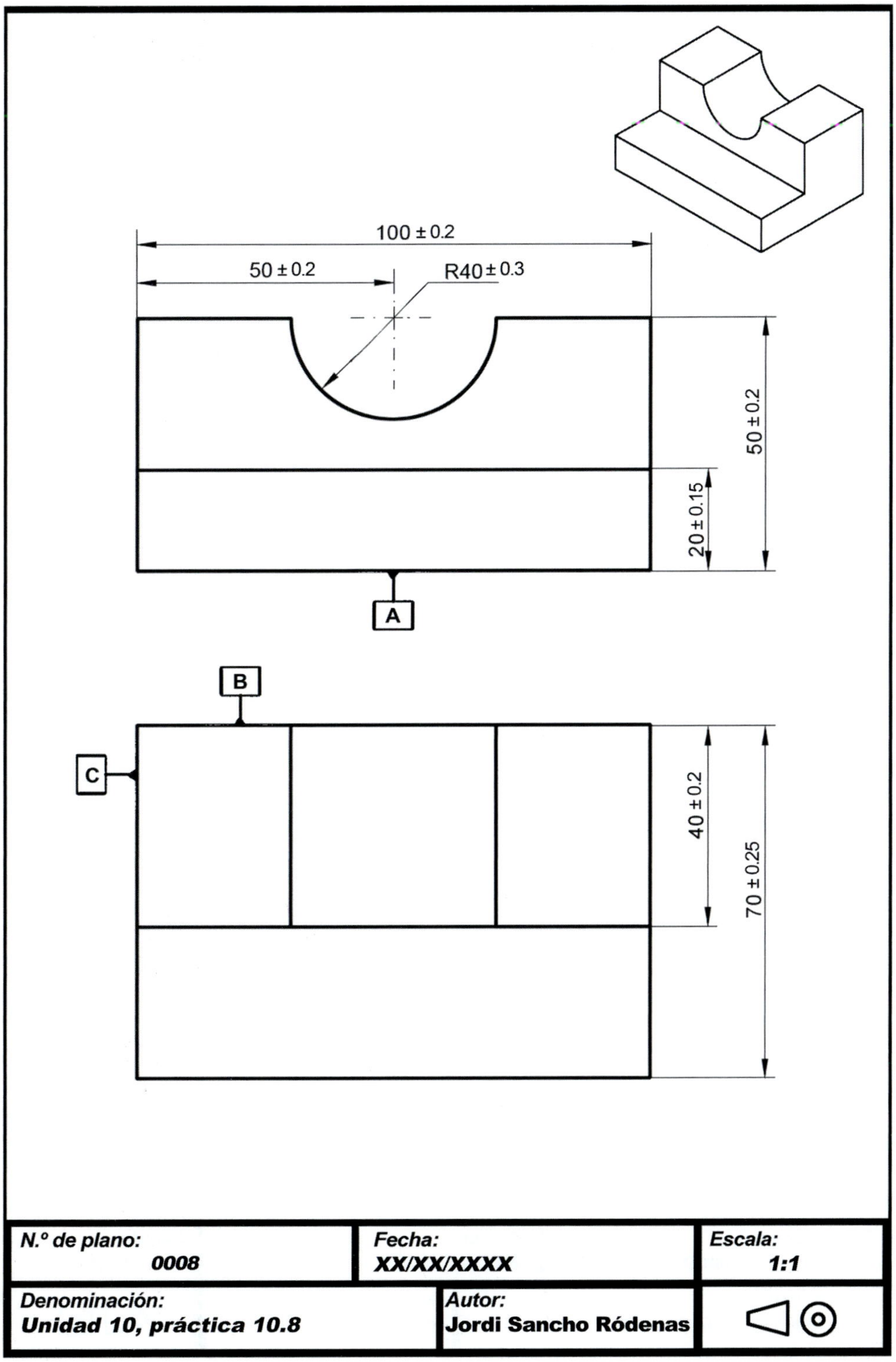

N.º de plano: 0008	Fecha: XX/XX/XXXX	Escala: 1:1
Denominación: Unidad 10, práctica 10.8	Autor: Jordi Sancho Ródenas	

Práctica de taller 10.9

Realiza la pieza del plano en acero usando una aserradora, una fresadora y los útiles que consideres necesarios. Deberás comprobar que todas las dimensiones de la pieza real fabricada están dentro de las tolerancias indicadas en el plano.

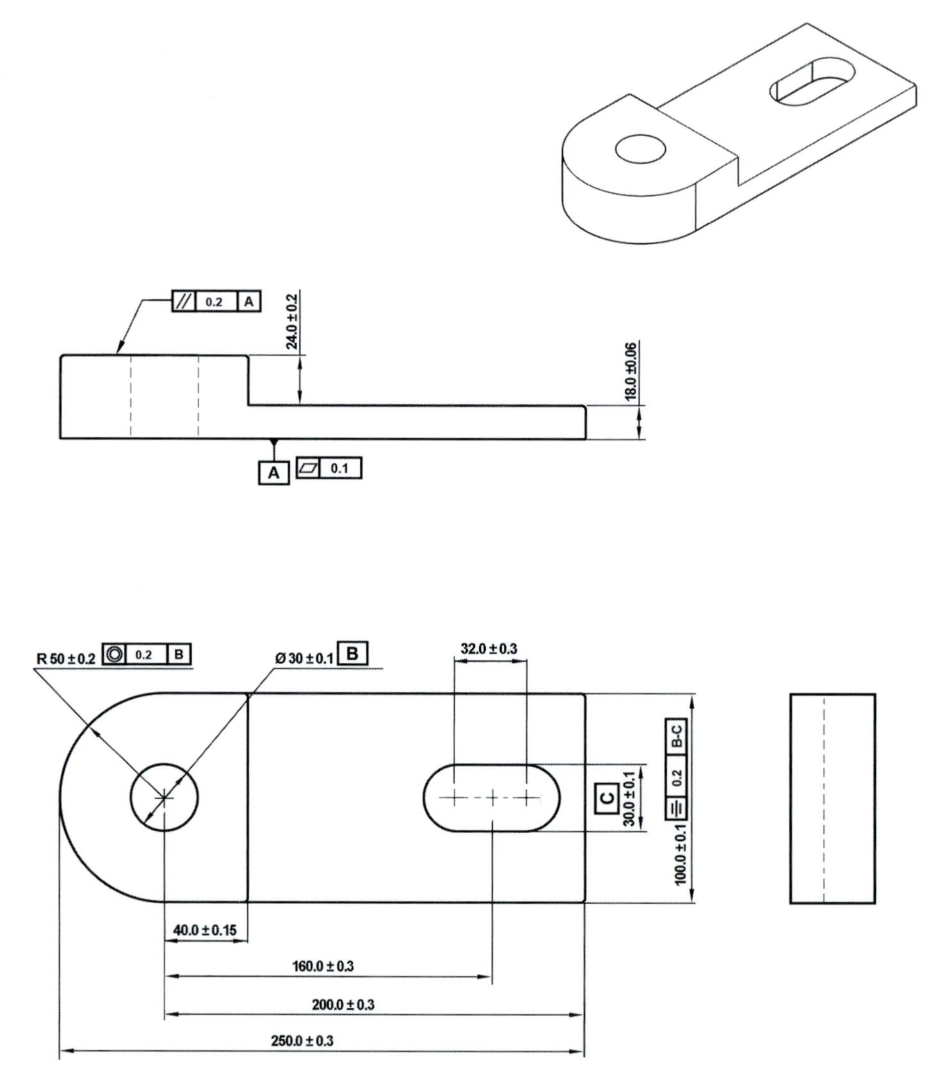

N.º de plano: ***0009***	*Fecha:* ***XX/XX/XXXX***	*Escala:* *1:2,5*
Denominación: ***Unidad 10, práctica 10.9***	*Autor:* **Jordi Sancho Ródenas**	

Práctica de taller 10.10

Realiza la pieza del plano con una barra de acero usando una aserradora, un torno, una fresadora y los útiles que consideres necesarios. Deberás comprobar que todas las dimensiones de la pieza real fabricada están dentro de las tolerancias indicadas en el plano.

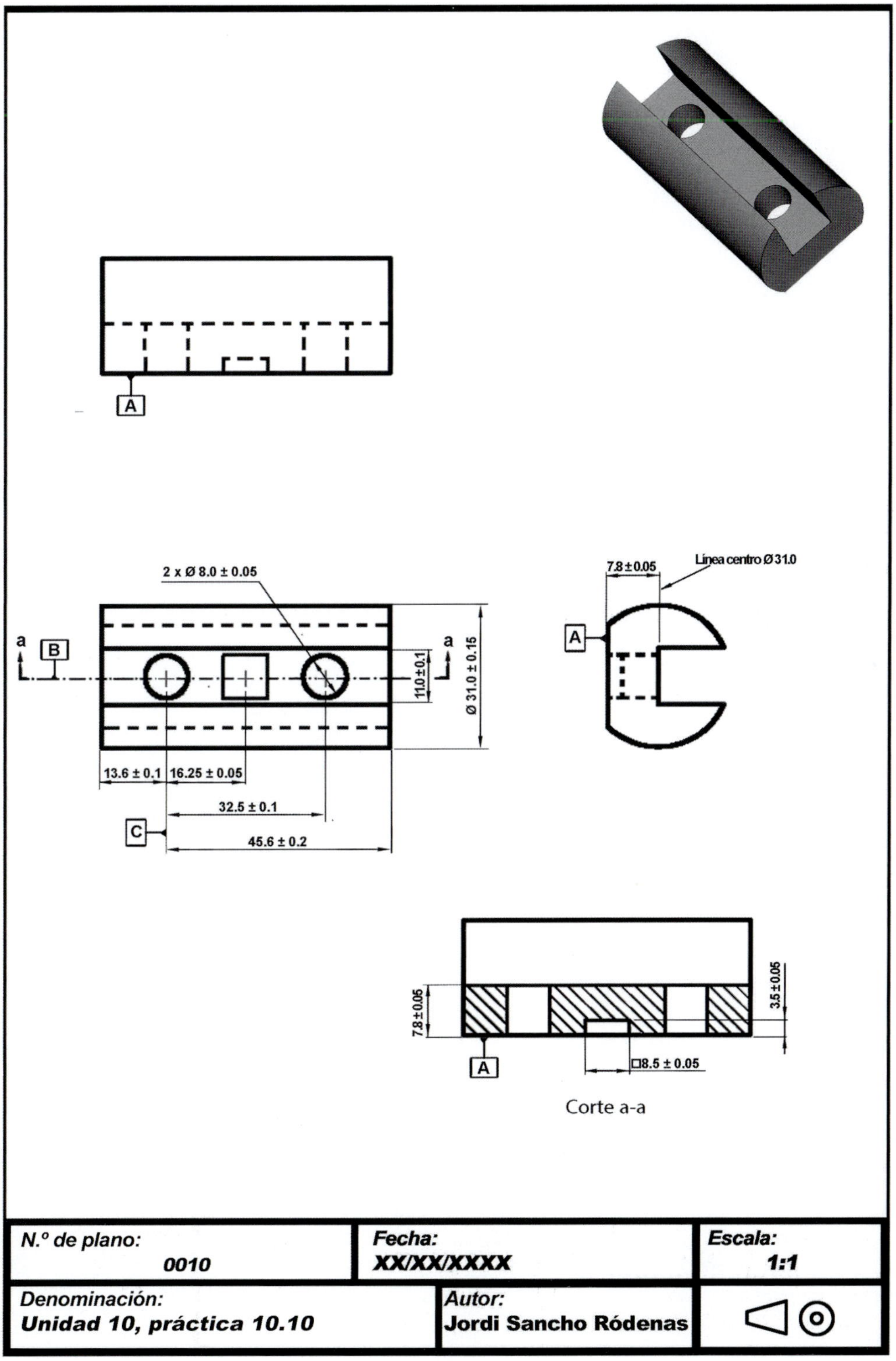

N.º de plano: ***0010***	***Fecha:*** ***XX/XX/XXXX***	***Escala:*** ***1:1***
Denominación: ***Unidad 10, práctica 10.10***	*Autor:* **Jordi Sancho Ródenas**	

1.5
40°
90°